高等职业教育"十四五"规划教材

MySQL 数据库技术与应用

陈玉勇　主编

中国农业大学出版社
·北京·

内容简介

本教材主要包括数据库的理论知识、MySQL数据库的安装与配置、数据库和数据表的管理、数据操作、用户权限、视图、存储引擎、事务、索引等内容，还增加了MySQL数据库高级应用的内容，最后通过一个案例将所有知识点贯穿使用。

本教材依据MySQL数据库知识点的先后顺序和难易程度，以先易后难的方式安排章节顺序。在知识点解析的过程中，以环环相扣的推进方式阐述每个名词概念的作用及其相互之间的联系。在进行实际案例操作时，从语句的语法、注意事项、案例结果演示等多个角度进行详细的讲解，以帮助读者更深刻、系统地认识MySQL数据库。

本教材主要面向高校计算机、信息类、物联网类、电子类专业的学生，也面向想要从事与数据库相关的工作，但是没有数据库基础或基础比较薄弱的人群。本教材从数据库的概念、原理开始进行介绍，进而探讨MySQL数据库的特点、基础用法和高级应用，尽可能地确保读者学以致用，具备解决实际问题的能力。

图书在版编目(CIP)数据

MySQL数据库技术与应用 / 陈玉勇主编. -- 北京 :
中国农业大学出版社，2024. 9. -- ISBN 978-7-5655
-3315-0

Ⅰ. TP311.132.3

中国国家版本馆CIP数据核字第2024LS2368号

书　名　MySQL数据库技术与应用
作　者　陈玉勇　主编

策划编辑　张　玉　郭建鑫　　**责任编辑**　杨俊梅
封面设计　中通世奥图文设计中心
出版发行　中国农业大学出版社
社　址　北京市海淀区圆明园西路2号　　**邮政编码**　100193
电　话　发行部 010-62733489,1190　　读者服务部 010-62732336
　　　　编辑部 010-62732617,2618　　出　版　部 010-62733440
网　址　http://www.caupress.cn　　**E-mail** cbsszs@cau.edu.cn
经　销　新华书店
印　刷　北京溢漾印刷有限公司
版　次　2025年8月第1版　　2025年8月第1次印刷
规　格　185 mm×260 mm　　16开本　　14.25印张　　344千字
定　价　42.00元

编 审 人 员

主　编　陈玉勇（辽宁生态工程职业学院）

副主编　张　雨（辽宁生态工程职业学院）
邱柱国（辽宁生态工程职业学院）
田　鑫（辽宁生态工程职业学院）

参　编　焦凤红（辽宁生态工程职业学院）
张丽梅（辽宁生态工程职业学院）
张　洋（大连中软卓越信息技术有限公司）
张晓琦（辽宁建筑职业学院）

主　审　栾好利（沈阳工程学院）

前 言

党的二十大报告提出:“高质量发展是全面建设社会主义现代化国家的首要任务。发展是党执政兴国的第一要务。没有坚实的物质技术基础,就不可能全面建成社会主义现代化强国。”《新一代人工智能发展规划》政策要点清晰地展示了国家对于人工智能发展的全面规划和战略布局,旨在通过政策支持和技术创新,推动人工智能产业的快速发展,为我国经济社会发展注入新的动力,而这些技术的背后离不开数据库的支持。数据库原理是高校相关专业人才培养方案中的专业基础核心课程。数据库课程不仅是高校计算机专业的核心必修课程,也是其他专业如信息类、物联网类、电子类等的必修课程。随着对基于计算机网络和数据库技术的信息管理系统、应用系统需求量的增加,各类人员对数据库理论与技术的学习需求也在不断增加。

MySQL 是一种轻量级、免费的数据库管理系统,是许多中小型网站和软件开发公司采用的后台数据库系统。本教材融合了 MySQL 的具体语句实现,打破了纯理论的枯燥教学模式,有利于读者在掌握理论知识的同时提高解决问题的能力。

本教材共分为 10 章,各章内容简要介绍如下:

第一章为数据库基础,从数据管理技术的发展、数据库的基本概念、数据模型、关系数据库系统几方面进行介绍。

第二章为 MySQL 基础,主要介绍了 MySQL 的组成、安装与使用、权限与安全,常用图形化工具的使用和 SQL 概述等内容。

第三至第五章是关于数据库和数据表的操作,主要讲解数据库和数据表的基本操作,具体包括数据库,数据表,数据的增、删、改、查,创建数据表时数据类型及表约束的选取等。此部分内容是 MySQL 初学者必须掌握的内容。

第六章主要介绍了存储过程与存储函数的异同以及各自的应用。

第七章主要从事务与 MySQL 的多用户并发控制的角度进行讲解。

第八章介绍了索引、视图和触发器的定义和应用。

第九章通过讲解数据库备份与还原、缓存机制等,介绍如何利用主从复制或组复制来提高数据库的可用性和负载能力。此部分内容有助于读者更好地掌握如何提升和改进 MySQL 的性能。

第十章通过一个实际的应用系统开发案例,详细展示相关数据库技术的应用。按照本章的设计、构建和开发步骤进行实操,完成从理论到实践的提升。

在学习过程中,建议读者亲自动手实践教材中的案例和练习,以巩固学习内容。如果在学习知识点或实践练习的过程中遇到问题,建议读者多思考,查阅资料,理清思路,认真分析问题发生的原因,并在问题解决后总结经验。

本教材由辽宁生态工程职业学院组织编写，陈玉勇担任主编，张雨、邸柱国、田鑫担任副主编，焦凤红、张丽梅、张洋、张晓琦也参与了编写工作。本书由栾利好担任主审。

本教材得到了辽宁生态工程职业学院各级领导和大连中软卓越信息技术有限公司多位技术人员的帮助，并参考了多本数据库方面的优秀教材的内容，在此一并表示感谢。

由于编者水平有限，书中难免会有疏漏和不足之处，恳请广大读者批评指正。

编　者

2024 年 8 月

目录

第一章 数据库基础

扫码查看课件

第一节 数据管理技术的发展

第一章教学视频

一、人工管理阶段

在 20 世纪 50 年代中期以前，计算机主要用于科学计算，并不用于数据存储，即数据不保存在计算机内；只有汇编语言软件，尚无数据管理方面的软件；数据处理方式基本上是批处理，数据和应用程序并不是相互独立的，即一组数据对应一个应用程序。主要原因在于当时仅存在磁带、卡片和纸带等间接存取数据的存储设备，而直接存取数据的存储设备如磁盘等尚未普及；同时，软件工程的整体发展也尚处于不成熟阶段。这一阶段的特点是数据不保存，没有对数据进行管理的软件系统；只有程序的概念，没有文件的概念；数据不具有独立性。

二、文件系统阶段

20 世纪 50 年代后期至 20 世纪 60 年代中期，随着技术的发展，出现了存储设备，并且软件工程技术也得到了发展。计算机不仅用于科学计算，还在信息管理方面得到应用。随着数据量的不断增加，对数据存储、检索和维护等方面的需求日益强烈，数据结构和数据管理技术也迅速发展起来。随即产生了文件系统，专门用于管理外部存储的数据，而文件系统的出现也将数据和应用程序独立开来，使数据不再依赖某个特定的应用程序。

这一阶段的特点是数据可以长期保存并由文件系统管理，文件的形式已经多样化，数据具有一定的独立性。

然而，随着数据量的日益增加，文件系统逐渐暴露出一系列缺陷。

(1)数据冗余：每个应用程序独立管理其文件，这导致文件间的数据被隔离。因此，相同的数据可能会在多个文件中被不必要地重复存储，浪费了存储空间，增加了管理的复杂性。

(2)数据不一致：数据冗余进一步加剧了数据维护的难度。当某个数据项在一个文件中被更新时，如果未能同步更新所有包含该数据项的文件，就会导致数据不一致，影响数据的准确性和可靠性。

(3)数据间的关联性弱:由于文件系统通常不直接支持文件间的逻辑关联,使数据项之间的联系变得微弱甚至缺失。这种弱关联性限制了数据的整体视图和高级分析能力,降低了数据处理的效率和灵活性。

三、数据库系统阶段

20世纪60年代末期,数据管理领域迎来了一个重大的转折点,即进入了数据库系统时代。在这一阶段,应用程序与数据之间的关联不再局限于传统的文件系统框架,而是通过引入数据库管理系统(DataBase Management System,DBMS)这一核心组件来实现。随着数据库技术的兴起,我们迎来了目前应用最为广泛且深入人心的数据管理形式——数据库系统(DataBase System,DBS)。数据库系统显著地克服了传统文件系统存在的诸多缺陷,为用户提供了对数据更为高级、有效的集中管理与组织能力。这种转变不仅提升了数据处理的效率,还极大地增强了数据的完整性、一致性和安全性。

在数据库系统阶段,应用程序可以与数据相互独立开来。当应用程序改变时,不需要过多关心数据库;当数据库改变时,也不需要考虑应用程序。同时数据库系统也避免了许多因应用程序误操作而导致的数据损坏、丢失等问题。

这一阶段的特点是采用复杂的、结构化的数据模型,具有较高的数据独立性、最低的数据冗余度,为用户提供方便的接口,并具备数据控制功能等。

数据库系统提供了4个关键方面的数据控制功能,这些功能确保了数据的可靠性、准确性和安全性。

(1)数据恢复(Data Recovery,DR):该功能允许在系统发生故障或数据丢失时,通过备份和恢复机制,将数据库恢复到某个一致性的状态,从而保护数据的可用性和持久性。

(2)数据完整性(Data Integrity,DI):确保存储在数据库中的数据是准确和可靠的,符合预设的业务规则和数据约束。数据完整性包括实体完整性、参照完整性和用户定义的完整性等多个层面。

(3)数据安全性(Data Security,DS):通过访问控制、加密、审计等措施,保护数据库中的数据不被未授权访问、篡改或泄露,这涉及用户认证、权限管理、数据加密等关键技术。

(4)并发控制(Concurrency Control,CC):在多用户同时访问数据库时,通过锁机制、事务处理等技术,确保多个事务能够并发执行而不相互干扰,同时保持数据的一致性和隔离性,这有助于提高数据库的并发性能和系统的整体效率。应用程序、数据库管理系统和数据库的关系如图1-1所示。

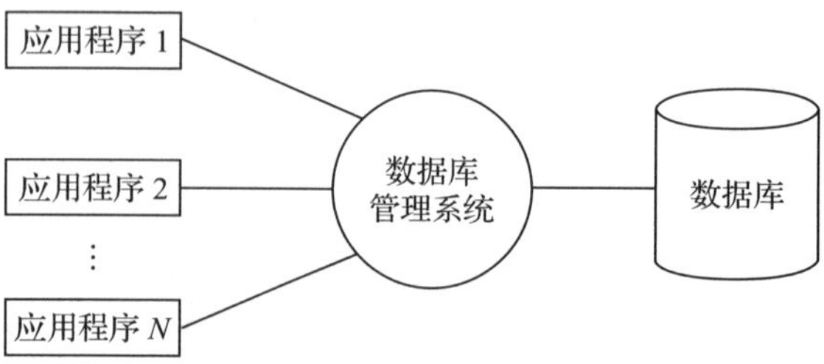

图1-1 应用程序、数据库管理系统和数据库的关系

四、总结

数据管理技术发展的3个阶段见表1-1。

表1-1 数据管理技术发展的3个阶段

内容	人工管理阶段	文件系统阶段	数据库系统阶段
应用背景	科学计算	科学计算、管理	大规模数据、分布式数据的管理
硬件背景	无直接存储设备	磁带、磁盘	大容量磁盘、按需增容磁带
软件背景	无专门的管理软件	操作系统的文件系统	数据库管理系统
处理方式	批处理	联机实时处理、批处理	联机实时处理、批处理、分布式处理
数据管理者	用户	文件系统	数据库管理系统

第二节 数据库的基本概念

一、数据库

数据库(DataBase,DB)即存放数据的仓库,这个仓库是存储在计算机内、有组织、可共享的数据和数据对象(如表、视图、存储过程和触发器等)的集合。这些集合按照一定的数据模型(或结构)进行描述、组织和长期存储,同时提供了安全、可靠的方法进行数据的检索和存储。简单来说,数据库是具有统一结构形式并存放于同一存储介质内的多种应用数据的集成,并可被各个应用程序共享。

因此,数据库的两个核心特点如下:

(1)集成性:将特定应用环境中的多种应用相关的数据及数据之间的联系全部集中并按照一定的结构形式进行存储,或者说,把数据库看成若干性质不同的数据文件的联合和统一的数据整体。

(2)共享性:数据库中的数据可以由多个不同的用户共享,即多个不同的用户可以使用多种不同的语言,为了不同的应用目的,而同时操作数据库中的数据,甚至同时操作数据库中的同一数据。

二、数据库管理系统

数据库管理系统可以借助操作系统完成对硬件的访问,负责数据库中的数据组织、数据操纵、数据维护、数据控制及数据保护服务等,即实现对数据库的数据进行存取、维护和管理。此外,数据库系统的用户、应用程序等对数据库的各种操作请求,都必须通过数据库管理系统来完成。

数据库管理系统通过数据定义语言(Data Definition Language,DDL)、数据操纵语言(Data Manipulation Language,DML)、数据控制语言(Data Control Language,DCL)等来实现其基本功能。

数据库管理系统的主要功能有5个:数据操纵、数据模式定义、数据存取的物理构建、数据完整性和安全性的定义与检查、数据库的并发控制与故障恢复。

三、数据库系统

1. 数据库系统的概念

数据库系统是指安装和使用了数据库技术的计算机系统，包含数据库、数据库管理系统、数据库用户、计算机硬件系统和计算机软件系统几部分。有时将数据库系统简称为数据库。数据库管理系统是数据库系统的核心软件。

数据库系统的特点包括数据的独立性、数据的集成性、数据的统一管理和控制、数据的高共享性与低冗余性。

2. 数据库系统的3级模式架构

从数据库最终用户的角度来看，数据库系统的结构可以分为单用户结构、主从结构（或称为集中式结构）、分布式结构、客户/服务器结构，这是数据库系统外部的体系结构。

从数据库管理系统的角度来看，数据库设计普遍遵循3级模式架构，这一架构定义了数据的3个不同的抽象层次。3级模式架构旨在将数据的具体物理存储细节与用户的逻辑处理需求相分离，由数据库管理系统负责这些细节的管理。通过这种方式，用户能够以一种逻辑且抽象的方式处理数据，而无须深入了解数据在计算机系统中的具体表示和存储机制。这一设计原则不仅简化了用户的数据操作，还提高了数据库系统的灵活性和可移植性。因此，3级模式架构是数据库管理系统内部体系结构的核心组成部分，它确保了数据的有效组织、管理和访问。

3级模式架构是数据库管理系统内部体系的基础，它由模式、外模式和内模式3个层次构成，每个层次都承担着不同的角色和职责。

（1）模式（Schema）：又称为概念模式或逻辑模式，它定义了数据库中所有数据的逻辑结构和特性，是数据库在逻辑层面上的完整视图。一个数据库仅有一个模式，它作为中间层，不直接涉及数据的物理存储细节和硬件环境，因此与具体的应用程序或高级编程语言无关。模式为数据库提供了一个全局、一致的视角，使用户能够以一种逻辑且抽象的方式理解和操作数据。基于模式构建的数据库被称为概念数据库（Conceptual DataBase，CDB），它反映了数据库的逻辑结构和业务规则。

（2）外模式（External Schema）：又称为子模式或用户模式，它是数据库用户（包括应用程序员和最终用户）所看到和使用的局部数据逻辑结构和特征的描述。外模式是用户视角下的数据视图，它与用户的特定需求、数据访问方式以及数据保密要求紧密相关。因此，一个数据库可以有多个外模式，以满足不同用户的需求。每个外模式都是模式的一个子集，并且可以根据用户的不同需求对同一数据进行不同的逻辑表示和访问控制。外模式不仅简化了用户的数据操作，还是确保数据库安全性的重要手段，因为它限制了用户对数据的访问范围。基于外模式构建的数据库视图被称为用户数据库（User's DataBase，UDB），它为每个用户提供了一个个性化的数据环境。

（3）内模式（Internal Schema）：又称为存储模式，它详细描述了数据库数据的物理结构和存储方式。内模式涉及数据的实际存储细节，如数据的存储介质、存储格式、索引结构、数据压缩和加密方法等。内模式确保了数据在数据库内部的有效存储和高效访问。与模式和外模式不同，一个数据库只有一个内模式，它定义了数据在物理层面的表示形式。以内模式为框架构建的数据库被称为物理数据库（Physical DataBase，PDB），它反映了数据库在物理存储层面上的实际结构和布局。

3级模式架构的3个层次分别对应数据库设计中的不同环境和它们各自的需求。

(1)内模式:位于最底层,它直接反映了数据在计算机物理存储结构中的实际表示形式。内模式关注数据的物理存储细节,如数据的存储介质、存储格式、索引结构、数据压缩和加密等,以确保数据在数据库内部的有效存储和高效访问。

(2)模式:位于中间层,它反映了数据库设计者对数据的全局逻辑结构和业务规则的要求。模式定义了数据库中所有数据的逻辑结构和特性,为用户提供了一个全局、一致的视角来理解和操作数据。模式的设计需要考虑到数据的完整性、安全性以及未来的可扩展性。

(3)外模式:位于最外层,直接反映了数据库用户对数据的需求和访问方式。外模式是用户视角下的数据视图,它根据用户的特定需求、数据访问习惯以及数据保密要求来定制数据的逻辑结构和访问权限。外模式的设计旨在简化用户的数据操作,提高数据访问的便捷性和安全性,同时确保每个用户只能看到和访问其所需的数据部分。

3种数据库中只有物理数据库是真实存在于计算机中的,其他的两种数据库并不真实存在于计算机中,而是由物理数据库映射而成,即数据库系统在3级模式架构之间提供了"外模式/模式映像""模式/内模式映像"两层映像来实现3个抽象层次的联系和转换,并以此来保证数据库系统中的数据能够具有较高的逻辑独立性和物理独立性。

(1)外模式/模式映像:同一个模式可以有任意多个外模式。对于每一个外模式,数据库系统都有一个外模式/模式映像与之对应,它定义了该外模式与模式之间的对应关系。当模式发生改变时,数据库管理员会对各个外模式/模式映像进行相应的改变。应用程序是依据数据的外模式编写的,可以使外模式保持不变,从而应用程序也不必修改,这保证了数据与程序的逻辑独立性。

(2)模式/内模式映像:它定义了数据全局逻辑结构与物理存储结构之间的对应关系。当数据库的存储结构改变(如换另一个磁盘来存储该数据库)时,由数据库管理员对模式/内模式映像进行相应的改变,可以使模式保持不变,保证数据的物理独立性。

四、数据库应用系统

1. 数据库应用系统的概念

数据库应用系统(DataBase Application System,DBAS)是基于数据库的应用系统,即在数据库管理系统支持下建立的计算机应用系统。它由数据库系统、应用程序系统、用户组成,具体包括数据库、数据库管理系统、数据库管理员、硬件平台、软件平台、应用软件、应用界面。这7个部分以一定的逻辑层次结构组成一个有机的整体。

数据库应用系统的应用非常广泛,无论是面向企业内部业务和管理的管理信息系统,还是面向外部、提供信息服务的开放式信息系统,从实现技术的角度而言,都是以数据库为基础和核心的计算机应用系统,如ERP系统、OA系统、12306订票系统等。

2. 数据库应用系统的特性

从系统开发的角度来讲,数据库应用系统具有结构和行为两个方面的特性。

(1)结构特性:与数据库状态有关,即与数据模型所反映的实体、实体间联系的静态特性有关。结构设计就是设计各级数据库的模式,决定数据库系统的信息内容,由数据库设计来实现。

(2)行为特性:与数据库状态转换有关,即改变实体及其特性的操作。行为特性决定数据库系统的功能。

根据以上两个方面的特性，系统设计开发可以分为两个部分：一部分是作为数据库应用系统核心和基石的数据库设计；另一部分是相应的数据库应用软件的设计开发。这两部分紧密相关、相辅相成，形成统一的数据库应用系统。

3. 数据库应用系统的用户

数据库应用系统的用户主要有4类：

(1)系统分析员和数据库设计人员：系统分析员负责数据库应用系统的需求分析和规范说明，并和用户、数据库管理员一起确定数据库应用系统的硬件配置，同时参与数据库系统的概要设计。数据库设计人员负责数据库中数据的确定、数据库各级模式的设计。

(2)数据库管理员：负责数据库的总体控制，具体的职责包括设计数据库中的信息内容和结构，决定数据库的存储结构和存取策略，定义数据库的安全性要求和完整性约束条件，监控数据库的使用和运行，负责数据库的性能改进、数据库的重组和重构，以提高系统的性能。

(3)应用开发人员：负责编写使用数据库的应用程序，通过应用程序实现对数据的检索、建立、删除或修改。

(4)最终用户：使用系统的接口或查询访问数据库的人员。

第三节　数据模型

一、数据模型的概念

数据是对客观事物的符号表示，模型是现实世界的抽象。数据模型(Data Model)模拟现实世界，是对数据特征的抽象，使人容易理解，便于在计算机上实现。数据模型是数据库的基础，是数据库系统中用于提供信息表示和操作手段的形式架构。

数据模型的3个要素为数据结构、数据操作、数据约束。

(1)数据结构：描述数据库组成对象(如关系模型中的域、属性、关系等)以及对象之间的联系。数据结构是对系统静态特征的描述。

(2)数据操作：对数据库中各种对象(型)的实例(值)允许执行的操作的集合，包括操作和相关的操作规则。数据库主要有查询和更新(插入、修改、删除)两大类操作。数据模型必须定义这些操作的确切含义、操作符号、操作规则(如优先级)以及实现操作的语言。数据操作是对系统动态特征的描述。

(3)数据约束：一组完整性规则的集合。完整性规则是给定数据模型中的数据及其联系所具有的制约和依存规则，用于限定符合数据模型的数据库状态和状态的变化，保证数据的准确性、有效性和一致性。

二、数据模型的分类

将客观事物抽象为数据模型的过程需要逐步转化，经历了现实世界、信息世界和计算机世界，通过两级的抽象和转换来实现。最常用的数据模型是概念数据模型、逻辑数据模型和物理数据模型。现实世界、信息世界、计算机世界的关系如图1-2所示。

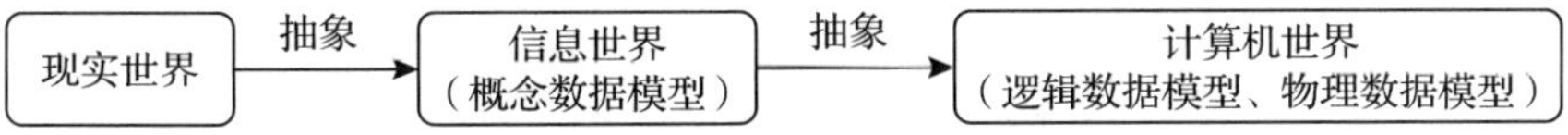

图 1-2 现实世界、信息世界、计算机世界的关系

(1)现实世界：客观存在的事物及其相互之间的联系，通常选择事物的基本特征来描述事物。事物可能是抽象的，也可能是具体的，例如班级本身是属于抽象的事物，可以用班级名称、类别、授课老师、学生对象、班级简介等特征来描述和区分。学生就属于具体的事物，通常用学号、姓名、班级、成绩等特征来描述和区分。

(2)概念数据模型：是对现实世界的抽象，主要用于描述现实世界的概念化结构。人们通过符号把现实世界事物的特征和联系记录下来，并使用规范化的语言进行描述，从而构成一个基于现实世界的信息世界，这个信息世界就是概念数据模型。概念数据模型是用户和数据库设计人员之间进行交流的工具。数据库设计人员在设计的初始阶段，借助概念数据模型解决计算机系统及数据库管理系统的具体技术问题，集中精力分析数据以及数据之间的联系。

(3)逻辑数据模型：概念数据模型不能被数据库管理系统直接使用，所以需要将概念数据模型进一步转换为逻辑数据模型，生成用于计算机处理的数据形式。这就到了需求分析的细化阶段。逻辑数据模型将概念数据模型具体化，实现概念数据模型所描述的事物需要的具体功能和处理的具体信息。逻辑数据模型是具体数据库管理系统所支持的数据模型，可以分为关系数据模型、层次数据模型、网状数据模型。

(4)物理数据模型：逻辑数据模型反映了数据的逻辑结构，当需要把逻辑数据模型的数据存储到物理介质中时，则需要创建物理数据模型。物理数据模型是面向计算机物理表示的模型，描述了数据在存储介质中的组织结构，不但与具体的数据库管理系统有关，而且还与操作系统和硬件系统相关。在实现每一种逻辑数据模型时，都有物理数据模型与之对应。

三、概念数据模型的表示方法

概念数据模型面向用户，按照用户的观点进行建模，最常用的设计模型是实体-联系模型(Entity-Relationship Model，E-R 模型)。

(1)E-R 模型图可以直观地表示概念数据模型，包含实体、联系、属性 3 个部分，联系方式有一对一(1∶1)、一对多(1∶N)、多对多(M∶N)3 种，联系属于哪种方式取决于客观实际本身。

(2)E-R 模型图是可以被用户理解的数据描述方式，是现实世界的抽象，与计算机系统没有关系。它既表示实体，也表示实体之间的联系。通过 E-R 模型图可以使用户了解系统设计者对现实世界的抽象是否符合实际情况。从设计角度来说，E-R 模型图也是用户与系统设计者进行交流的工具。E-R 模型图已成为概念数据模型的一个重要设计方法。

(3)在 E-R 模型图中，实体用矩形框表示，联系用菱形表示，属性用椭圆表示。班级的 E-R 模型图如图 1-3 所示。

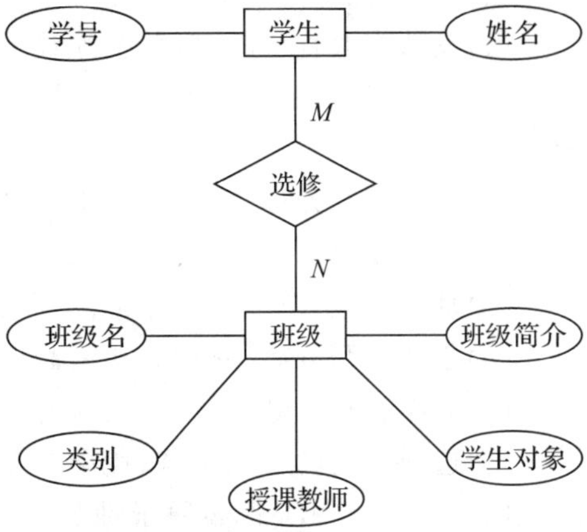

图 1-3 班级的 E-R 模型图

第四节　关系数据库系统

一、关系数据模型

关系数据模型是描述现实世界的主要抽象化方法，是目前最流行的数据库模型。关系数据模型以二维表结构来表示事物(实体)之间的联系，它将用户数据的逻辑结构归纳为满足一定条件的二维表。

二、关系代数

代数是一个较为基础的数学分支，它的研究对象很多，包括数、数量、代数式、关系、方程理论、代数结构等。代数的研究对象不仅有数字，还有各种抽象化的结构。

关系代数分为基于集合的关系代数(基于集合，自然不存在重复)和基于包的关系代数。关系代数的基本操作包括选择、投影、叉乘、差集、并集、重命名。

(1)选择(Selection)：选择某些行。代码表示为 SELECT... FROM... WHERE，表达式表示为 σ_{条件}(表名)。

(2)投影(Projection)：选择某些列。代码表示为 SELECT... DISTINCT FROM...(DISTINCT 有去重的功能)，表达式表示为 Π＜属性＞(＜表＞)。

(3)叉乘(Cross Product)：即笛卡尔积，类似矩阵相乘。表达式表示为＜表＞×＜表＞。

(4)差集(Set-differences)：减去交集。表达式表示为＜表＞－＜表＞。

(5)并集(Union)：将两个表合并起来并去重。表达式表示为＜表＞U＜表＞。

(6)重命名(Rename)：将 B 改名为 A。表达式表示为 ρ_{A/B}(R)。

三、查询优化

一个好的数据库设计方案对于数据库的性能常常会起到事半功倍的效果。所以，从开始数据库设计时就要尽量考虑周全。数据库的设计包含数据库架构和业务表的设计。查询优化是为了能够在一定程度上对查询效率进行改善。

数据库可以考虑以下的优化方案：

(1)设计表时，严格按照数据库设计规范来设计数据库。

(2)优化索引、SQL 语句，分析慢查询，避免全表扫描，考虑在 WHERE、ORDER BY 涉及的列上创建索引。

(3)使用缓存处理，将访问频率较高且不会经常变化的数据放在缓存中，节约磁盘 I/O。

(4)采用表分区技术，分析并保存数据到不同文件中，提高磁盘的读写效率。

(5)垂直分表，把一些不经常读的数据放在一张表中，节约磁盘 I/O。

(6)主从读写分离，通过主从复制把数据库的读操作和写操作分离开来。

(7)分库、分表、分机器，数据量特别大时，提高数据路由的效率。

(8)选择合适的存储引擎，优化参数。在 MySQL 中，对于需要事务处理、外键约束、行级锁定以及符合 ACID[代表原子性(Atomicity)、一致性(Consistency)、隔离性(Isolation)和持久性(Durability)]特性的应用场景，应该优先考虑使用 InnoDB 存储引擎；对于不需要这些高级数据库特性且主要关注读取性能和存储效率的场景，则可以考虑使用 MyISAM 存储引擎。

(9)优化硬件配置以提升性能，包括采用固态硬盘(SSD)以加快数据读写速度，并优化磁盘 I/O 操作，如通过合理的 I/O 调度策略和缓存技术来减少磁盘的访问延迟。

四、关系数据库管理系统

支持关系数据模型的数据库管理系统称为关系数据库管理系统，MySQL 就属于关系数据库管理系统。

如果把关系数据库理解为超市，超市摆放商品的每一排货架为数据库表，假设货架每行同列摆放的商品类别相同，则可以把超市的每一排货架理解为数据库的二维表结构，货架中的每一列为表的字段，每一行为表的一条记录。可以看出，关系数据库是由多个二维表组成的，每个二维表中每行同列存储的数据类别都相同。

设计关系数据库时，分为两个阶段：

(1)将现实世界的事物进行概念化，抽象为概念数据模型，此阶段最常用的工具是 E-R 模型。

(2)将 E-R 模型转换为二维表结构(关系数据模型)，此阶段一般需要利用数据库设计工具进行设计，如 PowerDesigner、Visio 等设计软件。

本章小结

1. 数据管理技术的发展经历了人工管理阶段、文件系统阶段、数据库系统阶段。

2. 明确数据库、数据库管理系统、数据库系统的概念。

3. 概念数据模型是现实关系，逻辑数据模型是抽象关系，物理数据模型存储在计算机中，三者可简单描述为“是什么、做什么、如何做”。

4. 常用 E-R 模型图来表示概念数据模型。绘图时，用矩形框表示实体，用菱形表示联系，用椭圆表示属性。

练习巩固

请设计一个图书类销售网站的数据库结构，分析概念数据模型，绘制 E-R 模型图。

第二章 MySQL 基础

扫码查看课件

第一节　MySQL 概述

第二章教学视频

一、MySQL 简介

MySQL 是一款开源的关系数据库管理系统，由瑞典 MySQL AB 公司开发，现在属于 Oracle 公司。

1. MySQL 的特点

MySQL 的特点如下：

(1)开放源代码；

(2)使用标准的 SQL 数据语言形式；

(3)支持多种编程语言，包括 C、C++、Python、Java、PHP、Ruby 等；

(4)支持大型的数据库，可以处理有 5 000 万条记录的数据仓库，32 位系统可支持的最大表文件为 4 GB，64 位系统支持的最大表文件为 8 TB；

(5)可以定制，采用了 GPL 协议(GNU General Public License，GNU 通用公共许可协议)，可以修改源代码来开发自己的 MySQL 系统。

2. MySQL 的内部分层

MySQL 的内部大致分为 3 层：

(1)第 1 层：是基于网络的客户端/服务端工具或服务都有的部分，如连接处理、授权认证、安全等。

(2)第 2 层：包含 MySQL 的核心服务功能，包括查询解析、分析、优化、缓存以及所有的内置函数(日期、时间、数学和加密函数等)。所有跨存储引擎的功能都在这一层实现，如存储过程、触发器、视图等。

(3)第 3 层：包含存储引擎。存储引擎负责 MySQL 中数据的存储和提取，是数据库的核心部分,也是 MySQL 区别于其他数据库的重要特性。

3. **MySQL 的结构程序**

MySQL 采用客户/服务器体系结构,包含两个程序。

(1)服务器程序:即 mysqld 程序,运行在数据库服务器上,负责在网络上监听并处理来自客户端的服务请求,并根据这些请求去访问数据库的内容,再将访问结果回传给客户。

(2)客户端程序:负责连接数据库服务器,并通过发送命令来告知服务器它想要执行的操作。

二、MySQL 物理文件简介

日志文件主要包含错误日志、二进制日志、事务日志、查询日志、慢查询日志、InnoDB 的在线重做日志。

日志文件的作用是记录 MySQL 数据库运行期间发生的变化,即用于记录 MySQL 数据库客户端的连接状况、SQL 语句的执行情况和错误信息等。当数据库意外损坏时,可以通过日志查看文件出错的原因,并且可以通过日志文件进行数据恢复。

1. **错误日志(Error Log)**

错误日志默认开启,默认存储在 MySQL 数据库所在的路径中、data 目录下,名称为"hostname. err",hostname 表示服务器主机名。错误日志记录的信息可以通过 log-error 和 log-warnings 来定义,记录的信息如下:

(1)服务器启动和关闭过程中的信息(未必是错误信息),如 MySQL 如何启动 InnoDB 的表空间文件、如何初始化自己的存储引擎等;

(2)服务器运行过程中的错误信息;

(3)事件调度器运行一个事件时产生的信息和从服务器上启动服务器进程时产生的信息。

2. **二进制日志(Binary Log & Binary Log Index)**

二进制日志默认不开启,记录修改数据或有可能引起数据改变的 MySQL 语句,以及语句发生时间、执行时长、操作的数据等。启动二进制日志会降低 MySQL 的性能,但可以保障数据的完整性。对于重要的数据库来说,值得以性能换取完整性。

3. **事务日志(Redo Log)**

事务日志是 InnoDB 特有的日志。当修改数据时,将数据存放在数据缓存区中;当提交事务时,事务缓存区的数据将被写入事务日志中,而数据缓存区的数据则将在某段时间后才被写入数据文件中,从而减少磁盘 I/O,提高事务的效率。事务日志采用追加方式写入,写日志的操作是磁盘上一小块区域内的顺序 I/O,它不会像随机 I/O 那样需要在磁盘的多个地方移动磁头。所以,采用事务日志相对来说要快得多。

4. **查询日志(Query Log)**

查询日志默认不开启,记录 MySQL 中所有的 Query,包括所有的连接和查询。查询日志体积比较大,开启后对性能有较大影响,需谨慎使用。

5. **慢查询日志(Slow Query Log)**

慢查询日志默认不开启,记录执行时间较长的 Query,如语句执行的时刻、执行消耗的时间、执行用户、连接主机等相关信息。慢查询日志采用简单的文本格式,可以通过各种文本编辑器查看其中的内容。通过慢查询日志,可以查找出哪些查询语句的执行效率较低并对其进行优化。MySQL 中可以通过 mysqldumpslow 工具来分析慢查询日志。

6. InnoDB 的在线重做日志(InnoDB Redo Log)

InnoDB 的在线重做日志记录 InnoDB 所进行的所有物理变更和事务信息,以确保在任何情况下的事务安全性,默认存储在 data 目录下。可以通过更改 innodb_log_group_home_dir 来设置日志的存放位置,通过 innodb_log_files_in_group 来设置日志的数量。

三、MySQL 逻辑块简介

MySQL 的逻辑结构如图 2-1 所示。

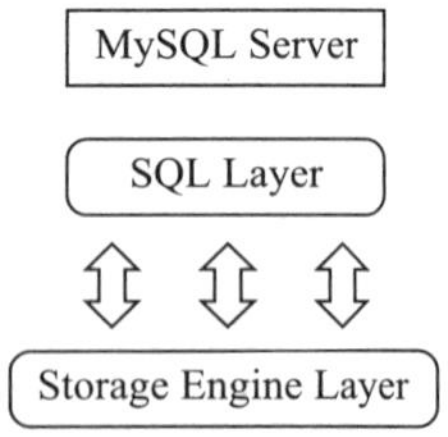

图 2-1 MySQL 的逻辑结构

SQL Layer 中包含多个子模块:

(1)初始化模块:在 MySQL Server 启动的时候,对整个系统进行各种各样的初始化操作,如各种 Buffer、Cache 结构的初始化和内存空间的申请,各种系统变量的初始化设定,各种存储引擎的初始化设置等。

(2)核心 API 模块:提供一些非常高效的底层操作功能的优化实现(如底层数据结构的实现、特殊算法的实现、字符串处理、数字处理等)、小文件 I/O、格式化输出以及内存管理部分。

(3)底层网络交互模块:抽象出底层网络交互所使用的 API 接口,实现底层数据的接收与发送,以方便其他各个模块的调用和维护。

(4)客户端和服务端交互协议模块:实现客户端与 MySQL 交互过程中的所有协议。当然,这些协议都是建立在现有操作系统和网络协议基础之上的。

(5)用户模块:提供用户的登录连接权限控制和用户的授权管理。它像 MySQL 的门卫一样,决定是否给来访者"开门"。

(6)访问控制模块:出于安全考虑,需要访问控制模块实时监控客人的每一个动作,给不同的客人授予不同的权限。访问控制模块根据用户模块中各用户的授权信息以及数据库自身特有的各种约束,来控制用户对数据的访问。将用户模块和访问控制模块结合起来,实现了 MySQL 整个数据库系统的权限安全管理功能。

(7)连接管理、连接线程和线程管理模块:连接管理模块负责监听对 MySQL Server 的各种请求,接收连接请求,并转发所有连接请求到线程管理模块。每一个连接上 MySQL Server 的客户端请求都会被分配(或创建)一个连接线程为其单独服务。连接线程模块的主要工作就是负责 MySQL Server 与客户端的通信,接收客户端的命令请求,传递服务端的结果信息等。线程管理模块则负责管理维护这些连接线程,包括线程的创建、线程的缓存等。

综上,连接管理模块负责监控和转发连接请求给线程管理模块,连接线程模块负责 MySQL Server 与客户端通信,线程管理模块负责维护连接线程。

(8)Query 解析和转发模块:通常将所有客户端发送给服务端的命令都称为 Query。在 MySQL Server 中,连接线程接收到客户端的一个 Query 后,会直接将该 Query 传递给专门负责将各种 Query 进行分类然后转发的处理模块,这个模块就是 Query 解析和转发模块。该模块主要是将 Query 语句进行语义和语法解析,然后按照不同的操作类型进行分类,进而进行针对性的转发。

(9)Query Cache 模块:是 MySQL 中一个非常重要的模块,主要作用是将客户端提交给 MySQL 的查询请求的返回结果集缓存到内存中,并与该查询语句的哈希(HASH)值建立一个映射。如果该查询所取数据的基表发生任何数据的变化,MySQL 会自动使该查询的缓存失效。在读频率比较高的应用系统中,Query Cache 对性能的提高效果是非常显著的,当然它对内存的消耗也是非常大的。

(10)Query 优化器模块:即优化客户端请求的 Query 语句,根据客户端请求的 Query 语句和数据库中的一些统计信息,在一系列算法的基础上进行分析,得出一个最优的策略,并告诉后面的程序如何取得这个 Query 语句的结果。

(11)表变更管理模块:主要负责完成一些数据操纵语言和数据定义语言的 Query,如 UPDATE、DELETE、INSERT、CREATE TABLE、ALTER TABLE 等语句的处理。

(12)表维护模块:实现表的状态检查、错误修复、优化和分析等工作。

(13)系统状态管理模块:负责在客户端请求系统状态的时候,将各种状态数据返回给用户,如数据库管理员经常使用的 SHOW STATUS 命令、SHOW VARIABLES 命令等。

(14)表管理器模块:从名字上来看,很容易和上面的表变更和表维护模块相混淆,但是其功能与表变更以及表维护模块却完全不同。每一个 MySQL 的表都有一个定义文件(*.frm 文件)。表管理器的主要工作就是维护表的定义文件以及一个 Cache,该 Cache 的主要内容是各个表的结构信息;此外,表管理器还维护 Table 级别的锁管理。

(15)日志记录模块:主要负责整个系统级别逻辑层的日志记录,包括 Error Log、Binary Log、Show Query Log 等。

(16)复制模块:分为 Master 模块和 Slave 模块两部分。Master 模块主要负责在 Replication 环境中读取 Master 端的 Binary 日志,以及与 Slave 端的 I/O 线程交互等工作。Slave 模块比 Master 模块所做的事情要多一些,在系统中主要体现在两个线程上:一个是负责从 Master 中请求和接收 Binary 日志,并写入本地 Relay Log 中的 I/O 线程;另一个是负责从 Relay Log 中读取相关的日志事件,然后将其解析成可以在 Slave 端正确执行并得到与 Master 端结果完全相同的命令且交给 Slave 端执行的 SQL 线程。

(17)存储引擎接口模块:MySQL 数据库中最具有特色的模块。目前在各种数据库产品中,基本上只有 MySQL 可以实现底层数据存储引擎的插件式管理。这个模块实际上只是一个抽象类,它通过将各种数据高度抽象化,形成了 MySQL 可插拔存储引擎的特色。

四、MySQL 存储引擎概述

数据库存储引擎是数据库底层软件组件,数据库管理系统使用存储引擎进行创建、查询、更新和删除数据的操作。不同的存储引擎有不同的特点,提供不同的存储机制、索引技巧、锁定水平等功能。使用不同的存储引擎还可以获得特定的功能。用户可以根据实际业务场景选择适当的存储引擎。

1. 常用存储引擎介绍

(1)InnoDB 存储引擎:行级锁是 MySQL 的默认事务型引擎,也是最重要、使用最广泛的存储引擎;数据存储在表空间(TableSpace)中,表空间是由 InnoDB 管理的一个黑盒子,由一系列的数据文件组成;采用多版本并发控制(Multi-Version Concurrency Control,MVCC)来支持高并发，并且实现了4个标准的隔离级别；事务安全的存储引擎是事务型数据库的首选引擎，主要是通过在线重做日志和记录在表空间的Undo信息来保证事务安全性。在MySQL 5.5.5之后，InnoDB作为默认存储引擎。

(2)MyISAM存储引擎：表级锁，不支持事务和行级锁，崩溃后无法安全恢复；将表存储在数据文件(.MYD)MyISAM Data和索引文件(.MYI)MyISAM Index中。

可以通过SHOW ENGINES语句来显示可用的数据库引擎和默认引擎。“支持情况”列的值表示某种引擎是否可用，“是”表示可用，“否”表示不可用，“默认存储引擎”表示该引擎为当前默认的存储引擎。MySQL存储引擎列表见表2-1，MySQL存储引擎的功能见表2-2。

表2-1 MySQL存储引擎列表

存储引擎	支持情况	说明	事务支持	XA事务	保存点
InnoDB	默认存储引擎	支持事务、行级锁和外键	是	是	是
MRG_MYISAM	是	由相同的MyISAM表组成的集合	否	否	否
PERFORMANCE_SCHEMA	是	性能模式	否	否	否
BLACKHOLE	是	/dev/null式存储引擎(写入它的任何数据都会消失)	否	否	否
CSV	是	CSV格式存储引擎	否	否	否
MyISAM	是	MyISAM存储引擎	否	否	否
ARCHIVE	是	归档存储引擎	否	否	否
MEMORY	是	基于哈希值，存储于内存中，适用于临时表	否	否	否
FEDERATED	否	联邦式MySQL存储引擎	空值	空值	空值

表2-2 MySQL存储引擎的功能

功能	InnoDB	MyISAM	MEMORY	ARCHIVE
存储限制	64 TB	256 TB	依赖于内存	无
支持事务	是	否	否	否
支持全文索引	否	是	否	否
支持B树索引	是	是	是	否
支持哈希索引	否	否	是	否
支持数据缓存	是	否	不适用	否
支持外键	是	否	否	否

2. MySQL存储引擎选用原则

一个数据库中的多个表可以使用不同的存储引擎，以满足各种性能的需求。使用合适的存储引擎可以提高整个数据库的性能。可以根据以下的原则来选择MySQL存储引擎：

(1)如果要提供提交、回滚和恢复的事务安全(ACID兼容)能力，并要求实现并发控制，可以选择InnoDB存储引擎。

(2)如果数据表主要用于插入和查询记录，则MyISAM存储引擎的处理效率较高。

(3)如果只是临时存放数据,数据量不大,并且不需要较高的数据安全性,可以选择将数据保存在内存的 MEMORY 存储引擎中。MySQL 中使用该存储引擎作为临时表,存放查询的中间结果。

(4)如果只有 INSERT 和 SELECT 操作,可以选择 ARCHIVE 存储引擎。ARCHIVE 存储引擎支持高并发的插入操作,但是本身并不是事务安全的。ARCHIVE 存储引擎非常适合存储归档数据,如记录日志信息等。

第二节　MySQL 的安装与使用

一、各平台上 MySQL 的安装

1. 官网上 MySQL 的安装

如果在官网上下载 MySQL 时提示登录,可直接选择最后的“仅下载”跳过。MySQL 的下载界面如图 2-2 所示。

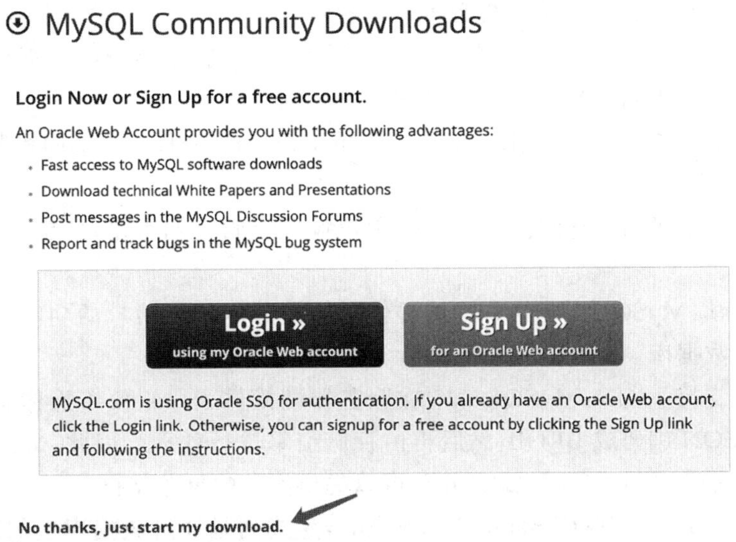

图 2-2　MySQL 的下载界面

(1)针对不同的用户,MySQL 分为两个版本:

①MySQL 社区版(Community Server):该版本完全免费,但是官方不提供技术支持。

②MySQL 企业版(Enterprise Server):该版本能以很高的性价比为企业提供数据仓库应用,支持 ACID 事务处理,提供完整的提交、回滚、崩溃恢复和行级锁定功能,但是该版本需要付费使用,官方提供电话技术支持。MySQL Cluster 主要用于架设群服务器,需要在社区服务或企业版的基础上使用。

(2)MySQL 的版本号通常由 3 个数字和可选后缀组成,格式为“MySQL-主版本号 . 次版本号 . 补丁版本号[后缀]”,如 MySQL-5. 7. 20。

①第 1 个数字“5”:主版本号,用于描述文件的格式,所有版本 5 的发行版都有相同的文件格式。

②第 2 个数字“7”：次版本号，主版本号和次版本号组合构成发行序列号。

③第 3 个数字“20”：补丁版本号，随每次新发行的版本递增。通常选择已经发行的最新版本。

④无后缀表示该版本为稳定版本。

(3)在 MySQL 开发过程中，同时存在多个发行系列，每个发行系列的成熟度都处在不同阶段。

①MySQL 5.7 及以上是较新开发的稳定(GA)发行系列，是执行新功能的系列，目前可以正常使用。

②MySQL 5.6 是比较稳定的(GA)发行系列，只针对漏洞修复重新发行，不增加会影响稳定性的新功能。

③MySQL 5.1 是一个稳定的(产品质量)发行系列，只针对严重漏洞修复和安全修复重新发布，不增加影响该系列稳定性的重要功能。

④MySQL 4.1 等低于 5.0 的老版本，官方将不再提供支持。

(4)MySQL 5.7 具有以下几个方面的新功能：

①随机生成 root 密码：MySQL 5.7 数据库初始化完成后，会自动生成一个 root 用户，root 用户的密码不为空，而是随机产生一个密码。

②自定义 test 数据库：MySQL 5.7 默认安装完成后没有 test 数据库，用户可以自行创建 test 数据库并对其进行权限控制。

③默认 SSL 加密：MySQL 5.7 采用了更加简单的 SSL 安全访问机制，默认连接使用 SSL 的加密方式。

④密码过期策略：MySQL 5.7 支持用户设置密码过期策略，要求用户经过一定时间后必须修改密码。

⑤用户锁：MySQL 5.7 为管理员提供了暂时禁用某个用户的功能，使被锁定的用户无法访问和使用数据库。

⑥全面支持 JSON：MySQL 5.7 在服务器端提供了一组便于操作 JSON 的函数，存储的方法是将 JSON 编码成 BLOB，然后再由存储引擎进行处理。因此，MySQL 就同时拥有了关系数据库和非关系数据库的优点，并且可以提供完整的事务支持。

⑦支持 2 类生成列(Generated Column)：生成列是通过数据库中的其他列计算得到的一列。为生成列创建索引，可以便捷地加快查询速度。MySQL 5.7 支持虚拟生成列和存储生成列。虚拟生成列仅将数据保存在表的元数据中，作为缺省的生成列类型；存储生成列则是将数据永久保存在磁盘上，需要更多的磁盘空间。

⑧引入系统库：系统库中包含一系列视图、函数和存储过程，通过多线程、多进程、组合事务提交和基于行的优化方式将复制效能提高 5 倍以上。当用户向外扩充其跨商品系统的工作负载时，可以大幅提升复制的效能和效率。

2. Windows 平台上 MySQL 的安装

Windows 平台提供两种安装 MySQL 的方式：二进制分发版(.msi 安装文件)和免安装版(.zip 压缩文件)。

通常使用二进制分发版，因为该版本比其他的分发版使用起来更简单，不需要其他工具启动就可以运行 MySQL。

3. 使用图形化安装包时 MySQL 的安装

用户使用图形化安装包安装 MySQL 的步骤如下：

(1)双击打开 MySQL 安装文件，进入 MySQL 安装界面(图 2-3)，并接受系统协议。

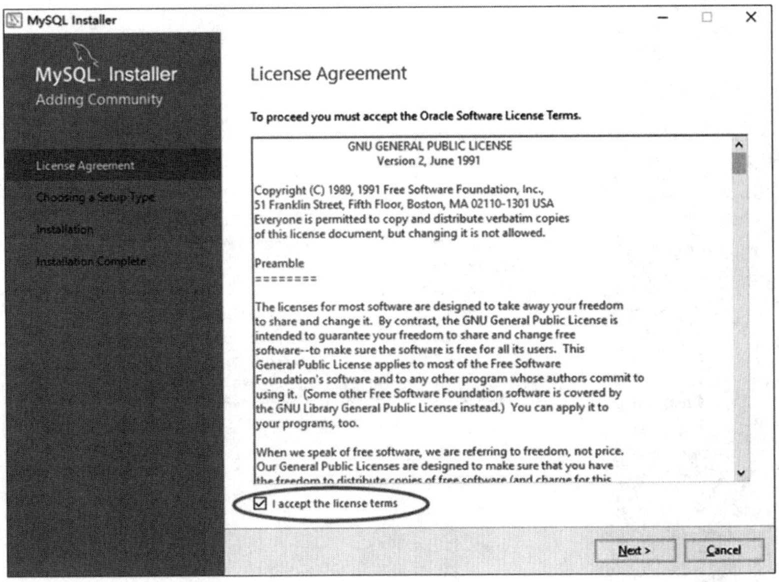

图 2-3　MySQL 安装界面

(2)如图 2-4 所示，进入"Choosing a Setup Type(安装类型选择)"窗口，根据右侧的安装类型描述文件选择合适的安装类型，通常选择默认的安装类型。"Developer Default"是指默认安装类型，"Server only"是指仅作为服务，"Client only"是指仅作为客户端，"Full"是指完全安装，"Custom"是指自定义安装类型。

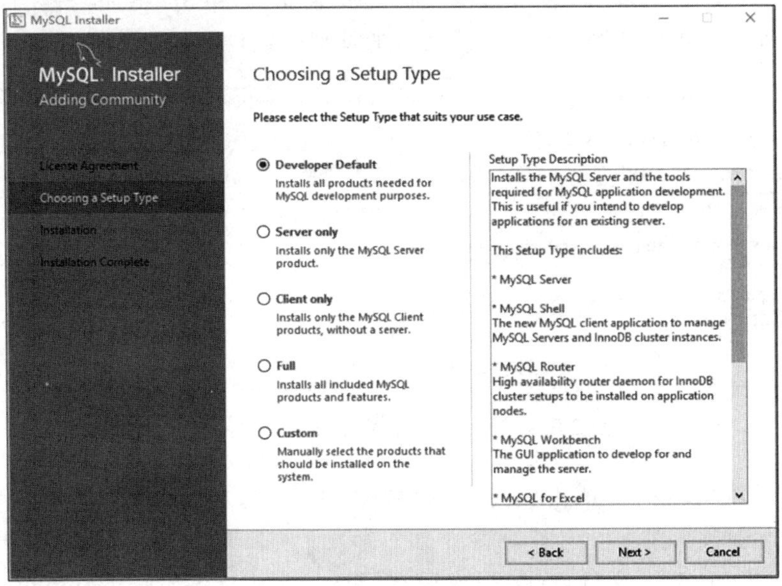

图 2-4　MySQL 选择安装类型的界面

(3)根据所选择的安装类型安装 Windows 系统框架(Framework),单击“Execute”按钮,安装程序会自动完成框架的安装,如图 2-5 所示。

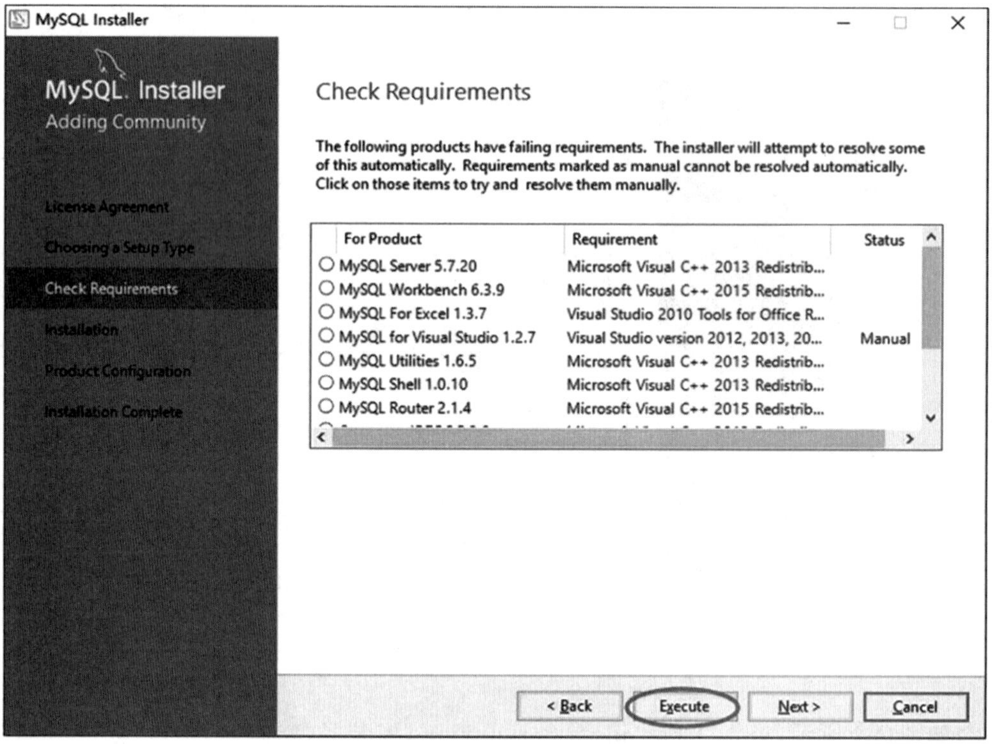

图 2-5　Windows 系统框架的安装界面

(4)当弹出安装程序窗口时,勾选“我同意许可条款和条件(A)”复选框,然后单击“安装”按钮。弹出“设置成功”的界面,表示该框架已经安装完成,单击“关闭”按钮即可。Windows 系统框架安装完成的界面如图 2-6 所示。所有的框架安装均类似本操作。

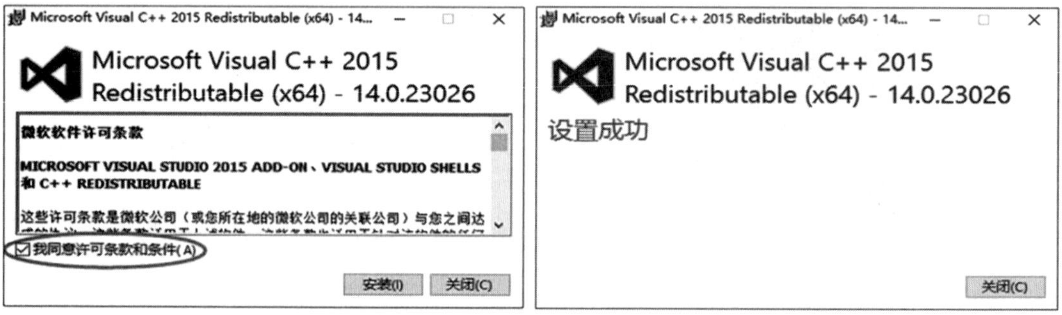

图 2-6　Windows 系统框架安装完成的界面

(5)进入安装确认窗口,单击“Execute”按钮,开始 MySQL 各个组件的安装,如图 2-7 所示。

(6)开始安装 MySQL 文件,安装完成后在“Status”列表下显示“Complete”。MySQL 文件安装完成的界面如图 2-8 所示。

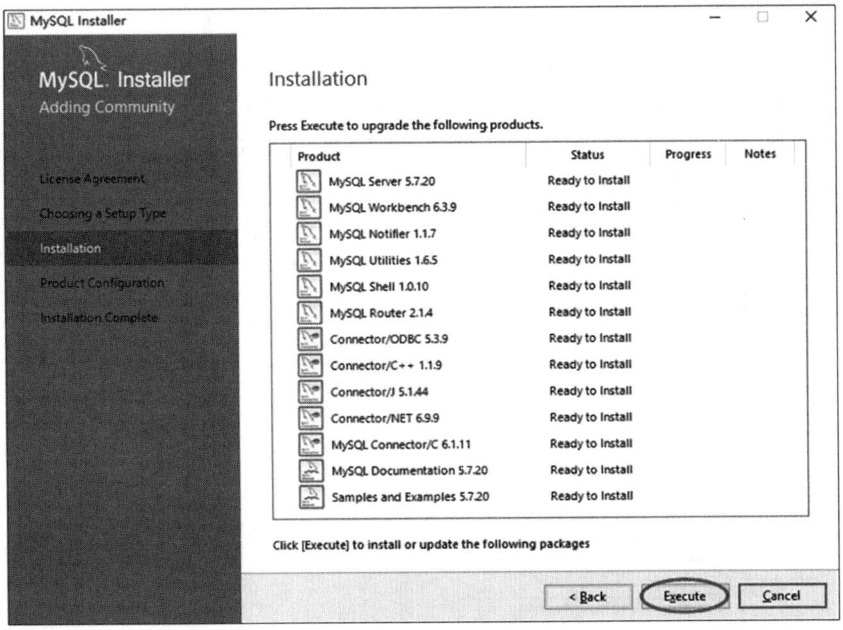

图 2-7 MySQL 各个组件的安装界面

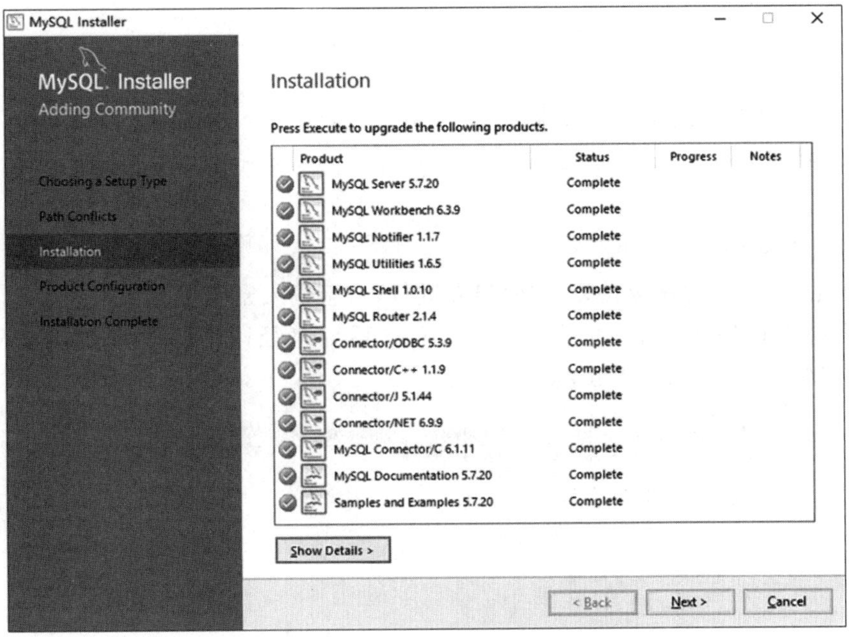

图 2-8 MySQL 文件安装完成的界面

4. Linux 系统上 MySQL 的安装

在 Linux 系统上安装 MySQL 的步骤如下：

(1)在终端进入 MySQL 安装包所在的目录“Downloads”，执行解压缩命令“tar -zxvf mysql-5.7.20-linux-glibc2.12-x86_64.tar.gz”，将安装包解压到指定文件夹中。

（2）将解压后的 MySQL 安装目录重命名为“mysql”，以方便后续的操作；将用户切换为 root 用户，执行重命名命令“mv mysql-5.7.20-linux-glibc2.12-x86_64 mysql”，同时执行命令“groupadd mysql”和“useradd mysql mysql”，添加 mysql 用户组和 mysql 用户。在 MySQL 的安装目录中创建“mysql-files”目录，用于保存 MySQL 的数据文件和配置文件，然后初始化 MySQL，此时生成临时密码。

（3）对用户密码进行 RSA 加密处理，执行命令“bin/mysql_ssl_rsa_setup”。

（4）MySQL 安装成功且运行后会生成 .pid 文件。

（5）打开 vim /etc/my.cnf 更新配置文件，可以修改 socket、log-error 和 pid-file 的目录。Linux 系统上 MySQL 的安装界面如图 2-9 所示。

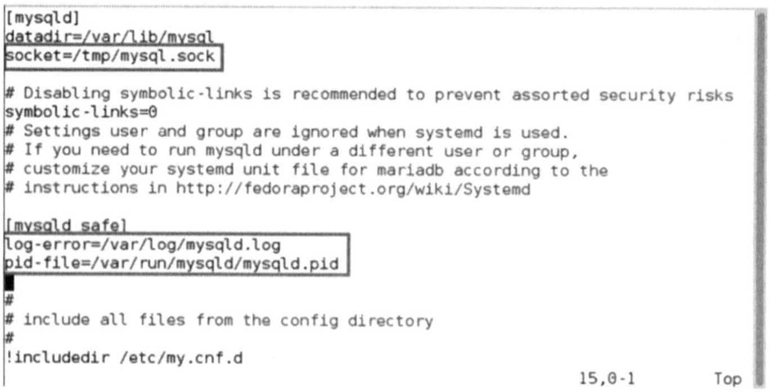

图 2-9 Linux 系统上 MySQL 的安装界面

5. Mac OS 系统上 MySQL 的安装

Mac OS 系统上 MySQL 的安装界面如图 2-10 所示。在 Mac OS 系统上安装 MySQL 的步骤如下：

（1）在网上下载 .dmg 文件；

（2）下载完成后，双击直接安装，按照步骤进行，直至输入密码；

（3）在终端直接使用 MySQL 指令，还需配置系统路径，打开 .bash_profile 文件，添加“PATH= $PATH:/usr/local/mysql/bin”。

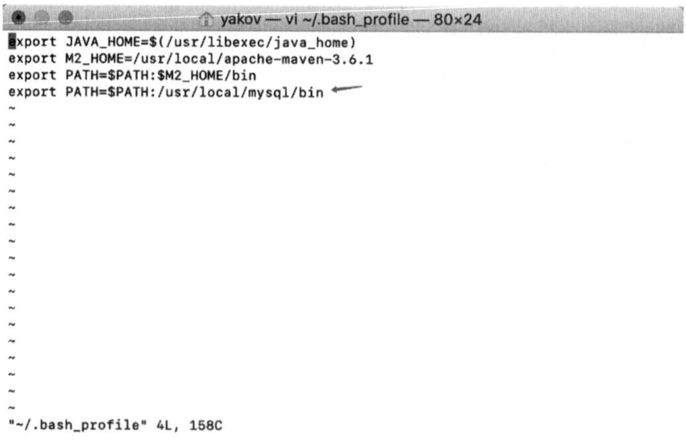

图 2-10 Mac OS 系统上 MySQL 的安装界面

二、启停 MySQL 服务

安装完成的 MySQL 服务默认在开机时启动。可通过图形界面或命令的方式启停服务。通过图形界面启停 MySQL 服务的步骤如下：

(1)在 Windows 系统中,可通过计算机"管理"的界面启停 MySQL 服务。如图 2-11 所示,服务已经启动,而且启动类型为"自动"。如果没有"正在运行"字样,说明 MySQL 服务未启动。MySQL 服务也可通过命令"net start mysql""net stop mysql"来启停。

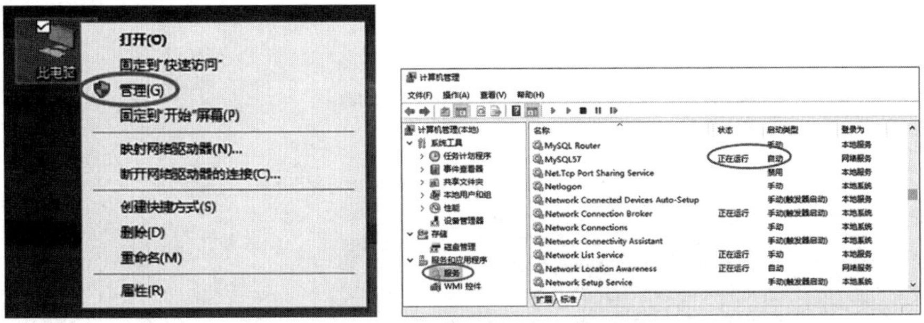

图 2-11　图形界面启停 MySQL 服务

(2)在 Mac OS 系统中,可通过"系统偏好设置"中 MySQL 界面的开关控制启停 MySQL 服务,如图 2-12 所示。

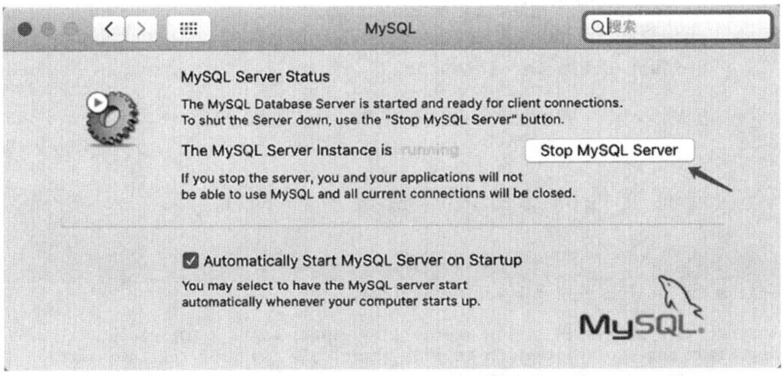

图 2-12　Mac OS 系统中启停 MySQL 服务

在系统命令行窗口中,通过 MySQL 命令,验证用户名,输入密码登录并连接 MySQL 服务器。验证通过、登录成功,则说明服务器启动成功。Mac OS 系统中 MySQL 登录成功的界面如图 2-13 所示。

```
yakov — mysql -uroot -p — 90×15
yakovdeMacBook-Pro:~ yakov$ mysql -uroot -p
Enter password:
Welcome to the MySQL monitor.  Commands end with ; or \g.
Your MySQL connection id is 20
Server version: 5.7.26-log MySQL Community Server (GPL)

Copyright (c) 2000, 2019, Oracle and/or its affiliates. All rights reserved.

Oracle is a registered trademark of Oracle Corporation and/or its
affiliates. Other names may be trademarks of their respective
owners.

Type 'help;' or '\h' for help. Type '\c' to clear the current input statement.

mysql> 
```

图 2-13　Mac OS 系统中 MySQL 登录成功的界面

三、重新配置 MySQL

可以通过在 Windows 环境下修改安装目录下的 my. ini 配置文件、在 Mac OS 环境下修改 my. cnf 配置文件来修改 MySQL 的配置文件。

Windows 环境下 my. ini 文件的部分内容如图 2-14 所示。

```
[mysqld]
# 设置3306端口
port=3306
# 设置mysql的安装目录
basedir=D:\Java\mysql-8.0.12-winx64
# 设置mysql数据库的数据的存放目录
datadir=D:\Java\mysql-8.0.12-winx64\data
# 允许最大连接数
max_connections=200
# 允许连接失败的次数。这是为了防止有人从该主机试图攻击数据库系统
max_connect_errors=10
# 服务端使用的字符集默认为UTF8
character-set-server=utf8
# 创建新表时将使用的默认存储引擎
default-storage-engine=INNODB
# 默认使用“mysql_native_password”插件认证
default_authentication_plugin=mysql_native_password
[mysql]
# 设置mysql客户端默认字符集
default-character-set=utf8
[client]
# 设置mysql客户端连接服务端时默认使用的端口
port=3306
default-character-set=utf8
```

图 2-14 Windows 环境下 my. ini 文件的部分内容

Mac OS 环境下 my. cnf 文件的部分内容如图 2-15 所示。

```
yakov — vi /etc/my.cnf — 85×33
# Example MySQL config file for medium systems.
#
# This is for a system with little memory (32M - 64M) where MySQL plays
# an important part, or systems up to 128M where MySQL is used together with
# other programs (such as a web server)
#
# MySQL programs look for option files in a set of
# locations which depend on the deployment platform.
# You can copy this option file to one of those
# locations. For information about these locations, see:
# http://dev.mysql.com/doc/mysql/en/option-files.html
#
# In this file, you can use all long options that a program supports.
# If you want to know which options a program supports, run the program
# with the "--help" option.
# The following options will be passed to all MySQL clients
[client]
default-character-set=utf8mb4
#password    = your_password
port         = 3306
socket       = /tmp/mysql.sock
# Here follows entries for some specific programs
# The MySQL server
[mysqld]
character-set-server=utf8mb4
init_connect='SET NAMES utf8mb4'
port         = 3306
socket       = /tmp/mysql.sock
skip-external-locking
key_buffer_size = 16M
max_allowed_packet = 1M
table_open_cache = 64
```

图 2-15 Mac OS 环境下 my. cnf 文件的部分内容

第三节 MySQL 的权限与安全

一、权限表

1. MySQL 的权限控制

MySQL 的权限控制大致可以分为 3 个层面：

(1)全局性的管理权限：作用于整个 MySQL 实例级别，决定 MySQL 服务器是否允许连接，即是否能登录到 MySQL 服务器上。

(2)数据库级别的权限：作用于某个指定的数据库或所有数据库上，决定用户可以操作哪些数据库。

(3)数据库对象级别的权限：作用于指定的数据库对象(表、视图等)或所有数据库对象上，决定用户可以操作哪些表，并定义对表的操作权限，如 INSERT、CREATE、UPDATE 等。当然，MySQL 还可以精确到对某表某列的操作权限进行控制。

MySQL 通过权限表来控制用户对数据库的访问，这些权限表被保存在 MySQL 数据库中。主要的权限表有 user、db、tables_priv、columns_priv 和 procs_priv 等。权限是按照 user 表＞db 表＞tables_priv 表＞columns_priv 表的顺序来分配的，即先判断 user 表中的权限是否为 Y，如果是 Y，则不需要检查后面的表，否则要依次检查 db 表、table_priv 表和 columns_priv 表。查看所有数据库的界面如图 2-16 所示，查看所有表的界面如图 2-17 所示。

```
mysql> show databases;
+--------------------+
| Database           |
+--------------------+
| information_schema |
| marketdb           |
| mydb               |
| mysql              |
| performance_schema |
| sys                |
+--------------------+
6 rows in set (0.04 sec)
```

图 2-16　查看所有数据库的界面

```
mysql> show tables;
+---------------------------+
| Tables_in_mysql           |
+---------------------------+
| columns_priv              |
| db                        |
| engine_cost               |
| event                     |
| func                      |
| general_log               |
| gtid_executed             |
| help_category             |
| help_keyword              |
| help_relation             |
| help_topic                |
| innodb_index_stats        |
| innodb_table_stats        |
| ndb_binlog_index          |
| plugin                    |
| proc                      |
| procs_priv                |
| proxies_priv              |
| server_cost               |
| servers                   |
| slave_master_info         |
| slave_relay_log_info      |
| slave_worker_info         |
| slow_log                  |
| tables_priv               |
| time_zone                 |
| time_zone_leap_second     |
| time_zone_name            |
| time_zone_transition      |
| time_zone_transition_type |
| user                      |
+---------------------------+
31 rows in set (0.00 sec)
```

图 2-17　查看所有表的界面

2. user 表字段说明

查看表结构的界面如图 2-18 所示。user 表的部分字段说明如下：

```
yakov — mysql -uroot -px — 110×53
mysql> desc user;
+------------------------+-----------------------------------+------+-----+-----------------------+-------+
| Field                  | Type                              | Null | Key | Default               | Extra |
+------------------------+-----------------------------------+------+-----+-----------------------+-------+
| Host                   | char(60)                          | NO   | PRI |                       |       |
| User                   | char(32)                          | NO   | PRI |                       |       |
| Select_priv            | enum('N','Y')                     | NO   |     | N                     |       |
| Insert_priv            | enum('N','Y')                     | NO   |     | N                     |       |
| Update_priv            | enum('N','Y')                     | NO   |     | N                     |       |
| Delete_priv            | enum('N','Y')                     | NO   |     | N                     |       |
| Create_priv            | enum('N','Y')                     | NO   |     | N                     |       |
| Drop_priv              | enum('N','Y')                     | NO   |     | N                     |       |
| Reload_priv            | enum('N','Y')                     | NO   |     | N                     |       |
| Shutdown_priv          | enum('N','Y')                     | NO   |     | N                     |       |
| Process_priv           | enum('N','Y')                     | NO   |     | N                     |       |
| File_priv              | enum('N','Y')                     | NO   |     | N                     |       |
| Grant_priv             | enum('N','Y')                     | NO   |     | N                     |       |
| References_priv        | enum('N','Y')                     | NO   |     | N                     |       |
| Index_priv             | enum('N','Y')                     | NO   |     | N                     |       |
| Alter_priv             | enum('N','Y')                     | NO   |     | N                     |       |
| Show_db_priv           | enum('N','Y')                     | NO   |     | N                     |       |
| Super_priv             | enum('N','Y')                     | NO   |     | N                     |       |
| Create_tmp_table_priv  | enum('N','Y')                     | NO   |     | N                     |       |
| Lock_tables_priv       | enum('N','Y')                     | NO   |     | N                     |       |
| Execute_priv           | enum('N','Y')                     | NO   |     | N                     |       |
| Repl_slave_priv        | enum('N','Y')                     | NO   |     | N                     |       |
| Repl_client_priv       | enum('N','Y')                     | NO   |     | N                     |       |
| Create_view_priv       | enum('N','Y')                     | NO   |     | N                     |       |
| Show_view_priv         | enum('N','Y')                     | NO   |     | N                     |       |
| Create_routine_priv    | enum('N','Y')                     | NO   |     | N                     |       |
| Alter_routine_priv     | enum('N','Y')                     | NO   |     | N                     |       |
| Create_user_priv       | enum('N','Y')                     | NO   |     | N                     |       |
| Event_priv             | enum('N','Y')                     | NO   |     | N                     |       |
| Trigger_priv           | enum('N','Y')                     | NO   |     | N                     |       |
| Create_tablespace_priv | enum('N','Y')                     | NO   |     | N                     |       |
| ssl_type               | enum('','ANY','X509','SPECIFIED') | NO   |     |                       |       |
| ssl_cipher             | blob                              | NO   |     | NULL                  |       |
| x509_issuer            | blob                              | NO   |     | NULL                  |       |
| x509_subject           | blob                              | NO   |     | NULL                  |       |
| max_questions          | int(11) unsigned                  | NO   |     | 0                     |       |
| max_updates            | int(11) unsigned                  | NO   |     | 0                     |       |
| max_connections        | int(11) unsigned                  | NO   |     | 0                     |       |
| max_user_connections   | int(11) unsigned                  | NO   |     | 0                     |       |
| plugin                 | char(64)                          | NO   |     | mysql_native_password |       |
| authentication_string  | text                              | YES  |     | NULL                  |       |
| password_expired       | enum('N','Y')                     | NO   |     | N                     |       |
| password_last_changed  | timestamp                         | YES  |     | NULL                  |       |
| password_lifetime      | smallint(5) unsigned              | YES  |     | NULL                  |       |
| account_locked         | enum('N','Y')                     | NO   |     | N                     |       |
+------------------------+-----------------------------------+------+-----+-----------------------+-------+
45 rows in set (0.08 sec)

mysql>
```

图 2-18　查看表结构的界面

(1)用户列:用户连接 MySQL 数据库时需要输入的信息。

①Host:主机名,双主键之一,值为“%”时表示匹配所有主机。

②User:用户名,双主键之一。

(2)权限列:决定用户的权限,描述用户在全局范围内允许对数据库和数据表进行的操作,字段类型都是枚举 ENUM,值只能是 Y 或 N。Y 表示有权限,N 表示没有权限。

①Select_priv:用户是否可以通过 SELECT 命令选择数据。

②Insert_priv:用户是否可以通过 INSERT 命令插入数据。

③Update_priv:用户是否可以通过 UPDATE 命令修改现有数据。

④Delete_priv:用户是否可以通过 DELETE 命令删除现有数据。

⑤Create_priv:用户是否可以创建新的数据库和表。

⑥Drop_priv:用户是否可以删除现有数据库和表。

⑦Reload_priv:用户是否可以执行刷新和重新加载 MySQL 所用各种内部缓存的特定命令,包括日志、权限、查询和重新加载权限表等。

⑧Shutdown_priv:用户是否可以关闭 MySQL 服务器。此权限需谨慎授予。

⑨Process_priv:用户是否可以通过 SHOW PROCESSLIST 命令来查看其他用户的进程服务器管理。

⑩File_priv:用户是否可以执行 SELECT INTO OUTFILE 和 LOAD DATA INFILE 命令来加载服务器上的文件。

⑪Grant_priv:用户是否可以将已经授予该用户的权限再授予其他用户(任何用户赋予全部已有权限)。

⑫References_priv:目前只是某些未来功能的占位符,没有作用。

⑬Index_priv:用户是否可以创建和删除表索引。

⑭Alter_priv:用户是否可以重命名和修改表结构。

⑮Show_db_priv:用户是否可以查看服务器上所有数据库的名字。对于用户拥有足够访问权限的数据库,可以考虑对所有用户禁用这个权限,除非有不可抗拒的原因。

⑯Super_priv:用户是否可以执行某些强大的管理功能,例如通过 KILL 命令删除用户进程,使用 SET GLOBAL 修改全局 MySQL 变量,执行关于复制和日志的各种命令(超级权限)等。

⑰Create_tmp_table_priv:用户是否可以创建临时表。

⑱Lock_tables_priv:用户是否可以使用 LOCK TABLES 命令阻止对表的访问或修改。

⑲Execute_priv:用户是否可以执行存储过程。

⑳Repl_slave_priv:用户是否可以读取用于维护复制型数据库环境的二进制日志文件。此用户位于主系统中,有利于主机和客户机之间的通信和主服务器的管理。

㉑Repl_client_priv:用户是否可以确定复制从服务器和主服务器的位置,并对其进行管理。

㉒Create_view_priv:用户是否可以创建视图。

㉓Show_view_priv:用户是否可以查看视图或了解视图如何执行。

㉔Create_routine_priv:用户是否可以更改或放弃存储过程和函数。

㉕Alter_routine_priv:用户是否可以修改或删除存储过程和函数。

㉖Create_user_priv:用户是否可以执行 CREATE USER 命令。这个命令用于创建新的 MySQL 账户。

㉗Event_priv:用户是否可以创建、修改和删除事件。

㉘Trigger_priv:用户是否可以创建和删除触发器。

㉙Create_tablespace_priv:用户是否可以创建表空间。

(3)安全列:

①ssl_type:支持 ssl 标准加密安全字段。

②ssl_cipher:支持 ssl 标准加密安全字段。

③x509_issuer:支持 x509 标准字段。

④x509_subject:支持 x509 标准字段。

⑤plugin:从 MySQL-5.5.7 开始,MySQL 引入 plugin,以进行用户连接时的密码验证。plugin 创建外部/代理用户。

⑥authentication_string:密码的散列值。在 MySQL5.7 以后的版本中,MySQL 数据库

下的 User 表中已经没有 password 字段,它是通过 authentication_string 字段来保存密码的。

(4)资源控制列:

①max_questions:每小时可以执行多少次查询。默认 0,表示无限制。

②max_updates:每小时可以执行多少次更新。默认 0,表示无限制。

③max_connections:每小时可以建立多少次连接。默认 0,表示无限制。

④max_user_connections:单用户可以同时具有的连接数。默认 0,表示无限制。

(5)其他列:

password_expired:密码过期标志,Y 表示该用户密码已过期,N 则相反。

二、账户管理

MySQL 是一种多用户管理的数据库,可以为不同用户分配不同的权限。MySQL 的客户端连接是以用户名来登录服务端的。服务端可以更改用户的权限,所以每个用户对数据库或数据表的权限都是不一样的。

用户通常分为 root 超级管理员和普通用户,root 超级管理员拥有所有权限,而普通用户则拥有限定的权限。可以通过查询 user 表来查看数据库中的用户,查看 user 表 user 列的界面如图 2-19 所示。

```
mysql> select user from user;
+---------------+
| user          |
+---------------+
| mysql.session |
| mysql.sys     |
| root          |
+---------------+
3 rows in set (0.05s)
```

图 2-19 查看 user 表 user 列的界面

创建用户账户的几种方式如下:

(1)使用创建用户的语句:CREATE user 用户名@可登录地址 IDENTIFIED BY '密码'。如果可登录地址为空,代表所有地址都能登录;如果只允许本地登录,应该将可登录地址设置成 localhost。

(2)使用创建用户的语句:GRANT 权限 ON 数据库.数据表 TO 用户名@可登录地址 IDENTIFIED BY '密码'。

(3)使用 INSERT 语句直接往 user 表中插入数据,但不建议使用。

重命名用户:RENAME user 原用户名@可登录地址 TO 新用户名@可登录地址。原用户名的可登录地址是必需的;新用户名的可登录地址是可选的,不填的话就会默认为“%”,即允许远程登录。

更改密码:SET PASSWORD FOR '用户名'@可登录地址 = PASSWORD('密码')。在不指定用户名的情况下,修改当前用户密码的可登录地址是可选的。

删除用户账户:DROP USER 用户名。

三、权限管理

每个用户都有自己的权限,如查询表权限、修改表权限、插入表权限、新增用户权限等。查看权限的方式如下:

(1)SHOW GRANTS FOR 用户名@主机地址:如果用户的可登录地址是“%”,可以不填可登录地址。

(2)通过查看用户信息来查看权限:SELECT * FROM USER \G。用户信息表中的“*_priv”字段表示各种权限。值为 N,代表没有权限;值为 Y,代表有权限。

对于新建的用户，出于安全考虑，默认他们是没有任何权限的，必须使用 GRANT 关键字来赋予用户权限。赋予权限：GRANT 权限 ON 数据库名．数据表 TO 用户名@可登录地址。如果用户的可登录地址是“%”，可不填可登录地址。可以同时赋予用户多个权限，多个权限之间用逗号分隔。

修改的用户权限并不会马上生效，想要马上生效，需要刷新一下权限：FLUSH PRIVILEGES。

删除权限：REVOKE 权限 ON 数据库名．数据表 FROM 用户名@可登录地址。如果用户的可登录地址是“%”，可以不填可登录地址。

四、MySQL 的安全问题

对于任何一种数据库来说，安全都是非常重要的。如果数据库出现安全漏洞，数据可能被窃取、破坏，这对于有重要数据的数据库来说，会产生非常严重的后果。可以从操作系统和数据库两个方面来分析 MySQL 的安全问题。常见的操作系统安全问题主要出现在 MySQL 安装和启动过程中；常见的数据库安全问题大多数是由于账号的管理不当，应该加强对账号管理的安全意识。

1. 操作系统相关的安全问题

(1)严格控制操作系统的账号和权限，其他任何用户都采取独立的账号登录，管理员通过 mysql 专有用户管理 MySQL。

(2)为了避免潜在的安全风险，建议尽量不要以 root 权限运行 MySQL 数据库。MySQL 安装完毕后，一般会将数据目录的属主设置为 mysql 用户，而将 MySQL 软件目录的属主设置为 root 用户。这样，当使用 mysql 用户启动数据库时，可以防止任何具有权限的用户使用 root 身份创建文件，从而有效避免潜在的安全威胁。如果使用 root 用户启动数据库，则任何具有 FILE 权限的用户都可以读写 root 用户的文件，这将给系统带来严重的安全隐患。

(3)防止被 DNS 欺骗，创建用户时，host 可以指定域名或 IP 地址。但是，如果域名对应的 IP 地址被恶意修改，数据库就会被恶意的 IP 地址访问，这会产生安全隐患。

2. 数据库相关的安全问题

(1)删除匿名账号。用户应该是有密码的，使用匿名用户(没有密码)是非常危险的。如果匿名用户又开放了远程登录，别人只要检测到端口是开放的，就可以登录该匿名用户的 MySQL 并执行操作。

(2)给 root 账号设置口令。

(3)设置安全密码，建议使用 6 位以上由字母、数字、下划线和一些特殊字符组合而成的字符串。

(4)只授予账号必需的权限，一般来说不应该使用 root 用户登录，因为 root 用户拥有最高的权限，可以进行删除数据库等“危险”操作。为了安全，应该使用其他用户登录，并分配适当的权限。

(5)除 root 用户外，其他任何用户不应有 MySQL 数据库 user 表的存取权限，因为 MySQL 中可以通过更改 MySQL 数据库的 user 表进行权限的增加、删除、变更等操作。

(6)不要把 FILE、PROCESS 或 SUPER 权限授予除管理员以外的账号。

第四节 使用客户端工具 Navicat 操作 MySQL

一、Navicat 的下载与安装

Navicat Premium 是一套快速、多连接的数据库开发工具，可以在单一应用程序中同时连接多达 7 种数据库(MySQL、MariaDB、MongoDB、SQL Server、SQLite、Oracle 和 PostgreSQL)，还可以一次性快速方便地访问所有数据库。Navicat 可以简化数据库的管理，降低系统管理成本，以直觉化的图形用户界面设计满足数据库管理员、开发人员及中小企业的需求，通常被用作 MySQL 数据库的图形客户端查询管理工具。

使用正版 Navicat 工具需要支付一定的费用，但官方提供了一定的试用时间。当然，在非商业使用过程中，可以通过其他方式获取一些免费的版本进行使用。

下载对应系统平台下的软件安装包，连接 MySQL 数据库，可以下载综合版本的 Navicat Premium，也可以直接下载 Navicat for MySQL。工具安装较为简单，没有需要特殊处理的地方。客户端工具 Navicat 的安装界面如图 2-20 所示。

接受许可协议的界面如图 2-21 所示。选择安装路径的界面如图 2-22 所示。

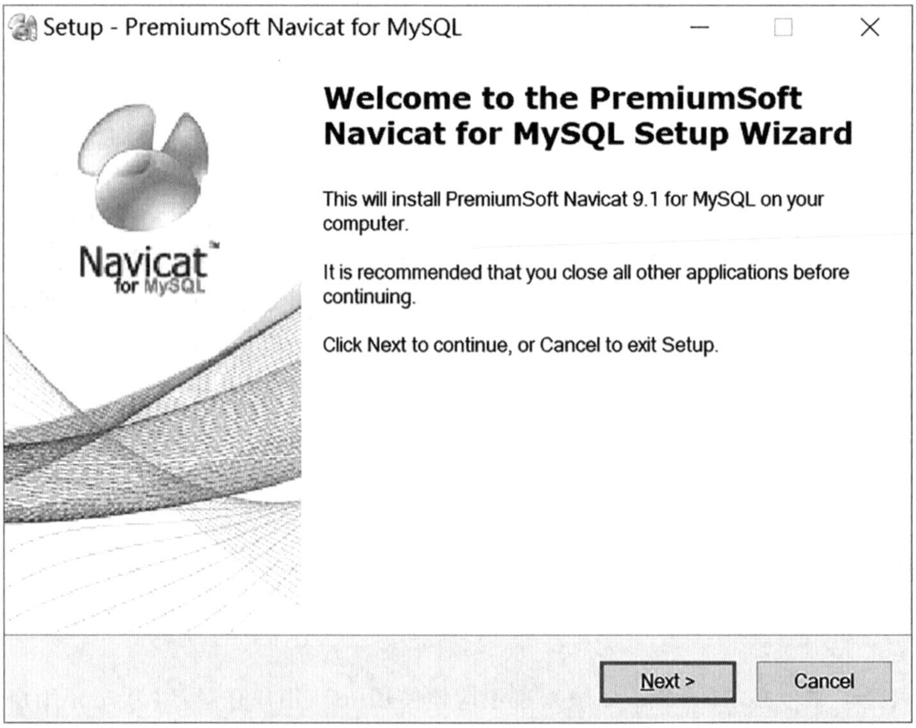

图 2-20 客户端工具 Navicat 的安装界面

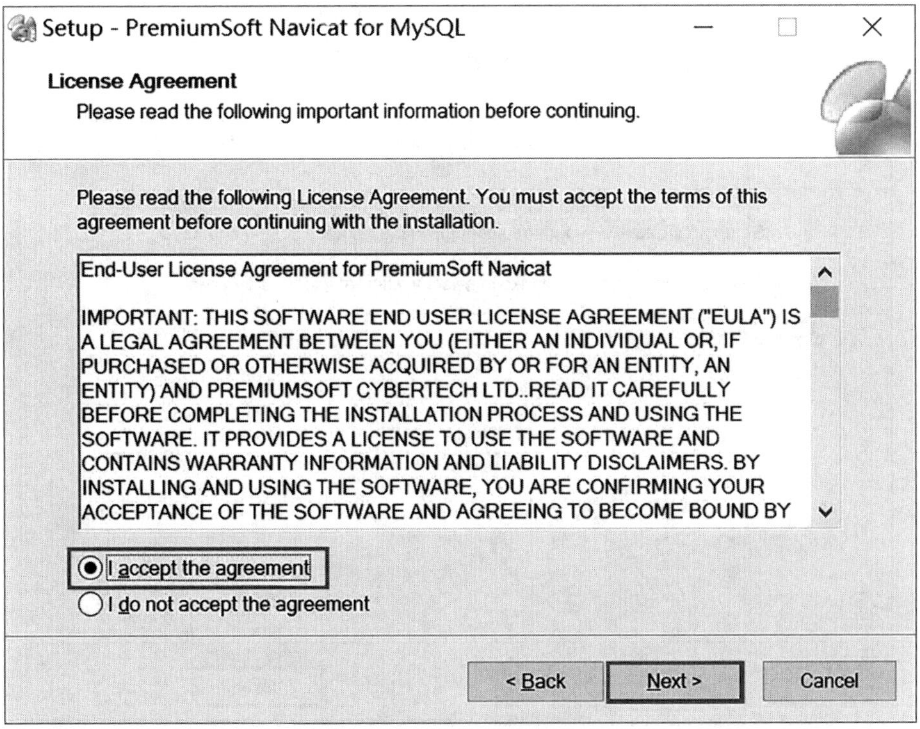

图 2-21 接受许可协议的界面

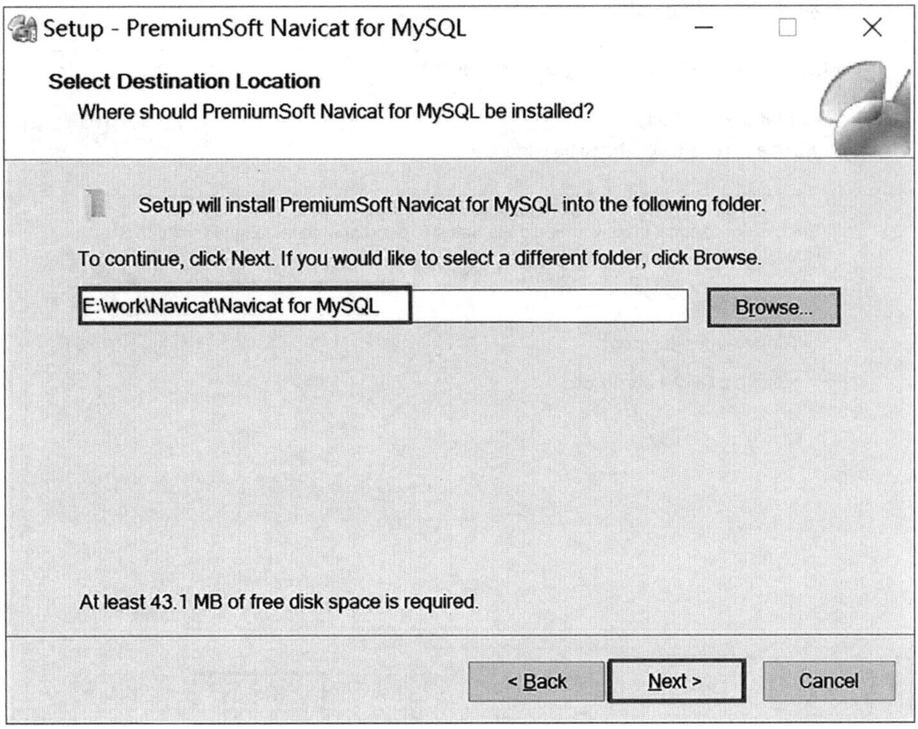

图 2-22 选择安装路径的界面

创建开始菜单文件夹的界面如图 2-23 所示。

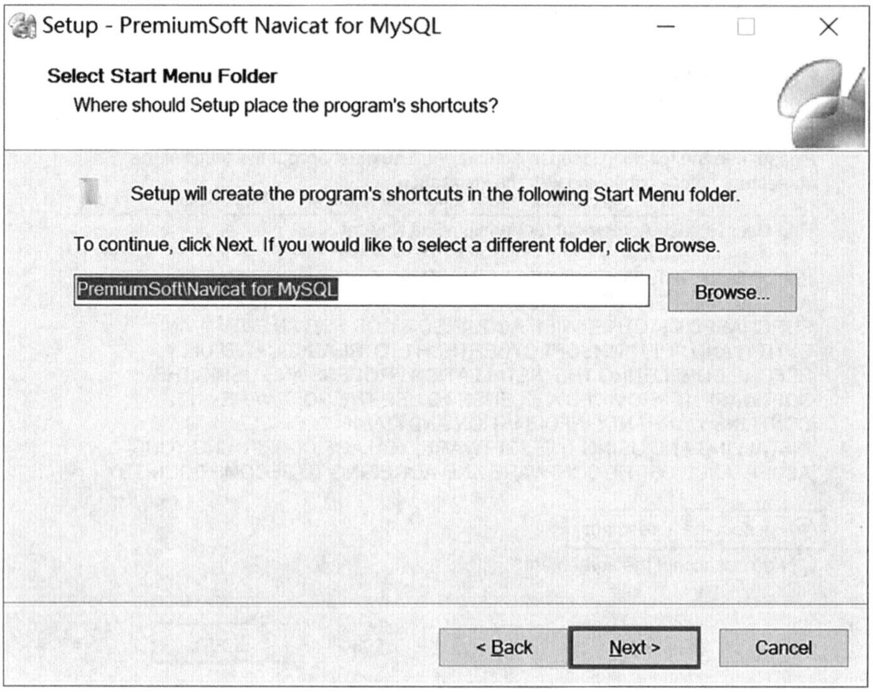

图 2-23　创建开始菜单文件夹的界面

选择安装附加任务的界面如图 2-24 所示。

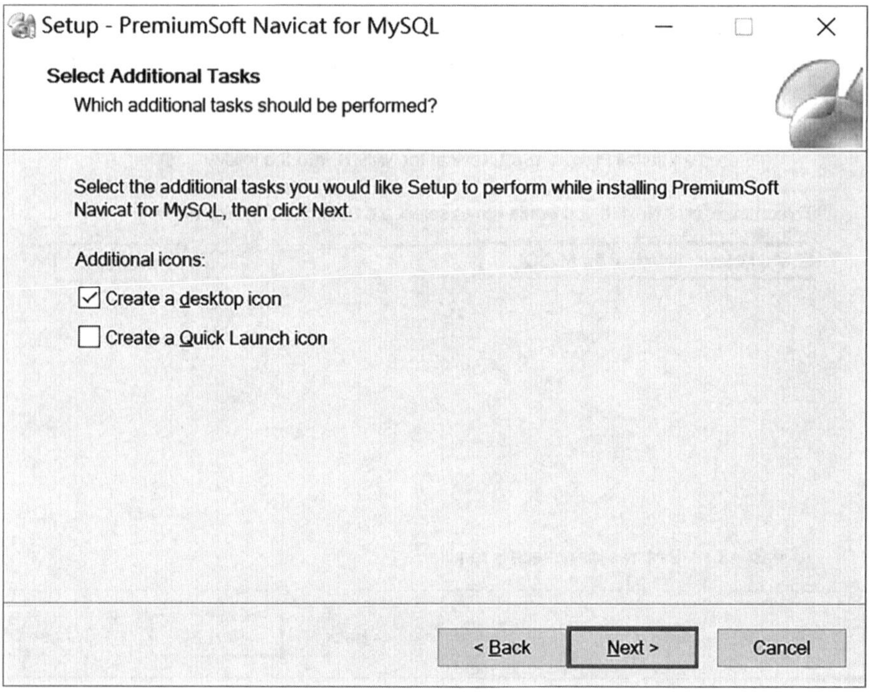

图 2-24　选择安装附加任务的界面

准备安装的界面如图 2-25 所示。

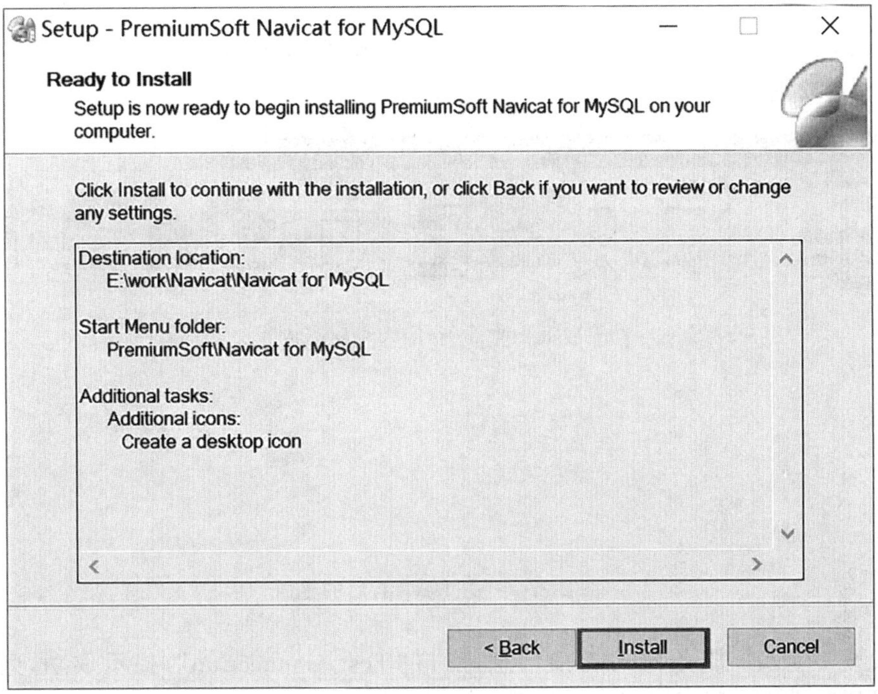

图 2-25 准备安装的界面

安装完成的界面如图 2-26 所示。

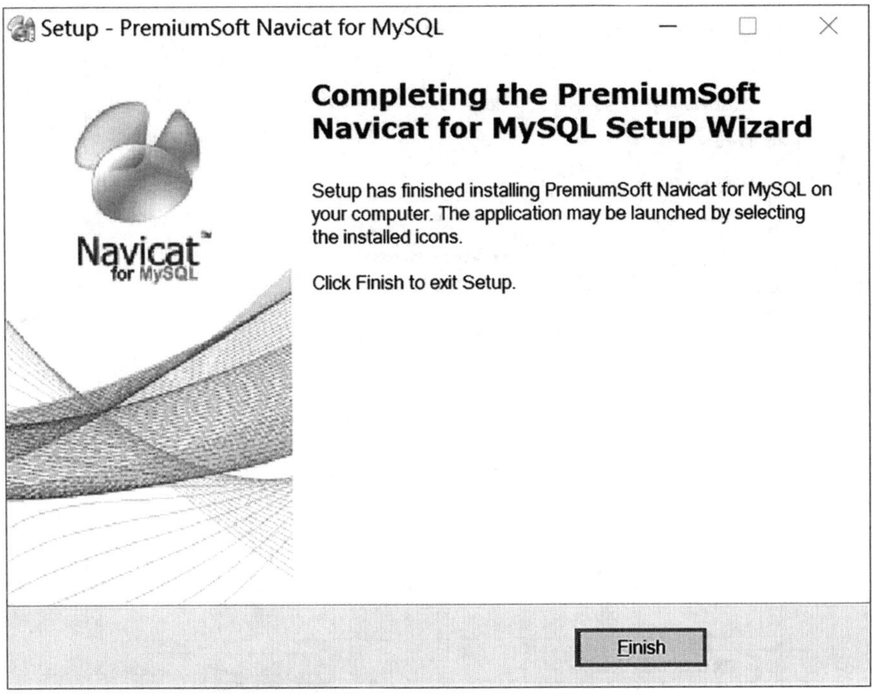

图 2-26 安装完成的界面

二、Navicat 界面的操作使用

(1)打开 Navicat 软件,创建连接,将 Navicat 与本地 MySQL 服务连接。打开 Navicat 后的界面如图 2-27 所示。

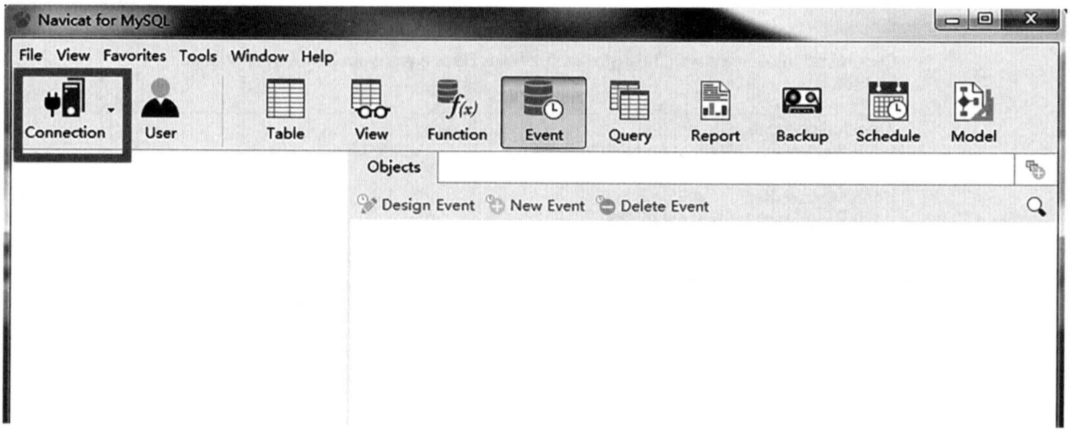

图 2-27 打开 Navicat 后的界面

(2)填写 MySQL 服务器的连接信息,点击“Test Connection”,提示成功,则证明连接 MySQL 服务器成功。测试连接界面如图 2-28 所示。

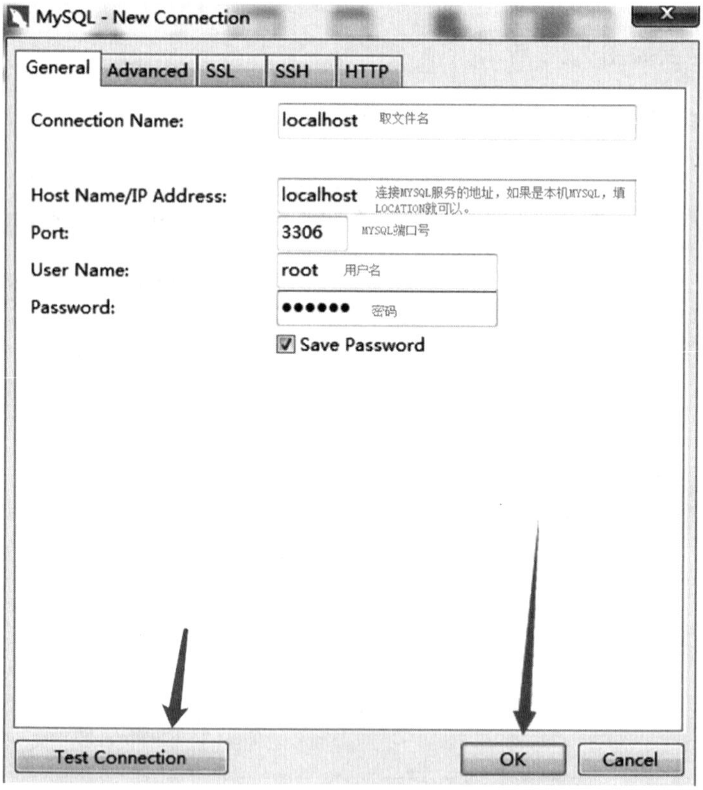

图 2-28 测试连接界面

(3)连接成功后,可以打开连接的界面。打开连接的界面如图 2-29 所示。

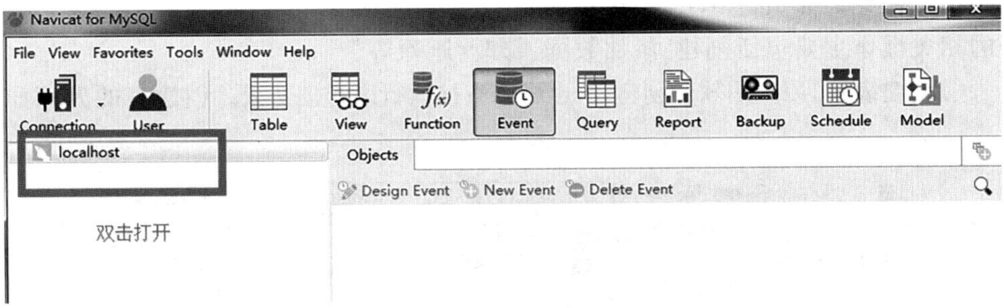

图 2-29　打开连接的界面

三、在 Navicat 中执行语句

(1)打开可执行 SQL 语句的窗口,可操作的 MySQL 界面如图 2-30 所示。

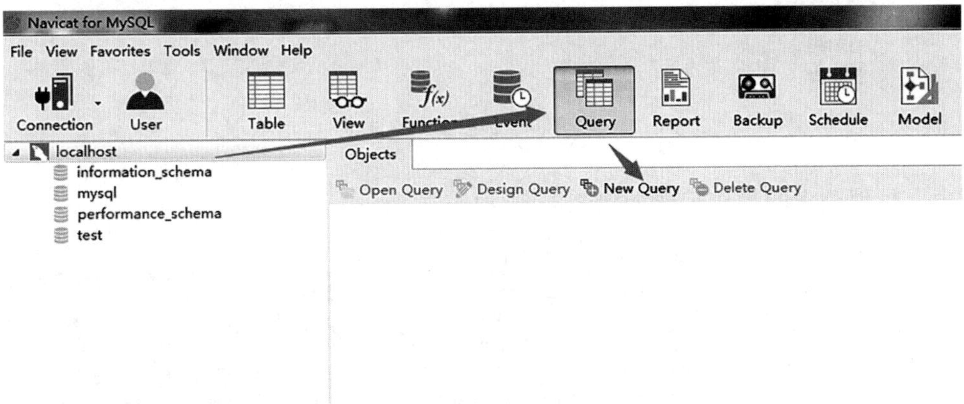

图 2-30　可操作的 MySQL 界面

(2)输入并执行 SQL 语句,如输入并执行创建数据库的 SQL 语句,其他 SQL 语句也都可以在窗口中执行。输入 MySQL 命令的界面如图 2-31 所示。

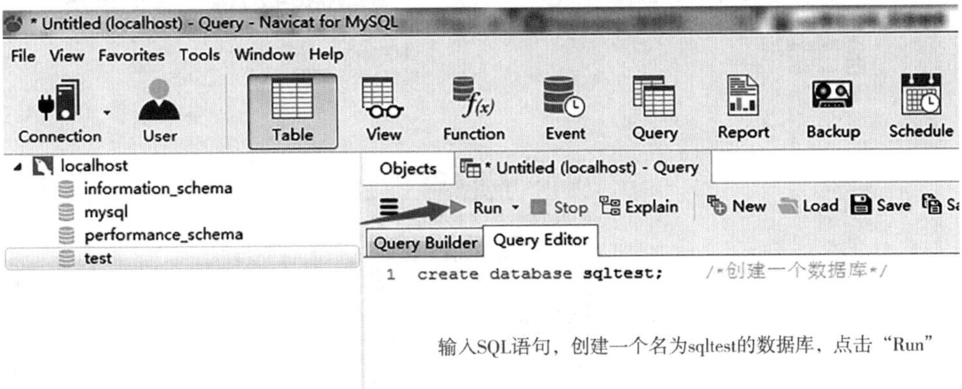

图 2-31　输入 MySQL 命令的界面

(3)如果要在某个数据库中操作,则先选择要操作的数据库,再依次选择“表”“查询”,在某个数据库中创建查询并执行 SQL 语句。

表的相关操作主要包括创建、添加数据、修改、删除等。

①创建表:可以利用软件创建表,也可以直接执行语句创建表。创建表的界面如图 2-32 所示。

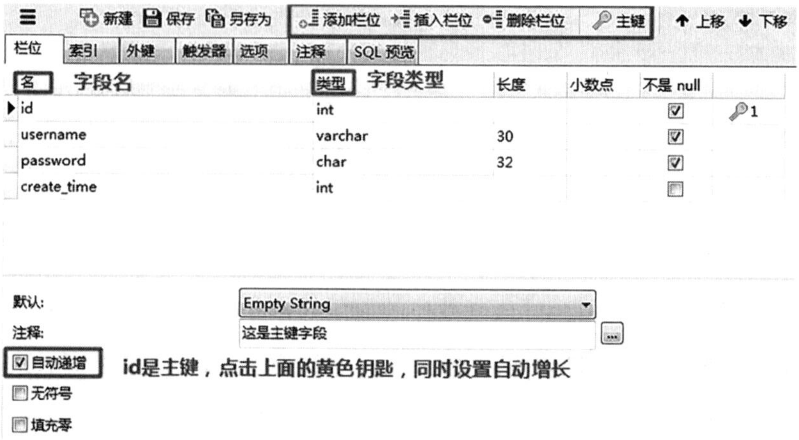

图 2-32 创建表的界面

用命令行创建表的操作步骤如图 2-33 所示。

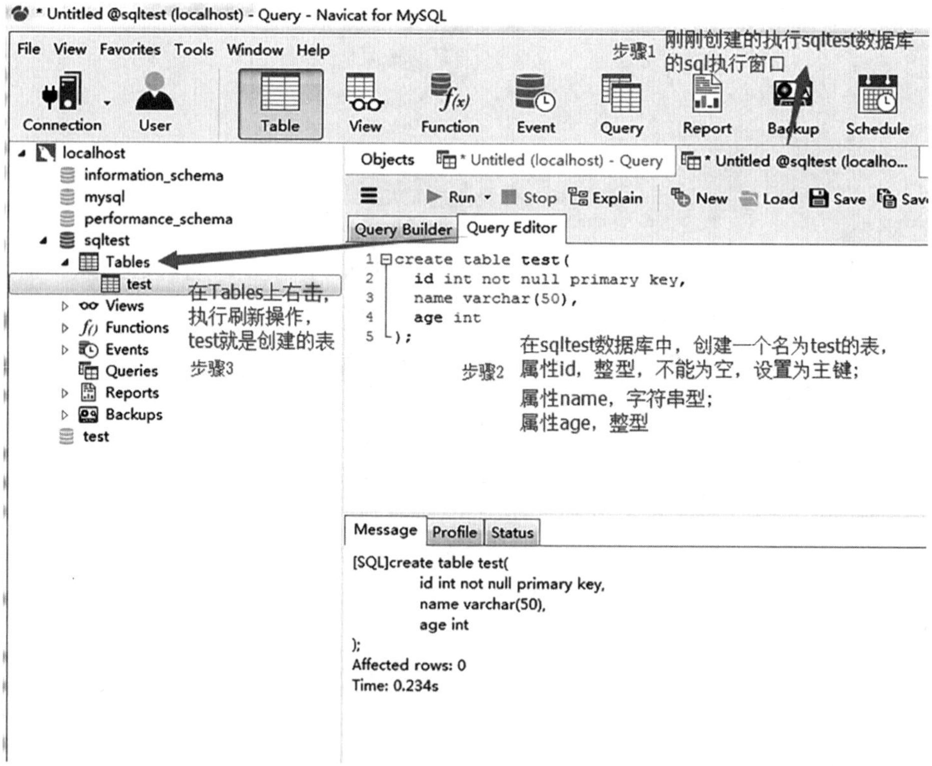

图 2-33 用命令行创建表的操作步骤

②添加数据的方式一：利用软件直接添加数据。查看数据表结构的界面如图 2-34 所示，添加数据的步骤如图 2-35 所示。

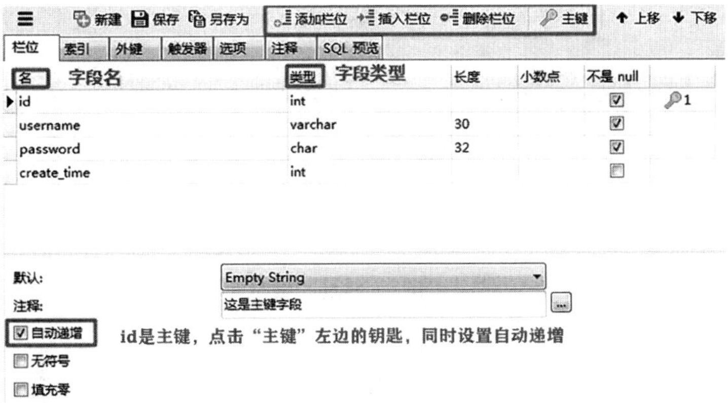

图 2-34 查看数据表结构的界面

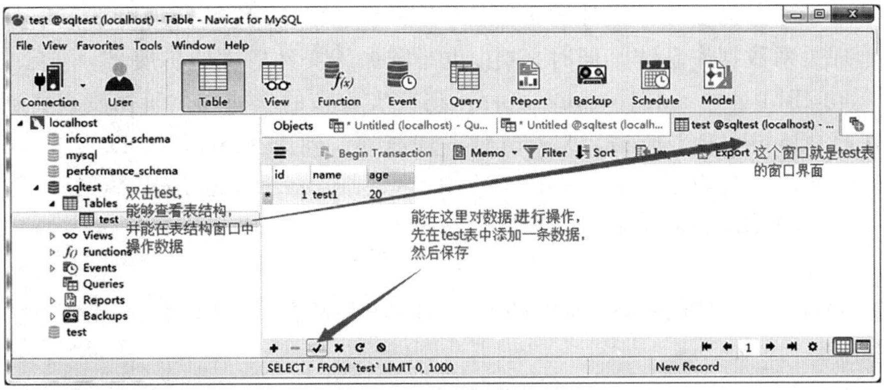

图 2-35 添加数据的步骤

③添加数据的方式二：打开执行 SQL 语句的窗口，使用 SQL 语句添加数据。使用 MySQL 命令添加表数据的界面如图 2-36 所示。

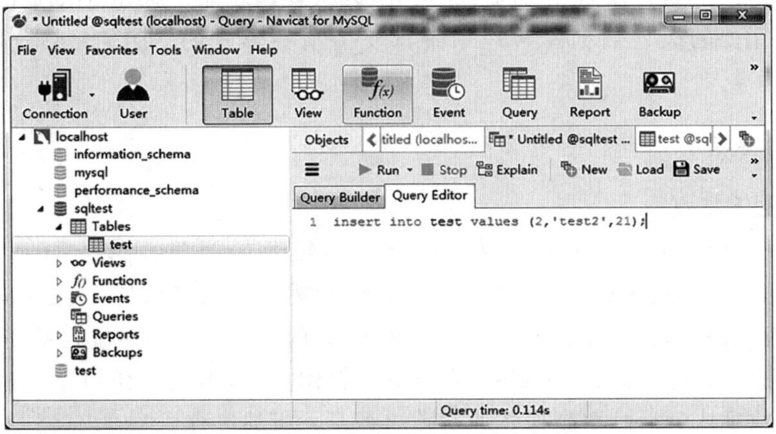

图 2-36 使用 MySQL 命令添加表数据的界面

④修改表、删除表:修改表、删除表的操作界面如图 2-37 所示。

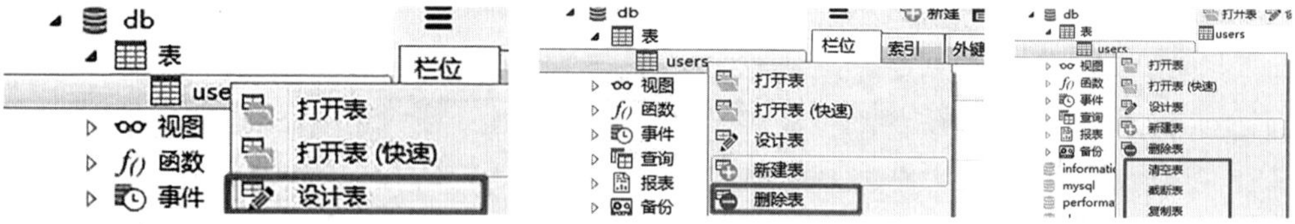

图 2-37　修改表、删除表的操作界面

第五节　SQL 概述

一、SQL 的发展历程

SQL(Structure Query Language),即结构化查询语言,它是使用关系模型的数据库应用语言,是一种数据库查询和程序设计语言,是高级的非过程化编程语言,用于存取数据以及查询、更新和管理关系数据库系统。同时,SQL 也是数据库文件格式的扩展名。

1970 年,由 IBM 公司 San Jose,California 研究实验室的埃德加·科德发表将数据组成表格的应用原则(Codd's Relational Algebra)。1974 年,同一实验室的 D. D. Chamberlin 和 R. F. Boyce 研制出一套规范语言——SEQUEL(Structured English Query Language),并在 1976 年 11 月的 IBM Journal of R&D 上公布新版本的 SQL(当时叫 SEQUEL/2)。1980 年改名为 SQL。

1979 年,Oracle 公司首先提供商用的 SQL,IBM 公司在 DB2 和 SQL/DS 数据库系统中也实现了 SQL。

1986 年 10 月,美国 ANSI 采用 SQL 作为关系数据库管理系统的标准语言(ANSI X3. 135—1986),后被国际标准化组织(ISO)采纳为国际标准。

1989 年,美国 ANSI 采纳了在 ANSI X3. 135—1989 报告中定义的关系数据库管理系统的 SQL 标准语言,称为 ANSI SQL89。该标准替代了 ANSI X3. 135—1986 版本,使关系数据库管理系统更加高效、可靠。该标准为国际标准化组织、美国联邦政府等组织所采纳。

目前,所有主要的关系数据库管理系统都支持某些形式的 SQL,大部分数据库都遵守 ANSI SQL89 标准。

二、SQL 的特点

SQL 具有如下特点:

(1)综合统一:SQL 语言集数据定义语言、数据操纵语言、数据控制语言的功能于一体。

(2)高度非过程化:用 SQL 语言进行数据操作,只需提出“做什么”,而无须知道“怎么做”,因此无须了解存取路径,存取路径的选择语句和 SQL 的操作过程由系统自动完成。

(3)面向集合的操作方式:SQL 语言采用集合操作方式,不仅操作对象、查找结果是元组的集合,而且一次插入、删除、更新操作的对象也都是元组的集合。

(4)以同一种语言结构提供多种使用方式:SQL 语言既是自含式语言,又是嵌入式语言。

作为自含式语言,SQL 语言能独立地给用户提供联机交互的使用方式;作为嵌入式语言,SQL 语言能够嵌入到高级语言程序中,供设计程序时使用。

三、SQL 的体系结构

以 SQL 为语言的数据库支持 3 级模式架构。

(1)全体基本表构成了数据库的模式。

(2)视图和部分基本表构成了数据库的外模式。

(3)数据库的存储文件和索引文件构成了关系数据库的内模式。

(4)表或是一个基本表,或是一个视图。

(5)一个关系对应一个基本表,一个基本表可以存放在多个存储文件中,一个存储文件也可以存放一个或多个基本表。一个基本表可以带若干索引,这些索引也可以存放在存储文件中。

本章小结

1. MySQL 的日志文件主要包含错误日志、二进制日志、事务日志、查询日志、慢查询日志和 InnoDB 的在线重做日志。

2. SQL Layer 中包含初始化模块,核心 API 模块,底层网络交互模块,客户端和服务端交互协议模块,用户模块,访问控制模块,连接管理、连接线程和线程管理模块,Query 解析和转发模块,Query Cache 模块,Query 优化器模块,表变更管理模块,表维护模块,系统状态管理模块,表管理器模块,日志记录模块,复制模块,存储引擎接口模块。

3. 常用的存储引擎有 InnoDB 存储引擎、MyISAM 存储引擎等。

4. MySQL 的权限控制分为全局性的管理权限、数据库级别的权限、数据库对象级别的权限 3 个层面。

练习巩固

在各自系统平台上,安装 MySQL 数据库和客户端工具 Navicat。

第三章　数据库和数据表的基本操作

第三章教学视频

扫码查看课件

第一节　数据库的基本操作

一、创建数据库

在 MySQL 中，可以使用 CREATE DATABASE 语句创建数据库，语法格式如下：

```
CREATE DATABASE [IF NOT EXISTS] ＜数据库名＞
[[DEFAULT] CHARACTER SET ＜字符集名＞] [[DEFAULT] COLLATE ＜校对规则名＞];
```

其中，[ ]部分的内容是可选的。

语法说明如下：

(1)＜数据库名＞：创建数据库的名称。MySQL 的数据存储区将以目录的形式表示 MySQL 数据库，因此数据库名称需要符合操作系统的文件夹命名规则，在 MySQL 中不区分大小写。

(2)[IF NOT EXISTS]：在创建数据库之前进行判断，即只有该数据库目前尚不存在时才能执行操作，可用于避免因数据库已存在而重复创建的错误。

(3)[DEFAULT] CHARACTER SET：指定数据库的默认字符集。

(4)[DEFAULT] COLLATE：指定字符集的默认校对规则。

字符集(CHARACTER)和校对规则(COLLATION)是两个不同的概念：

(1)字符集用于定义 MySQL 存储字符串的方式。

(2)校对规则用于定义比较字符串的方式，解决排序和字符分组的问题。

(3)字符集和校对规则是一对多的关系，每个字符集至少对应一种校对规则。MySQL 支持 39 种字符集的将近 200 种校对规则。

【实例 1】 用最简单的语句创建数据库。

```
CREATE DATABASE test_db;
```

【实例 2】 创建同名数据库。MySQL 不允许在同一系统中创建 2 个相同名称的数据库，可以通过添加 IF NOT EXISTS 从句来避免类似的错误。

```
CREATE DATABASE IF NOT EXISTS test_db;
```

【实例 3】 创建 MySQL 数据库，并指定字符集和校对规则。指定默认字符集为 utf8，默认校对规则为 utf8_general_ci，不区分大小写。

```
DEFAULT CHARACTER SET utf8
DEFAULT COLLATE utf8_general_ci;
```

(1)utf8：能够存储全球的所有字符，在任何国家都可以使用，默认的校对规则为 utf8_general_ci。

(2)utf8mb4：在 MySQL-5.5.3 之后增加了 utf8mb4 的编码，mb4 即 most bytes 4，用于兼容 4 字节的 unicode。utf8mb4 是 utf8 的超集，除了将编码改为 utf8mb4 外，不需要进行其他转换。最常见的 utf8mb4 数据库或表就是用于保存 Emoji 表情（Emoji 是一种特殊的 Unicode 编码，常见于 ios 和 android 智能手机上）和一些不常用的汉字，以及任何新增的 Unicode 字符等。

(3)gbk：只能存储与中文相关的字符，不具有全球通用性，默认的校对规则为 gbk_chinese_ci。

二、查看数据库

在 MySQL 中，可使用 SHOW DATABASES 语句来查看或显示当前用户权限范围以内的数据库。查看数据库的语法格式如下：

```
SHOW DATABASES [LIKE '数据库名'];
```

语法说明如下：

(1)LIKE 从句：可选项，用于匹配指定的数据库名称。LIKE 从句可以部分匹配，也可以完全匹配，用%表示匹配任意内容。

(2)数据库名：由单引号包围。

【实例 4】 查看所有数据库。

```
SHOW DATABASES;
```

所有数据库的查看结果如图 3-1 所示。

【实例 5】 使用 LIKE 从句查询名字中包含 test 的数据库。

```
SHOW DATABASES LIKE '%test%';
```

使用 LIKE 从句查询数据库的结果如图 3-2 所示。

Database
information_schema
marketdb
mydb
mysql
performance_schema
sys
test_db
test_db_char

图 3-1 所有数据库的查看结果

Database (%test%)
test_db
test_db_char

图 3-2 使用 LIKE 从句查询数据库的结果

三、修改数据库

在 MySQL 中,可以使用 ALTER DATABASE 或 ALTER SCHEMA 语句来修改已经创建或存在的数据库的相关参数。修改数据库的语法格式如下:

```
ALTER DATABASE [数据库名]{[ DEFAULT ] CHARACTER SET <字符集名> |
[ DEFAULT ] COLLATE <校对规则名>};
```

语法说明如下:

(1)ALTER DATABASE:用于更改数据库的全局特性。这些特性被存储在数据库目录的 db.opt 文件中。

(2)要使用 ALTER DATABASE,需要先获得数据库 ALTER 权限。

(3)数据库名称可以省略,若省略,则语句与默认数据库对应。

(4)CHARACTER SET 子句:用于更改默认的数据库字符集。

【实例 6】 使用命令语句将数据库 test_db 的指定字符集修改为 gb2312(注:gbk 为 gb2312 的扩展字符集),并将默认校对规则修改为 utf8_unicode_ci。语法格式如下:

```
ALTER DATABASE test_db DEFAULT CHARACTER SET gb2312
DEFAULT COLLATE utf8_unicode_ci;
```

未修改字符集时的数据库查询结果如图 3-3 所示。

Database	Create Database
test_db	CREATE DATABASE `test_db` /*!40100 DEFAULT CHARACTER SET utf8mb4 */

图 3-3 未修改字符集时的数据库查询结果

修改字符集后的数据库查询结果如图 3-4 所示。

Database	Create Database
test_db	CREATE DATABASE `test_db` /*!40100 DEFAULT CHARACTER SET gb2312 */

图 3-4　修改字符集后的数据库查询结果

四、删除数据库

在 MySQL 中，可以使用 DROP DATABASE 或 DROP SCHEMA 语句删除已创建的数据库，其语法格式如下：

```
DROP DATABASE [ IF EXISTS ] <数据库名>;
```

语法说明如下：

(1)<数据库名>：指定要删除的数据库名。

(2)[IF EXISTS]：用于防止当数据库不存在时发生错误。

(3)DROP DATABASE：删除数据库中的所有表格，并同时删除该数据库。如果要使用 DROP DATABASE，需要先获得数据库 DROP 权限。使用此语句时一定要非常小心，以免造成严重后果。

特别要注意，安装 MySQL 后，系统会自动创建 information_schema 和 mysql 等系统数据库，系统数据库会存放一些与数据库相关的信息。如果删除了系统数据库，MySQL 将不能正常工作。

【实例 7】 使用命令语句将数据库 test_db 从数据库列表中删除。

```
DROP DATABASE test_db;
```

数据库的删除结果如图 3-5 所示。

sql	message
DROP DATABASE test_db	OK, Time: 0.061000s

图 3-5　数据库的删除结果

如果要删除的数据库不存在，再次执行相同的命令，直接使用 DROP DATABASE test_db，系统会报错，如图 3-6 所示。

sql	message
DROP DATABASE test_db	1008 - Can't drop database 'test_db'; database doesn't exist, Time: 0.001000s

图 3-6　删除不存在数据库的结果

如果使用 IF EXISTS 从句，可以防止系统提示此类错误，如图 3-7 所示。

sql	message
DROP DATABASE IF EXISTS test_db	OK, Time: 0.011000s

图 3-7　使用 IF EXISTS 从句的结果

第二节　数据类型介绍

MySQL 的数据类型主要包括 5 大类。

(1)整数类型(整型):BIT、TINYINT、SMALLINT、MEDIUMINT、INT、BIGINT。

(2)小数类型:FLOAT、DOUBLE、DECIMAL。

(3)字符串类型:CHAR、VARCHAR、TINYTEXT、TEXT、MEDIUMTEXT、LONGTEXT、TINYBLOB、BLOB、MEDIUMBLOB、LONGBLOB。

(4)日期时间类型:DATE、DATETIME、TIMESTAMP、TIME、YEAR。

(5)其他数据类型:BINARY、VARBINARY、ENUM、SET、GEOMETRY、POINT、MULTIPOINT、LINESTRING、MULTILINESTRING、POLYGON、GEOMETRYCOLLECTION 等。

一、整型数据

1. 整型数据的范围

整型数据的范围见表 3-1。

表 3-1　整型数据的范围

数据类型	字节数	带符号最小值	带符号最大值	不带符号最小值	不带符号最大值
TINYINT	1	−128	127	0	255
SMALLINT	2	−32 768	32 767	0	65 535
MEDIUMINT	3	−8 388 608	8 388 607	0	16 777 215
INT	4	−2 147 483 648	2 147 483 647	0	4 294 967 295
BIGINT	8	−9 223 372 036 854 775 808	9 223 372 036 854 775 807	0	18 446 744 073 709 551 615

由表 3-1 可以看出,如果加了 unsigned,即不带符号,则取值范围最大值翻倍,如 TINYINT unsigned 的取值范围为(0～255)。MySQL 中的整型数据默认是带符号的。

即使是带符号的 BIGINT,其最大值 9 223 372 036 854 775 807 其实已经是一个天文数字了。以字节为例,该最大值可以表示 8 589 934 592 GB→8 388 608 TB→8 192 PB;以毫秒为例,该最大值可以表示 292 471 208 年。

所以在实际开发中,一定要为列选取合适的数据类型,避免造成资源浪费。如果一个枚举字段只有 0、1 这两个枚举值,那么选用 TINYINT 即可,而不需要使用 BIGINT 等类型。

【实例 8】 插入整型数据。

```
CREATE TABLE test_tinyint (
  num TINYINT
);
INSERT INTO test_tinyint VALUES( - 100);
```

```
INSERT INTO test_tinyint VALUES(255);
```

执行第 2 次 INSERT 代码时报错,即插入的数字范围越界了,可以看出 MySQL 中整型数据默认是带符号的。INSERT 命令运行错误的结果如图 3-8 所示。

sql	message
INSERT INTO test_tinyint VALUES(255);	1264 - Out of range value for column 'num' at row 1, Time: 0.000000s

图 3-8 INSERT 命令运行错误的结果

如果把 num 字段的定义改为"num tinyint unsigned",则第 2 次的插入就不会报错,但是第 1 次的插入-100 又报错了,这是因为不带符号的整型数据是无法表示负数的。

```
CREATE TABLE test_tinyint (
  num TINYINT unsigned
);
INSERT INTO test_tinyint VALUES(-100);
INSERT INTO test_tinyint VALUES(255);
```

2. 整型(*N*)形式

在开发中,我们会碰到有些定义整型(*N*)的写法,如 INT(11),此时只需要记住两点:

(1)无论 *N* 等于多少,INT 永远占 4 个字节;

(2)*N* 表示的是显示宽度,不足显示宽度的用 0 补足,超过显示宽度时则会直接显示整个数字,但这只在整型设置了 unsigned zerofill 时才生效。

【实例 9】 创建几个字段,分别设置显示宽度,并部分设置 unsigned zerofill,观察创建结果。

```
DROP TABLE IF EXISTS test_int_width;
CREATE TABLE test_int_width (
  a INT(5),
  b INT(5) unsigned,
  c INT(5) unsigned zerofill,
  d INT(8) unsigned zerofill
);
INSERT INTO test_int_width VALUES(1,1,1,123456789);
SELECT * FROM test_int_width;
```

字段的创建结果如图 3-9 所示。

a	b	c	d
1	1	00001	123456789

图 3-9 字段的创建结果

二、浮点型数据

尽量避免对浮点型数据进行减法和比较运算。浮点型数据说明见表 3-2。

表 3-2　浮点型数据说明

数据类型	字节数	备注
FLOAT	4	单精度浮点型,8 位精度
DOUBLE	8	双精度浮点型,16 位精度

FLOAT(M,D)、DOUBLE(M,D)的用法规则如下：

(1)M 表示浮点型数据的总位数；

(2)D 表示浮点型数据小数点之后的精度,如果超过 D 位,则按四舍五入来处理；

(3)不指定 M、D 时,则按照实际的精度来处理。

【实例 10】 以 FLOAT 类型为例,插入浮点型数据(DOUBLE 类型同理)。

```
DROP TABLE IF EXISTS test_float;
CREATE TABLE test_float (
  num FLOAT(5,2)
);

INSERT INTO test_float VALUES(1.233);
INSERT INTO test_float VALUES(1.237);
INSERT INTO test_float VALUES(10.233);
INSERT INTO test_float VALUES(100.233);
INSERT INTO test_float VALUES(1000.233);
INSERT INTO test_float VALUES(10000.233);
INSERT INTO test_float VALUES(100000.233);

SELECT * FROM test_float;
```

浮点型数据的插入结果如图 3-10 所示。1000.233、10000.233、100000.233 这 3 条数据的插入都报错了,这是因为后 3 条语句输入的数值超过了 5 位,而前 4 条语句的小数超出了规定值,系统进行了四舍五入,最终保留 2 位小数。

sql	message
INSERT INTO test_float VALUES(1.233)	Affected rows: 1, Time: 0.013000s
INSERT INTO test_float VALUES(1.237)	Affected rows: 1, Time: 0.006000s
INSERT INTO test_float VALUES(10.233)	Affected rows: 1, Time: 0.006000s
INSERT INTO test_float VALUES(100.233)	Affected rows: 1, Time: 0.006000s
INSERT INTO test_float VALUES(1000.233)	1264 - Out of range value for column 'num' at row 1, Time: 0.000000s

图 3-10　浮点型数据的插入结果

三、定点型数据

浮点型数据在数据库中存放的是近似值，而定点型数据在数据库中存放的是精确值。定点型数据以字符串形式存储，对精度要求高时使用 DECIMAL 较好。

DECIMAL(M, D) 的参数 $M<65$, M 是总个数；$D<30$ 且 $D<M$, D 是小数位。DECIMAL 在不指定 M、D 时，默认为 DECIMAL(10,0)。

【实例 11】比较浮点型数据和定点型数据的保存情况。

```
CREATE TABLE test_decimal (
  float_num FLOAT(10,2),
  double_num DOUBLE(20,2),
  decimal_num DECIMAL(20,2)
);

INSERT INTO test_decimal VALUES(1234567.66,1234567899000000.66,1234567899000000.66);
INSERT INTO test_decimal VALUES(1234567.66,12345678990000000.66,12345678990000000.66);

SELECT * FROM test_decimal;
```

浮点型数据和定点型数据的保存结果如图 3-11 所示。FLOAT、DOUBLE 类型存在精度丢失问题，即写入数据库中的数据未必是插入数据库时的数据，而 DECIMAL 类型无论写入数据库中的数据是多少，都不会存在精度丢失问题。DECIMAL 类型常用于银行、互联网金融等对小数点后的数字比较敏感的系统中。

float_num	double_num	decimal_num
1234567.62	1234567899000000.8	1234567899000000.66
1234567.62	12345678990000000	12345678990000000.66

图 3-11 浮点型数据和定点型数据的保存结果

四、字符型数据

MySQL 字符串和文本数据类型说明见表 3-3。

表 3-3 MySQL 字符串和文本数据类型说明

数据类型	说明	取值范围
CHAR(M)	定长字符串	0～255 个字符
VARCHAR(M)	变长字符串	0～65 535 个字符
TINYBLOB	不超过 255 个字符的二进制字符串	0～255 个字符
TINYTEXT	短文本字符串	0～255 个字符
BLOB	二进制形式的长文本数据	0～65 535 个字符

续表3-3

数据类型	说明	取值范围
TEXT	长文本数据	0～65 535 个字符
MEDIUMBLOB	二进制形式的中等长度文本数据	0～16 777 215 个字符
MEDIUMTEXT	中等长度文本数据	0～16 777 215 个字符
LONGBLOB	二进制形式的极大文本数据	0～4 294 967 295 个字符
LONGTEXT	极大文本数据	0～4 294 967 295 个字符

1. CHAR 和 VARCHAR 的区别

(1)CHAR 是固定长度的字符串,长度范围为 0～255 个字符且与编码方式无关,无论字符的实际长度是多少,都会按照指定长度进行存储。如 CHAR(4),不管存入几个字符,都将占用 4 个字节,不够的用空格补足,查询时再将空格去掉。因此,CHAR 类型存储的字符串末尾不能有空格。

(2)VARCHAR 是存入的实际字符数＋1($M \leqslant 255$)或 2 个字节($M > 255$),如 VARCHAR(4),存入 3 个字符将占用 4 个字节。

(3)CHAR 类型字符串的检索速度要比 VARCHAR 类型的检索速度快。

【实例 12】 验证 CHAR 和 VARCHAR 类型的数据保存长度。

```
CREATE TABLE test_str (
  char_value CHAR(5),
  varchar_value VARCHAR(5)
);

INSERT INTO test_str VALUES('a','a');
INSERT INTO test_str VALUES(' a',' a');
INSERT INTO test_str VALUES('a ','a ');
INSERT INTO test_str VALUES(' a ',' a ');

SELECT length(char_value),length(varchar_value) FROM test_str;
```

CHAR 和 VARCHAR 类型数据保存长度的验证结果如图 3-12 所示,CHAR 类型数据并不会取最后的空格。

length(char_value)	length(varchar_value)
1	1
2	2
1	2
2	3

图 3-12　CHAR 和 VARCHAR 类型数据保存长度的验证结果

2. VARCHAR 和 TEXT 的区别

(1)VARCHAR 可指定 M,TEXT 不能指定;内部存储 VARCHAR 是存入的实际字符数＋1($M \leqslant 255$)或 2 个字节($M > 255$),内部存储 TEXT 则是实际字符数＋2 个字节。

(2)TEXT 类型不能有默认值。

(3)VARCHAR 可直接创建索引,TEXT 创建索引要指定前多少个字符;VARCHAR 查询速度快于 TEXT,在都创建索引的情况下,TEXT 的索引似乎不起作用。

3. BLOB 和 TEXT 的区别

(1)TEXT 以文本形式存储,区分大小写;BLOB 则是以二进制形式存储,不区分大小写。

(2)BLOB 常用于存储如图片、音视频等文件的二进制数据。

(3)BLOB 存储的数据只能整体读出。

(4)TEXT 可以指定字符集,BLOB 不需要指定字符集。

五、日期时间类型数据

1. MySQL 支持的日期时间类型数据

MySQL 支持 5 种日期时间类型数据:DATE、TIME、YEAR、DATETIME、TIMESTAMP。日期时间类型数据的规范见表 3-4。

表 3-4 日期时间类型数据的规范

数据类型	字节数	格式	范围
DATE	3	yyyy-MM-dd	1000-01-01～9999-12-31
TIME	3	HH:mm:ss	—838:59:59～838:59:59
YEAR	1	yyyy	1901～2155
DATETIME	8	yyyy-MM-dd HH:mm:ss	1000-01-01 00:00:00～9999-12-31 23:59:59
TIMESTAMP	4	yyyy-MM-dd HH:mm:ss	1970-01-01 00:00:01 UTC～2038-01-19 03:14:07 UTC

DATETIME 与 TIMESTAMP 的区别如下:

(1)DATETIME 占 8 个字节,TIMESTAMP 占 4 个字节。

(2)由于大小的区别,DATETIME 与 TIMESTAMP 能存储的时间范围不同。

(3)DATETIME 默认值为空,当插入的值为 NULL 时,该列的值就是 NULL;TIMESTAMP 默认值不为空,当插入的值为 NULL 时,MySQL 会取当前时间。

(4)DATETIME 存储的时间与时区无关,TIMESTAMP 存储及显示的时间都依赖于当前时区。

(5)若定义一个字段为 TIMESTAMP,则该字段的值会在其他字段修改的时候自动更新,通常使用这种数据类型的字段来存放这条记录最后被修改的时间。

【实例 13】保存各个日期时间类型的字段数据。

```
DROP TABLE IF EXISTS test_time;
CREATE TABLE test_time (
  date_value DATE,
  time_value TIME,
  year_value YEAR,
  datetime_value DATETIME,
```

```
  timestamp_value TIMESTAMP
);

INSERT INTO test_time VALUES(now(),now(),now(),now(),now());
SELECT * FROM test_time;

UPDATE test_time SET year_value = '2000';
SELECT * FROM test_time;
```

插入语句的执行结果如图 3-13 所示。

date_value	time_value	year_value	datetime_value	timestamp_value
2019-10-08	13:06:50	2019	2019-10-08 13:06:50	2019-10-08 13:06:50

图 3-13　插入语句的执行结果

更新语句的执行结果如图 3-14 所示，TIMESTAMP 类型的字段会自动更新。

date_value	time_value	year_value	datetime_value	timestamp_value
2019-10-08	13:06:50	2000	2019-10-08 13:06:50	2019-10-08 13:08:34

图 3-14　更新语句的执行结果

2. 数据类型使用建议

(1)在指定数据类型时，一般是采用"从小"原则，比如能用 TINYINT 类型的最好就不用 INT 类型，能用 FLOAT 类型的就不用 DOUBLE 类型。这样会使 MySQL 在运行效率上提高很多，尤其是在大数据量测试的条件下。

(2)不需要把数据表设计得太过复杂，从功能模块上进行区分或许对于后期的维护更为方便，慎重出现大杂烩数据表。

(3)数据表和字段命名时，要注意不可太随意，最好能见名知义。

(4)数据库的设计结果一定是效率和可扩展性的折中，偏向任何一方都是欠妥的。

第三节　数据表的基本操作

一、创建数据表

在 MySQL 中，可以使用 CREATE TABLE 语句创建表，其语法格式如下：

```
CREATE TABLE <表名> ([表定义选项])[表选项][分区选项];
```

其中，[表定义选项]的格式如下：

```
<列名1> <类型1> [,…] <列名n> <类型n>;
```

(1)主要语法及使用说明如下:

①CREATE TABLE:用于创建给定名称的表,必须拥有表 CREATE 的权限。

②<表名>:指定要创建表的名称,在 CREATE TABLE 之后,必须符合标识符命名规则,可以直接指定为 db_name. tbl_name,以便在特定的数据库中创建表。无论是否有当前数据库,都可以通过这种方式创建表。如果省略 db_name,则在当前数据库中创建表。如果使用加引号的识别名,则应在数据库名称和表名称中分别加引号。例如,'mydb'. 'mytbl' 是合法的,但 'mydb. mytbl' 则不合法。

③[表定义选项]:创建表定义,由列名(col_name)、列定义(column_definition)以及可能的空值说明、完整性约束或表索引组成。

(2)其他说明如下:

①若表已存在,没有当前数据库或者数据库不存在,则会出现错误。

②要创建表的名称不区分大小写,不能使用 SQL 语言中的关键字,如 DROP、ALTER、INSERT 等。

③如果创建多个列,数据表中每个列(字段)的名称和数据类型就要用逗号隔开。

【实例 14】 创建学生表 tb_stu,学生表结构见表 3-5。

表 3-5 学生表结构

字段名称	数据类型	备注
sid	INT(11)	学号
sname	VARCHAR(25)	姓名
classId	INT(11)	班级编号
score	FLOAT	成绩

```
CREATE TABLE tb_stu (
  sid INT(11),
  sname VARCHAR(25),
  classId INT(11),
  score FLOAT
);
```

二、查看数据表

使用 SQL 语句创建好数据表之后,可以查看表结构的定义,以确认表的定义是否正确。在 MySQL 中,可以使用 DESCRIBE 和 SHOW CREATE TABLE 语句来查看表结构。

1. DESCRIBE 语句

DESCRIBE(简写成 DESC)语句可以查看表的字段信息,包括字段名、字段数据类型、是否为主键、是否有默认值等,语法格式如下:

```
DESCRIBE <表名>;
或简写成:
DESC <表名>;
```

【实例 15】 使用 DESCRIBE 语句查看 tb_stu 表的结构。

```
DESCRIBE tb_stu;
```

使用 DESCRIBE 语句查看表结构的结果如图 3-15 所示。

Field	Type	Null	Key	Default	Extra
sid	int(11)	YES		(NULL)	
sname	varchar(25)	YES		(NULL)	
classId	int(11)	YES		(NULL)	
score	float	YES		(NULL)	

图 3-15 使用 DESCRIBE 语句查看表结构的结果

其中部分字段的含义如下:

(1)Null:该列是否可以存储空值。

(2)Key:该列是否已编制索引。PRI 表示该列是表主键的一部分,UNI 表示该列是 UNIQUE 索引的一部分,MUL 表示在该列中某个给定值允许出现多次。

(3)Default:该列是否有默认值。如果有,则显示具体默认值。

(4)Extra:列相关的附加信息,如 AUTO_INCREMENT 自增等。

2. SHOW CREATE TABLE 语句

SHOW CREATE TABLE 语句用于显示创建表时的 CREATE TABLE 语句,语法格式如下:

```
SHOW CREATE TABLE <表名>;
```

使用 SHOW CREATE TABLE 语句查看表结构的结果如图 3-16 所示。

```
mysql> SHOW CREATE TABLE tb_stu\G;
*************************** 1. row ***************************
       Table: tb_stu
Create Table: CREATE TABLE `tb_stu` (
  `sid` int(11) DEFAULT NULL,
  `sname` varchar(25) DEFAULT NULL,
  `classId` int(11) DEFAULT NULL,
  `score` float DEFAULT NULL
) ENGINE=InnoDB DEFAULT CHARSET=utf8mb4
1 row in set (0.00 sec)
```

图 3-16 使用 SHOW CREATE TABLE 语句查看表结构的结果

使用 SHOW CREATE TABLE 语句不仅可以查看创建表时的详细语句,而且还可以查看存储引擎和字符编码。如果不加"\G"参数,显示的结果可能非常混乱;加上"\G"参数之后,可使显示的结果更加直观，便于查看。

三、修改数据表

为了更好地规范数据库中表的设计，有时候难免需要对之前已经创建的表进行结构修改或者调整。

在 MySQL 中，可以使用 ALTER TABLE 语句来修改原来表的结构，如修改表名、增加或删减字段、修改字段数据类型或字段名、更改表的存储引擎、删除表的外键约束、创建或取消索引等。常用的语法格式如下：

```
ALTER TABLE <表名> [修改选项];
```

修改选项的语法格式如下：

```
{ ADD [COLUMN] <列名> <类型> [约束条件] [FIRST|AFTER 已存在的字段名]
| CHANGE [COLUMN] <旧列名> <新列名> <新列类型>
| ALTER [COLUMN] <列名> { SET DEFAULT <默认值> | DROP DEFAULT }
| MODIFY [COLUMN] <列名> <类型>
| DROP [COLUMN] <列名>
| RENAME TO <新表名> }
```

【实例 16】 修改表 tb_stu 的结构，在表的第 1 列中添加一个 INT 类型的字段 col1。

```
ALTER TABLE tb_stu ADD COLUMN col1 INT FIRST;
```

使用 ALTER TABLE 语句修改表结构的结果如图 3-17 所示。

【实例 17】 修改表 tb_stu 的结构，在列 sname 后添加一个 INT 类型的字段 col2。

```
ALTER TABLE tb_stu ADD COLUMN col2 INT AFTER sname;
```

使用 ALTER TABLE 语句增加字段的结果如图 3-18 所示。

Field	Type	Null	Key	Default	Extra
col1	int(11)	YES		(NULL)	
sid	int(11)	YES		(NULL)	
sname	varchar(25)	YES		(NULL)	
classId	int(11)	YES		(NULL)	
score	float	YES		(NULL)	

图 3-17 使用 ALTER TABLE 语句修改表结构的结果

Field	Type	Null	Key	Default	Extra
col1	int(11)	YES		(NULL)	
sid	int(11)	YES		(NULL)	
sname	varchar(25)	YES		(NULL)	
col2	int(11)	YES		(NULL)	
classId	int(11)	YES		(NULL)	
score	float	YES		(NULL)	

图 3-18 使用 ALTER TABLE 语句增加字段的结果

“FIRST 或 AFTER 已存在的字段名”用于指定新增字段在表中的位置，如果语句中没有设置这两个参数，则默认将新添加的字段设置为数据表的最后一列。

【实例 18】 修改表 tb_stu 的结构，将 sname 字段的数据类型由 VARCHAR(25)修改成 VARCHAR(30)。

```
ALTER TABLE tb_stu MODIFY sname VARCHAR(30);
```

使用 ALTER TABLE 语句修改字段类型的结果如图 3-19 所示。

【实例 19】 修改表 tb_stu 的结构，删除 col2 字段。

```
ALTER TABLE tb_stu DROP COLUMN col2;
```

使用 ALTER TABLE 语句删除字段的结果如图 3-20 所示，col2 字段已被删除。

Field	Type	Null	Key	Default	Extra
col1	int(11)	YES		(NULL)	
sid	int(11)	YES		(NULL)	
sname	varchar(30)	YES		(NULL)	
col2	int(11)	YES		(NULL)	
classId	int(11)	YES		(NULL)	
score	float	YES		(NULL)	

图 3-19 使用 ALTER TABLE 语句修改字段类型的结果

Field	Type	Null	Key	Default	Extra
col1	int(11)	YES		(NULL)	
sid	int(11)	YES		(NULL)	
sname	varchar(30)	YES		(NULL)	
classId	int(11)	YES		(NULL)	
score	float	YES		(NULL)	

图 3-20 使用 ALTER TABLE 语句删除字段的结果

【实例 20】 修改表 tb_stu 的结构，将 col1 的字段名称改为 col3，同时将数据类型改为 CHAR(30)。

```
ALTER TABLE tb_stu CHANGE col1 col3 CHAR(30);
```

使用 ALTER TABLE 语句修改字段名称的结果如图 3-21 所示。

Field	Type	Null	Key	Default	Extra
col3	char(30)	YES		(NULL)	
sid	int(11)	YES		(NULL)	
sname	varchar(30)	YES		(NULL)	
classId	int(11)	YES		(NULL)	
score	float	YES		(NULL)	

图 3-21 使用 ALTER TABLE 语句修改字段名称的结果

如果不需要修改字段的数据类型，可以将新数据类型设置成和原来一样的数据类型，但数据类型不能为空。

CHANGE 也可以用于只修改数据类型，实现和 MODIFY 同样的效果，即将 SQL 语句中的“新字段名”和“旧字段名”设置为相同的名称，只改变“数据类型”。该功能使用得较少。

但是要注意，由于不同类型的数据在机器中的存储方式及长度并不相同，修改数据类型可能会影响数据表中已有的数据记录。所以，当数据表中已经有数据时，不要轻易修改数据类型。

【**实例 21**】将数据表 tb_stu 改名为 tb_stuinfo。

```
ALTER TABLE tb_stu RENAME TO tb_stuinfo;
```

使用 ALTER TABLE 语句修改数据表名称的结果如图 3-22 所示。

修改表名即重命名，并不会修改表的结构，因此修改名称后的表和修改名称前的表的结构是相同的。修改表名后的表结构如图 3-23 所示。

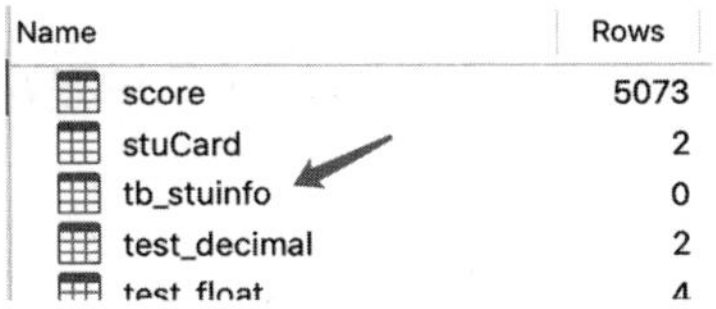

Name	Rows
score	5073
stuCard	2
tb_stuinfo	0
test_decimal	2
test_float	4

图 3-22　使用 ALTER TABLE 语句修改数据表名称的结果

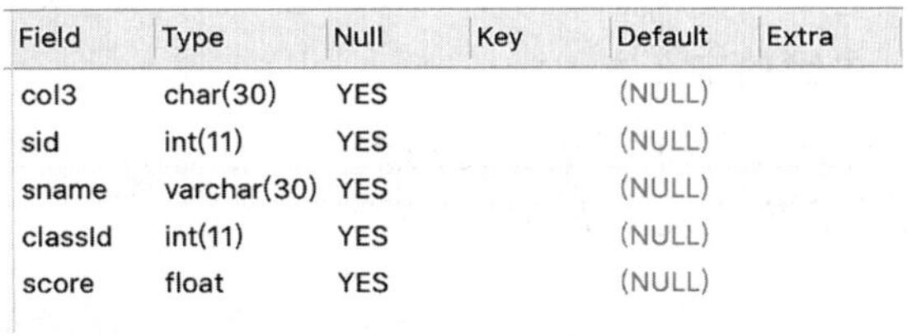

Field	Type	Null	Key	Default	Extra
col3	char(30)	YES		(NULL)	
sid	int(11)	YES		(NULL)	
sname	varchar(30)	YES		(NULL)	
classId	int(11)	YES		(NULL)	
score	float	YES		(NULL)	

图 3-23　修改表名后的表结构

四、删除数据表

当需要删除一个表时，可以通过 DROP TABLE 语句来完成，语法格式如下：

```
DROP TABLE [IF EXISTS] <表名> [,<表名1>,<表名2>] …;
```

语法说明如下：

(1)<表名>：要删除的表名。DROP TABLE 语句可以同时删除多个表，用户必须拥有该命令的权限。

(2)当表被删除时，所有的表数据和表定义都会被取消，所以需谨慎使用表删除语句。

(3)当表被删除时，用户在该表上的权限并不会自动被删除。

(4)IF EXISTS：用于在删除前判断删除的表是否存在。添加该参数后，当删除表时，如果表不存在，SQL 语句可以顺利执行，但会发出警告。若未添加该参数，当删除表时，如果表不存在，系统会报错。

第四节　数据表的约束

一、主键约束

主键(PRIMARY KEY)约束，即在表中定义一个主键来唯一确定表中每一行数据的标识符。通过主键可以强制表的实体完整性。

1. 主键的定义规则

MySQL 中的主键可以是表中某一列或者多列的组合，其中由多列组合成的主键称为复合主键。

主键定义应该遵守下面的规则：

(1)每个表只能定义一个主键。

(2)唯一性原则：主键值必须唯一标识表中的某一行，且不能为空，即表中不可能存在两行数据有相同主键值的情况。

(3)一个列名只能在复合主键列表中出现一次。

(4)最小化原则：复合主键不能包含不必要的多余列。当把复合主键的某一列删除后，如果由剩下的列构成的主键仍然满足唯一性原则，那么这个复合主键是不正确的。

2. 主键的定义方式

(1)在创建表时设置主键约束。在 CREATE TABLE 语句中，可以通过 PRIMARY KEY 关键字来指定主键。语法格式如下：

```
<字段名> <数据类型> PRIMARY KEY [默认值];
```

【实例 22】 创建 tb_stu1 数据表，设置其主键为 sid。

```
CREATE TABLE tb_stu1 (
  sid INT(11) PRIMARY KEY,
  sname VARCHAR(25),
  classId INT(11),
  score FLOAT
);
```

创建 tb_stu1 表时设置字段为主键的结果如图 3-24 所示。

(2)在定义完所有列之后设置主键，语法格式如下：

```
[CONSTRAINT <约束名>] PRIMARY KEY [字段名];
```

【实例 23】 创建 tb_stu2 数据表，设置其主键为 sid 并定义主键名。

```
CREATE TABLE tb_stu2 (
  sid INT(11),
  sname VARCHAR(25),
  classId INT(11),
  score FLOAT,
  CONSTRAINT sid_pk PRIMARY KEY(sid)
);
```

创建 tb_stu2 表时设置字段为主键的结果如图 3-25 所示。

Field	Type	Null	Key	Default	Extra
sid	int(11)	NO	PRI	(NULL)	
sname	varchar(25)	YES		(NULL)	
classId	int(11)	YES		(NULL)	
score	float	YES		(NULL)	

图 3-24 创建 tb_stu1 表时设置字段为主键的结果

Field	Type	Null	Key	Default	Extra
sid	int(11)	NO	PRI	(NULL)	
sname	varchar(25)	YES		(NULL)	
classId	int(11)	YES		(NULL)	
score	float	YES		(NULL)	

图 3-25 创建 tb_stu2 表时设置字段为主键的结果

(3)在创建表时设置复合主键,主键由多个字段联合组成,语法格式如下:

```
PRIMARY KEY [字段 1,字段 2,…,字段 n];
```

【实例 24】 创建 tb_stu3 数据表,假设表中没有 sid,为确定一个学生,可以将 sname 和 classId 设置为复合主键。

```
CREATE TABLE tb_stu3 (
  sname VARCHAR(25),
  classId INT(11),
  score FLOAT,
  PRIMARY KEY(sname,classId)
);
```

创建 tb_stu3 表时设置复合主键的结果如图 3-26 所示。

(4)在修改表时添加主键约束,语法格式如下:

```
ALTER TABLE <数据表名> ADD PRIMARY KEY(<列名>);
```

【实例 25】 修改 tb_stuinfo 表,添加 sid 主键。

```
ALTER TABLE tb_stuinfo ADD PRIMARY KEY(sid);
```

使用 ALTER TABLE 语句修改字段为主键的结果如图 3-27 所示。

Field	Type	Null	Key	Default	Extra
sname	varchar(25)	NO	PRI	(NULL)	
classId	int(11)	NO	PRI	(NULL)	
score	float	YES		(NULL)	

图 3-26 创建 tb_stu3 表时设置复合主键的结果

Field	Type	Null	Key	Default	Extra
col3	char(30)	YES		(NULL)	
sid	int(11)	NO	PRI	(NULL)	
sname	varchar(30)	YES		(NULL)	
classId	int(11)	YES		(NULL)	
score	float	YES		(NULL)	

图 3-27 使用 ALTER TABLE 语句修改字段为主键的结果

二、外键约束

外键(FOREIGN KEY)约束用于在两个表的数据之间建立链接，可以是一列或者多列。一个表可以有一个或多个外键。

1. 外键的定义要点

外键是表的一个字段，不是本表的主键，但对应另一个表的主键。定义外键后，不允许删除与另一个表中具有关联关系的行。

外键对应的是参照完整性，一个表的外键可以为空值。若不为空值，则每一个外键的值必须等于另一个表中主键的某个值。

外键的主要作用是保持数据的一致性、完整性。例如，班级表 tb_class 的主键是 cid，在学生表 tb_stu 中有一个键 classId 与这个 cid 关联。

对于两个具有关联关系的表而言，主表(父表)就是相关联字段中主键所在的表，从表(子表)就是相关联字段中外键所在的表。

定义一个外键时，需要注意以下要点：

(1)主表必须已经存在于数据库中，或者是当前正在创建的表。如果是后一种情况，则主表与从表是同一个表(自参照表)，这种结构称为自参照完整性。

(2)必须为主表定义主键。

(3)主键不能包含空值，但允许在外键中出现空值，即只要外键的每个非空值出现在指定的主键中，这个外键的内容就是正确的。

(4)外键必须引用主表的主键或具有唯一约束的列(候选键)。在定义外键时，需要明确指定所引用的主表列名或列名组合。

(5)外键中列的数目必须和主表主键中列的数目相同。

(6)外键中列的数据类型必须和主表主键中对应列的数据类型相同。

2. 外键的定义方式

(1)在创建表时设置外键约束。在数据表中用 FOREIGN KEY 关键字创建外键，语法格式如下：

```
[CONSTRAINT <外键名>] FOREIGN KEY 字段名 [,字段名 2,…]
REFERENCES <主表名> 主键列 1 [,主键列 2,…];
```

语法说明如下：

①<外键名>:定义的外键约束的名称，一个表中不能有相同名称的外键。

②字段名:从表需要添加外键约束的字段列。

③<主表名>:被从表外键所依赖的表的名称。

④主键列:主表中定义的主键列或者列组合。

【实例 26】 在数据库中先创建班级表 tb_class，该表包含主键 cid。然后创建学生表 tb_stu4，并在该表中创建外键约束，使其 classId 字段作为外键关联到 tb_class 表的主键 cid 上。

```
CREATE TABLE tb_class (
  cid INT(11) PRIMARY KEY,
  cname VARCHAR(22),
  location VARCHAR(50)
);
```

```
CREATE TABLE tb_stu4 (
  sid INT(11) PRIMARY KEY,
  sname VARCHAR(25),
  classId INT(11),
  score FLOAT,
  CONSTRAINT fk_stu_class FOREIGN KEY(classId) REFERENCES tb_class(cid)
);
```

设置外键约束后的结果如图 3-28 所示。

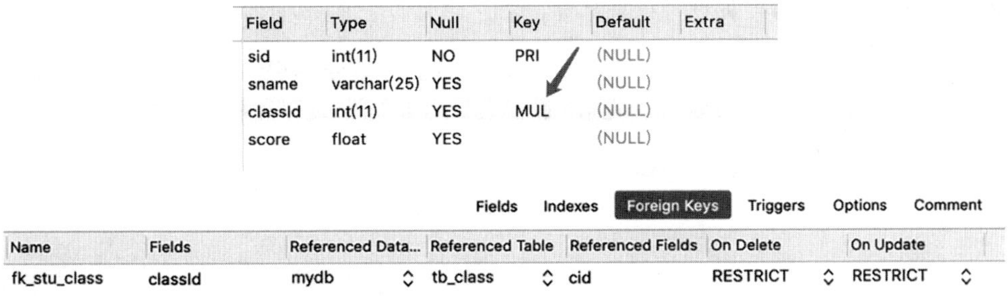

Field	Type	Null	Key	Default	Extra
sid	int(11)	NO	PRI	(NULL)	
sname	varchar(25)	YES		(NULL)	
classId	int(11)	YES	MUL	(NULL)	
score	float	YES		(NULL)	

Fields　Indexes　Foreign Keys　Triggers　Options　Comment

Name	Fields	Referenced Data...	Referenced Table	Referenced Fields	On Delete	On Update
fk_stu_class	classId	mydb	tb_class	cid	RESTRICT	RESTRICT

图 3-28　设置外键约束后的结果

（2）在修改表时添加外键约束，语法格式如下：

```
ALTER TABLE ＜数据表名＞ ADD CONSTRAINT ＜索引名＞
FOREIGN KEY(＜列名＞) REFERENCES ＜主表名＞ (＜列名＞);
```

【实例 27】 修改 tb_stuinfo 表，将字段 classId 设置为外键，使其与数据表 tb_class 的主键 cid 关联。

```
ALTER TABLE tb_stuinfo ADD CONSTRAINT fk_cid FOREIGN KEY(classId) REFERENCES
tb_class(cid);
```

修改表时，建立外键约束后的结果如图 3-29 所示。

Field	Type	Null	Key	Default	Extra
col3	char(30)	YES		(NULL)	
sid	int(11)	NO	PRI	(NULL)	
sname	varchar(30)	YES		(NULL)	
classId	int(11)	YES	MUL	(NULL)	
score	float	YES		(NULL)	

Fields Indexes Foreign Keys Triggers Options Comment

Name	Fields	Referenced Data...	Referenced Table	Referenced Fields	On Delete	On Update
fk_cid	classId	mydb	tb_class	cid	RESTRICT	RESTRICT

图 3-29 建立外键约束后的结果

外键一旦被删除，就会解除主表和从表间的关联关系。删除外键的语法格式如下：

```
ALTER TABLE <表名> DROP FOREIGN KEY <外键约束名>;
```

【实例 28】 删除 tb_stuinfo 表字段 classId 的外键。

```
ALTER TABLE tb_stuinfo DROP FOREIGN KEY fk_cid;
```

删除外键约束后的结果如图 3-30 所示。

Fields Indexes Foreign Keys Triggers Options Commen

Name	Fields	Referenced Data...	Referenced Table	Referenced Fields	On Delete	On Update

图 3-30 删除外键约束后的结果

三、非空约束

非空(NOT NULL)约束是指在表中某个列的定义后面加上 NOT NULL 关键字作为限定词，来约束该列的取值不能为空。设置了非空约束的字段，如果在添加数据时没有指定值，数据库系统就会报错。

1. 非空约束的设置方式

(1)在创建表时设置非空约束。创建表时，用 NOT NULL 关键字设置非空约束，语法格式如下：

```
<字段名> <数据类型> NOT NULL;
```

【实例 29】 创建班级表 tb_class1，指定班级名不能为空。

```
CREATE TABLE tb_class1 (
  cid INT(11) PRIMARY KEY,
```

```
  cname VARCHAR(22) NOT NULL,
  location VARCHAR(50)
);
```

创建表时设置非空约束后的结果如图 3-31 所示。

(2)在修改表时添加非空约束,语法格式如下:

```
ALTER TABLE <数据表名>
CHANGE COLUMN <字段名>
<字段名> <数据类型> NOT NULL;
```

【实例 30】 修改班级表 tb_class1,指定班级位置不能为空。

```
ALTER TABLE tb_class1 CHANGE COLUMN location location VARCHAR(50) NOT NULL;
```

修改表时设置非空约束后的结果如图 3-32 所示。

Field	Type	Null	Key	Default	Extra
cid	int(11)	NO	PRI	(NULL)	
cname	varchar(22)	NO		(NULL)	
location	varchar(50)	YES		(NULL)	

图 3-31 创建表时设置非空约束后的结果

Field	Type	Null	Key	Default	Extra
cid	int(11)	NO	PRI	(NULL)	
cname	varchar(22)	NO		(NULL)	
location	varchar(50)	NO		(NULL)	

图 3-32 修改表时设置非空约束后的结果

2. 删除非空约束

修改表时,删除非空约束的语法格式如下:

```
ALTER TABLE <数据表名>
CHANGE COLUMN <字段名> <字段名> <数据类型> NULL;
```

【实例 31】 修改班级表 tb_class1,将班级位置的非空约束删除。

```
ALTER TABLE tb_class1 CHANGE COLUMN location location VARCHAR(50) NULL;
```

删除非空约束后的结果如图 3-33 所示。

四、唯一约束

唯一约束(UNIQUE)要求该列唯一,允许值为空,但只能出现一个空值。唯一约束可以确保一列或者几列不出现重复值。

Field	Type	Null	Key	Default	Extra
cid	int(11)	NO	PRI	(NULL)	
cname	varchar(22)	NO		(NULL)	
location	varchar(50)	YES		(NULL)	

图 3-33 删除非空约束后的结果

1. 唯一约束和主键约束的区别

(1)一个表中可以有多个字段声明为 UNIQUE,但只能有一个主键约束;

(2)主键约束的列不允许有空值,唯一约束的列允许有空值存在。

2. 唯一约束的设置方式

(1) 在创建表时设置唯一约束。在创建表语句中定义完列后,直接使用 UNIQUE 关键字指定唯一约束,语法格式如下:

```
＜字段名＞ ＜数据类型＞ UNIQUE;
```

【实例 32】 创建班级表 tb_class2,指定班级的名称唯一。

```
CREATE TABLE tb_class2 (
  cid INT(11) PRIMARY KEY,
  cname VARCHAR(22) UNIQUE,
  location VARCHAR(50)
);
```

创建表时设置唯一约束后的结果如图 3-34 所示。

Field	Type	Null	Key	Default	Extra
cid	int(11)	NO	PRI	(NULL)	
cname	varchar(22)	YES	UNI	(NULL)	
location	varchar(50)	YES		(NULL)	

Fields Indexes For

Name	Fields	Index Type	Index Method	Comment
cname	\`cname\`	UNIQUE	BTREE	

图 3-34 创建表时设置唯一约束后的结果

(2) 在修改表时添加唯一约束,语法格式如下:

```
ALTER TABLE ＜数据表名＞ ADD CONSTRAINT ＜唯一约束名＞ UNIQUE(＜列名＞);
```

【实例 33】 修改班级表 tb_class,指定班级的名称唯一。

```
ALTER TABLE tb_class ADD CONSTRAINT unique_cname UNIQUE(cname);
```

修改表时添加唯一约束后的结果如图 3-35 所示。

Field	Type	Null	Key	Default	Extra
cid	int(11)	NO	PRI	(NULL)	
cname	varchar(22)	NO	UNI	(NULL)	
location	varchar(50)	YES		(NULL)	

Fields Indexes Foreig

Name	Fields	Index Type	Index Method	Comment
unique_cname	\`cname\`	UNIQUE	BTREE	

图 3-35 修改表时添加唯一约束后的结果

(3)查看唯一约束的语法格式如下：

```
SHOW KEY FROM <表名>;
```

【实例 34】 查看班级表 tb_class 的唯一约束。

```
SHOW KEY FROM tb_class;
```

使用 SHOW 命令查看唯一约束的结果如图 3-36 所示。

```
yakov — mysql -uroot -px — 80×35
mysql> SHOW KEY FROM tb_class;
*************************** 1. row ***************************
        Table: tb_class
   Non_unique: 0
     Key_name: PRIMARY
 Seq_in_index: 1
  Column_name: cid
    Collation: A
  Cardinality: 0
     Sub_part: NULL
       Packed: NULL
         Null:
   Index_type: BTREE
      Comment:
Index_comment:
*************************** 2. row ***************************
        Table: tb_class
   Non_unique: 0
     Key_name: unique_cname
 Seq_in_index: 1
  Column_name: cname
    Collation: A
  Cardinality: 0
     Sub_part: NULL
       Packed: NULL
         Null:
   Index_type: BTREE
      Comment:
Index_comment:
2 rows in set (0.00 sec)

mysql>
```

图 3-36 使用 SHOW 命令查看唯一约束的结果

(4)在 MySQL 中删除唯一约束的语法格式如下：

```
DROP INDEX <唯一约束名> ON <表名>;
```

【实例 35】 删除班级表 tb_class 的唯一约束 unique_cname。

```
DROP INDEX unique_cname ON tb_class;
```

Field	Type	Null	Key	Default	Extra
cid	int(11)	NO	PRI	(NULL)	
cname	varchar(22)	NO		(NULL)	
location	varchar(50)	YES		(NULL)	

图 3-37 删除唯一约束后的结果

删除唯一约束后的结果如图 3-37 所示。

五、默认值约束

默认值(DEFAULT)约束用于指定某列的默认值。

1. 默认值约束的设置方式

(1) 在创建表时设置默认值约束。在创建表语句中，使用 DEFAULT 关键字设置默认值约束，语法格式如下：

```
<字段名> <数据类型> DEFAULT <默认值>;
```

【实例 36】 创建班级表 tb_class3，指定班级名默认值为“Java 班”。

```
CREATE TABLE tb_class3 (
  cid INT(11) PRIMARY KEY,
  cname VARCHAR(22) UNIQUE DEFAULT 'Java 班',
  location VARCHAR(50)
);
```

创建表时设置默认值约束的结果如图 3-38 所示。

(2) 在修改表时添加默认值约束，语法格式如下：

```
ALTER TABLE <数据表名>
MODIFY COLUMN <字段名> <数据类型> DEFAULT <默认值>;
```

【实例 37】 修改班级表 tb_class3，将班级位置默认值设置为“软件园”。

```
ALTER TABLE tb_class3 MODIFY COLUMN location VARCHAR(50) DEFAULT '软件园';
```

修改表时添加默认值约束的结果如图 3-39 所示。

Field	Type	Null	Key	Default	Extra
cid	int(11)	NO	PRI	(NULL)	
cname	varchar(22)	YES	UNI	Java班	
location	varchar(50)	YES		(NULL)	

图 3-38 创建表时设置默认值约束的结果

Field	Type	Null	Key	Default	Extra
cid	int(11)	NO	PRI	(NULL)	
cname	varchar(22)	YES	UNI	Java班	
location	varchar(50)	YES		软件园	

图 3-39 修改表时添加默认值约束的结果

(3)在 MySQL 中删除默认值约束的语法格式如下：

```
ALTER TABLE <数据表名> MODIFY COLUMN <字段名> <数据类型>;
或
ALTER TABLE <数据表名> ALTER COLUMN <字段名> DROP DEFAULT;
```

【实例 38】 删除班级表 tb_class 的默认值约束。

```
ALTER TABLE tb_class3 MODIFY COLUMN location VARCHAR(50);
ALTER TABLE tb_class3 ALTER COLUMN cname DROP DEFAULT;
```

删除默认值约束的结果如图 3-40 所示。

Field	Type	Null	Key	Default	Extra
cid	int(11)	NO	PRI	(NULL)	
cname	varchar(22)	YES	UNI	(NULL)	
location	varchar(50)	YES		(NULL)	

图 3-40 删除默认值约束的结果

六、检查约束

MySQL 所有的存储引擎都不支持检查(CHECK)约束，在 MySQL 中可以写检查约束，但会忽略它的作用，因此检查约束并不起作用。MySQL 中可以通过如下两种方法实现检查约束：

(1)在 MySQL 中使用 ENUM 类型或者触发器来实现检查约束；

(2)在应用程序中对数据进行检查，再插入检查约束。

第五节 设置字段自增

如果为某列设置自增列，那么插入数据时无须设置此列，默认其自增。一个表中只能有一个自增列(通常将主键列设置为自增列)。

(1)在 MySQL 中，可以在列定义后添加 AUTO_INCREMENT 关键字来设置自增列，与其他(非空、主键)关键字一起使用。

修改表的自增起始值，语法格式如下：

```
ALTER ATBLE <数据表名> AUTO_INCREMENT = 起始值;
```

自增可以设置步长和起始值：

```
-- [session|global]分别表示会话级别和全局级别
```

```
SHOW [session|global] VARIABLES LIKE 'auto_inc%';
SET [session|global] AUTO_INCREMENT_INCREMENT = 步长值;
SET [session|global] AUTO_INCREMENT_OFFSET = 起始值;
```

（2）可以通过工具直接设置自增列，如在 Navicat 中直接勾选“Auto Increment”即可，如图 3-41 所示。

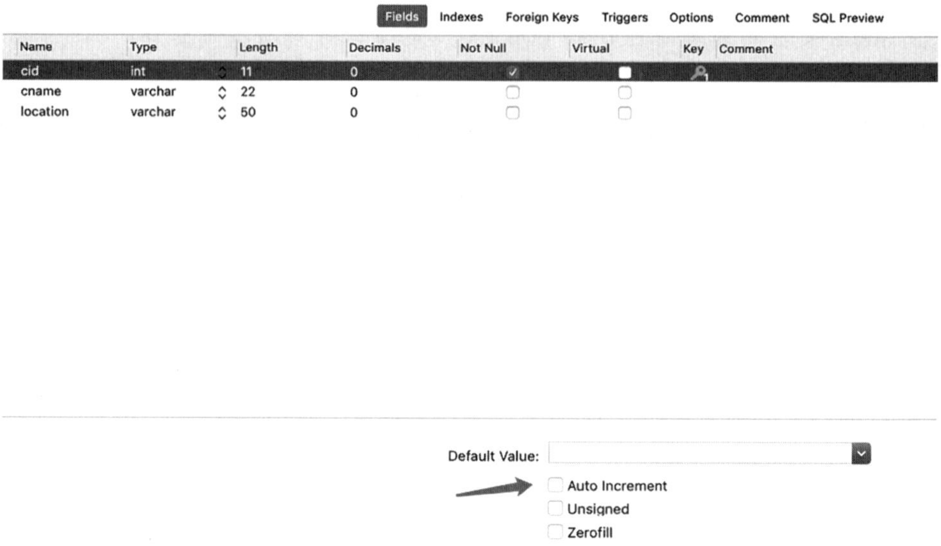

图 3-41　通过 Navicat 工具设置自增列

本章小结

1. 使用 CREATE DATABASE 语句来创建数据库。

2. 使用 SHOW DATABASES 语句来查看或显示当前用户权限范围以内的数据库。

3. 使用 ALTER DATABASE 或 ALTER SCHEMA 语句来修改已经创建或存在的数据库的相关参数。

4. 使用 DROP DATABASE 或 DROP SCHEMA 语句来删除已创建的数据库。

5. MySQL 的数据主要包括 5 大类。

①整数类型：BIT、TINYINT、SMALLINT、MEDIUMINT、INT、BIGINT。

②小数类型：FLOAT、DOUBLE、DECIMAL。

③字符串类型：CHAR、VARCHAR、TINYTEXT、TEXT、MEDIUMTEXT、LONGTEXT、TINYBLOB、BLOB、MEDIUMBLOB、LONGBLOB。

④日期和时间类型：DATE、DATETIME、TIMESTAMP、TIME、YEAR。

⑤其他数据类型：BINARY、VARBINARY、ENUM、SET、GEOMETRY、POINT、MULTIPOINT、LINESTRING、MULTILINESTRING、POLYGON、GEOMETRYCOLLECTION 等。

6. 使用 CREATE TABLE 语句来创建表。

7. 使用 DESCRIBE 和 SHOW CREATE TABLE 语句来查看表结构。

8. 使用 ALTER TABLE 语句来修改原来表的结构。

9. 使用 DROP TABLE 语句来删除表。

10. 数据表的约束包括:主键约束、外键约束、非空约束、唯一约束、默认值约束、检查约束。

11. 在 MySQL 中,可以在列定义后添加 AUTO_INCREMENT 关键字来设置自增列。

练习巩固

1. 在 MySQL 中编写 SQL 语句,取一条离当前时间最近的记录。

2. 创建一张员工表 Employee,包括 eid(整型,主键,自增)、name(字符型,非空)、gender(字符型)、birthday(日期时间型)、entry_date(日期时间型)、job(字符型)、salary(浮点型)、resume(文本型)。

3. 创建班级、学生、老师、课程和成绩表,分析表结构和表关系,如一个班级可以对应多个学生,但一个学生不可以对应多个班级;一个学生可以对应多门课程,一门课程可以对应多个学生等。

第四章

表记录更新操作

扫码查看课件

第四章教学视频

第一节　插入记录

一、插入单条记录

使用 INSERT 语句向数据库已有的表中插入一行数据，语法格式如下：

```
INSERT INTO ＜表名＞［＜列名 1＞［,… ＜列名 n＞］］VALUES（值 1）［…,(值 n)］;
```

语法说明如下：

(1)＜表名＞：指定被操作的表名。

(2)＜列名＞：指定需要插入数据的列名。若向表中的所有列插入数据，则全部的列名均可以省略，直接用 INSERT INTO ＜表名＞ VALUES(…)即可。

(3)VALUES 子句：该子句包含要插入的数据清单，数据的顺序要与列名顺序相对应。

(4)INSERT 语句后面的列名称顺序可以不是表定义时的顺序，即插入数据时，不需要按照表定义的顺序插入，只要保证值的顺序与列字段的顺序相同就可以。

(5)虽然使用 INSERT 语句插入数据时可以忽略插入数据的列名称，但若值不包含列名称，则 VALUES 关键字后的值不仅要求完整，而且其顺序还必须和表定义时列的顺序相同。如果表的结构被修改，如对列进行增加、删除或者位置改变操作，都将使以这种方式插入数据时的顺序同时发生改变。如果指定列名称，则不会受到表结构改变的影响。

【实例 1】 创建课程信息表 tb_courses，包含课程编号 course_id、课程名称 course_name、学分 course_grade 和备注 course_info；向表中添加一条数据。

```
CREATE TABLE tb_courses (
  course_id INT NOT NULL AUTO_INCREMENT PRIMARY KEY,
```

```
  course_name CHAR(40) NOT NULL,
  course_grade FLOAT NOT NULL,
  course_info CHAR(100) NULL
);
```

```
SELECT * FROM tb_courses;
INSERT INTO tb_courses(course_id,course_name,course_grade,course_info)
VALUES(1,'Java',6,'Java 入门');
SELECT * FROM tb_courses;
```

在插入数据时,如果指定表的所有字段,那么将会为每一个字段插入新的值。创建课程表时插入一条数据的结果如图 4-1 所示。

【实例 2】不按照表定义的顺序插入数据。

```
INSERT INTO tb_courses(course_name,course_grade,course_id,course_info)
VALUES('Python',6,2,'Python 入门');
```

乱序插入一条数据的结果如图 4-2 所示。

course_id	course_name	course_grade	course_info
1	Java	6	Java入门

图 4-1 创建课程表时插入一条数据的结果

course_id	course_name	course_grade	course_info
1	Java	6	Java入门
2	Python	6	Python入门

图 4-2 乱序插入一条数据的结果

【实例 3】指定插入部分列的数据。

```
INSERT INTO tb_courses(course_name,course_grade,course_info)
VALUES('MySQL',6,'MySQL 入门');
```

上述语句将主键设置为自增列,所以可以省略。如果是不可为空的列则不可省略,即有默认值、自增列、可为空的列都可省略。

指定部分列插入数据的结果如图 4-3 所示。

【实例 4】不指定列名称插入数据。

```
INSERT INTO tb_courses
VALUES(4,'Oracle',2,'Oracle 入门');
```

不指定列名称插入数据的结果如图 4-4 所示。

course_id	course_name	course_grade	course_info
1	Java	6	Java入门
2	Python	6	Python入门
3	MySQL	6	MySQL入门

图 4-3　指定部分列插入数据的结果

course_id	course_name	course_grade	course_info
1	Java	6	Java入门
2	Python	6	Python入门
3	MySQL	6	MySQL入门
4	Oracle	2	Oracle入门

图 4-4　不指定列名称插入数据的结果

二、插入多条记录

同时插入多条记录是一种常见的数据库操作需求，可以通过两种途径完成。

1. 使用 INSERT 语句

使用 INSERT 语句时，可以执行多条 INSERT 语句来插入数据，也可以将每行数据用圆括号括起来，通过“，”将多个数据分隔开来，用一条 INSERT 语句来解决多个数据的插入问题。INSERT 语句的使用规则和插入单条记录的规则一样。在 MySQL 中，用单条 INSERT 语句插入多个数据比使用多条 INSERT 语句插入多个数据更快。

【实例 5】 指定或不指定列名称，一次插入多条数据。

```
INSERT INTO tb_courses(course_name,course_grade,course_info) VALUES('c1',3,'
111'),('c2',4,'222');
INSERT INTO tb_courses VALUES(7,'c3',3,'333'),(8,'c4',4,'444');
```

不指定列名称一次插入多条数据的结果如图 4-5 所示。

course_id	course_name	course_grade	course_info
1	Java	6	Java入门
2	Python	6	Python入门
3	MySQL	6	MySQL入门
4	Oracle	2	Oracle入门
5	c1	3	111
6	c2	4	222
7	c3	3	333
8	c4	4	444

图 4-5　不指定列名称一次插入多条数据的结果

进行插入数据的操作时，可能并不知道所插入的数据是否已经在表中，是否会出现唯一索引冲突的情况，这些都是在批量插入时需要考虑的。

【实例 6】 插入主键冲突数据。

```
INSERT INTO tb_courses VALUES(5,'c3',3,'333'),(7,'c4',4,'444');
```

主键冲突数据的插入结果如图 4-6 所示。

sql	message
INSERT INTO tb_courses VALUES(5, 'c3', 3, '333'),(7, 'c4',...	1062 - Duplicate entry '5' for key 'PRIMARY', Time: 0.001000s

图 4-6　主键冲突数据的插入结果

通过添加 ON DUPLICATE KEY UPDATE 或 REPLACE [INTO]关键字来解决上述问题，二者的异同点如下：

(1)ON DUPLICATE KEY UPDATE：如果插入数据会导致唯一索引或者主键重复，则执行旧数据的 UPDATE，即只执行 UPDATE 标记之后的 SQL，保留所有字段的旧值，只更新 UPDATE 后面设置更新的列；如果插入数据不会导致唯一索引或者主键重复，就直接添加新的记录。

(2)REPLACE [INTO]：如果插入数据会导致唯一索引或者主键重复，则执行旧数据的 DELETE，再插入新的记录；如果 REPLACE [INTO]语句的字段不全，则自动填充为默认值；如果插入数据不会导致唯一索引或者主键重复，就直接添加新的记录。

(3)在没有主键重复或者唯一索引时，ON DUPLICATE KEY UPDATE 与 REPLACE [INTO]的作用相同，且都类似于 INSERT INTO 语句。

【实例 7】使用 ON DUPLICATE KEY UPDATE 插入主键冲突数据。

```
INSERT INTO tb_courses VALUES(5,'c3',3,'333'),(6,'c4',4,'444') ON DUPLICATE
KEY UPDATE
course_name = VALUES(course_name),course_info = VALUES(course_info);
```

使用 ON DUPLICATE KEY UPDATE 插入主键冲突数据的结果如图 4-7 所示。

【实例 8】使用 REPLACE [INTO]插入主键冲突数据。

```
REPLACE INTO tb_courses VALUES(5,'c555',2,'55555');
REPLACE INTO tb_courses VALUES(6,'c666',2,'66666');
```

使用 REPLACE [INTO]插入主键冲突数据的结果如图 4-8 所示。

course_id	course_name	course_grade	course_info
1	Java	6	Java入门
2	Python	6	Python入门
3	MySQL	6	MySQL入门
4	Oracle	2	Oracle入门
5	c3	3	333
6	c4	4	444
7	c3	3	333
8	c4	4	444

图 4-7 使用 ON DUPLICATE KEY UPDATE 插入主键冲突数据的结果

course_id	course_name	course_grade	course_info
1	Java	6	Java入门
2	Python	6	Python入门
3	MySQL	6	MySQL入门
4	Oracle	2	Oracle入门
5	c555	2	55555
6	c666	2	66666
7	c3	3	333
8	c4	4	444

图 4-8 使用 REPLACE [INTO]插入主键冲突数据的结果

2. 使用 INSERT INTO…SELECT…FROM 语句

使用 INSERT INTO…SELECT…FROM 语句可以复制表数据，该语句用于快速地从一个或多个表中取出数据，并将这些数据作为行数据插入另一个表中。SELECT 子句返回的是查询到的结果集，INSERT 语句将这个结果集插入指定表中，结果集中每行数据的字段数、字段的数据类型都必须与被插入的表完全一致。

第二节　更新记录

使用 UPDATE 语句来更新一条或多条记录，语法格式如下：

```
UPDATE <表名> SET 字段 1 = 值 1 [,字段 2 = 值 2… ] [WHERE 子句 ]
[ORDER BY 子句] [LIMIT 子句];
```

语法说明如下：

(1)<表名>：必填项，用于指定要更新的表名称。

(2)SET 子句：必填项，用于指定表中要修改的列名及其列值。其中，列值可以是表达式，也可以是该列对应的默认值。如果是默认值，可用关键字 DEFAULT 表示列值。修改一行数据的多个列值时，SET 子句的每个值用逗号分开即可。

(3)[WHERE 子句]：可选项，用于限定表中要修改的行。若省略该子句，则更新表中所有的记录。

(4)[ORDER BY 子句]：可选项，用于限定表中的行被修改的次序。

(5)[LIMIT 子句]：可选项，用于限定被修改的行数。

【实例 9】 更新 tb_courses 表中 course_grade 的字段值为 4。

```
UPDATE tb_courses SET course_grade = 4;
```

course_grade 字段值的更新结果如图 4-9 所示。

【实例 10】 修改 tb_courses 表中 id=5 的记录，将课程名称变更为“设计模式”，学分设置为 5。

```
UPDATE tb_courses SET course_name = '设计模式',
course_grade = 5 WHERE course_id = 5;
```

行数据的更新结果如图 4-10 所示。

course_id	course_name	course_grade	course_info
1	Java	4	Java入门
2	Python	4	Python入门
3	MySQL	4	MySQL入门
4	Oracle	4	Oracle入门
5	c555	4	55555
6	c666	4	66666
7	c3	4	333
8	c4	4	444

图 4-9　course_grade 字段值的更新结果

course_id	course_name	course_grade	course_info
1	Java	4	Java入门
2	Python	4	Python入门
3	MySQL	4	MySQL入门
4	Oracle	4	Oracle入门
5	设计模式	5	55555
6	c666	4	66666
7	c3	4	333
8	c4	4	444

图 4-10　行数据的更新结果

第三节 删除记录

一、删除数据

使用 DELETE 语句来删除表中的一行或多行数据，语法格式如下：

```
DELETE FROM <表名> [WHERE 子句] [ORDER BY 子句] [LIMIT 子句];
```

语法说明如下：

(1)<表名>：必填项，指定要删除数据的表名。

(2)[WHERE 子句]：可选项，表示删除操作限定的删除条件。若省略该子句，则删除表中的所有数据。

(3)[ORDER BY 子句]：可选项，表示表中各行将按照子句中指定的顺序删除数据。

(4)[LIMIT 子句]：可选项，用于告知服务器在控制命令被返回到客户端前被删除行的最大值。

【实例 11】 删除 tb_courses 表中 id=6 的记录。

```
DELETE FROM tb_courses WHERE course_id = 6;
```

行数据的删除结果如图 4-11 所示。

course_id	course_name	course_grade	course_info
1	Java	4	Java入门
2	Python	4	Python入门
3	MySQL	4	MySQL入门
4	Oracle	4	Oracle入门
5	设计模式	5	55555
7	c3	4	333
8	c4	4	444

图 4-11 行数据的删除结果

二、清空数据

TRUNCATE 语句用于删除表中的所有行，并能针对具有自动递增值的字段重置计数器，语法格式如下：

```
TRUNCATE <表名>;
```

注意事项：

(1)当不再需要某个表时，用 DROP 语句；当仍要保留表，但要清空所有记录时，用 TRUNCATE 语句；当要删除部分记录时，用 DELETE+WHERE 子句。

(2)TRUNCATE 语句在功能上与不带 WHERE 子句的 DELETE 语句相同，二者均可删除表中的全部行。但 TRUNCATE 语句比 DELETE 语句的速度更快，使用的系统资源和事务日志资源更少。

(3)DELETE 语句每删除一行，会为所删除的行在事务日志中记录一项；TRUNCATE 语句通过释放存储表数据所用的数据页来删除数据，并且只在事务日志中记录数据页的释放。

(4)TRUNCATE 语句会删除表中的所有行，但表结构及其列、约束、索引等保持不变，将新行标识所用的计数值重置为初值。如果想保留标识计数值，可使用 DELETE 语句。

(5)对于由外键约束引用的表,不能使用 TRUNCATE 语句,而应使用不带 WHERE 子句的 DELETE 语句。由于 TRUNCATE 语句不记录在日志中,它不能激活触发器。

(6)TRUNCATE 语句不能用于参与了索引视图的表。

(7)在用 TRUNCATE 语句删除数据的表上增加数据时,要使用 UPDATE STATISTICS 来维护索引信息。

(8)如果有 ROLLBACK 语句,DELETE 操作可以被撤销回滚,但 TRUNCATE 语句不能撤销回滚。

本章小结

1. 插入单条记录的语法为“INSERT INTO ＜表名＞[＜列名 1＞[,… ＜列名 n＞]] VALUES (值 1)[…,(值 n)];”。

2. ON DUPLICATE KEY UPDATE 或 REPLACE [INTO]可解决插入数据冲突的问题。

3. 更新记录的语法为“UPDATE ＜表名＞ SET 字段 1=值 1 [,字段 2=值 2…] [WHERE 子句][ORDER BY 子句][LIMIT 子句];”。

4. 删除记录的语法为“DELETE FROM ＜表名＞[WHERE 子句][ORDER BY 子句][LIMIT 子句];”。

5. TRUNCATE 语句用于快速清空表数据。

练习巩固

1. 创建角色表(t_role),包括 rid(非空主键)、角色名、创建日期(默认为当前时间)、状态(默认为 1)、描述等属性;创建权限表(t_privilege),包括 pid(非空主键)、权限名等属性。对两个表进行如下操作:修改角色表,增加权限 id 的属性,并将其作为权限表的外键;添加角色名的唯一约束;增加角色表状态字段的检查约束,状态只能为 0 或 1;查看两个表的结构;向两个表中各添加 5 条记录。

2. 创建用户表(t_user),使其具有 uid(创建序列,使 uid 自增)、uname、upwd、rid 等字段。对用户表进行如下操作:将 rid 作为角色表的外键;向用户表中添加 10 条记录;将所有角色创建时间大于 1 年的数据状态设置为 0;删除用户密码为空的数据。

第五章 表记录查询操作

扫码查看课件

第五章教学视频

第一节 SELECT 语句的基本语法

表单查询是指从一张或多张表的数据中查询所需要的数据，主要包括查询所有字段、查询指定字段、查询指定记录、查询空值、多条件查询、对查询结果进行排序等。

SELECT 语句的语法如下：

```
SELECT
{ * | ＜字段列名＞}
[
FROM ＜表 1＞,＜表 2＞…
[WHERE ＜表达式＞
[GROUP BY ＜group by definition＞
[HAVING ＜expression＞ [{＜operator＞ ＜expression＞}…]]
[ORDER BY ＜order by definition＞]
[LIMIT[＜offset＞,] ＜row count＞]
];
```

语法说明如下：

(1){ * |＜字段列名＞}：包含星号通配符的字段列表，表示查询的字段，其中的字段列至少包含一个字段名称。如果要查询多个字段，多个字段之间要用逗号隔开，最后一个字段后不要加逗号。

(2)FROM ＜表 1＞,＜表 2＞…：表 1 和表 2 表示查询的数据来源，可以是一个或多个。

(3)WHERE 子句：可选项，用于限定查询行必须满足的查询条件。

(4)[GROUP BY＜字段＞]：如何显示查询出的数据，并按照指定的字段进行分组。

(5)[HAVING]子句：通常和 GROUP BY 子句搭配使用，主要用于对分组后的结果进行筛选。

(6)[ORDER BY＜字段＞]:按什么样的顺序显示查询出来的数据,可以升序(ASC)显示或降序(DESC)显示。

(7)[LIMIT[＜offset＞,]＜row count＞]:每次显示查询出来的数据条数。

第二节　简单查询

一、基本查询

(1)最简单的查询形式是从一个表中检索所有记录,语法格式如下:

```
SELECT * FROM ＜表名＞;
```

使用"*"通配符查询所有字段,将返回所有列和数据,数据列按照创建表时的顺序显示。一般情况下,除非需要使用表中所有的字段数据,否则最好不要使用通配符"*"。使用通配符虽然可以节省输入查询语句的时间,但是获取不需要的列数据通常会降低查询和所使用的应用程序的效率。

若不需要返回所有列的值,为了提高效率,通常采用 SELECT 字段名列表的形式,语法格式如下:

```
SELECT ＜字段名 1＞,＜字段名 2＞,…,＜字段名 n＞ FROM ＜表名＞;
```

【实例 1】 查询学生表中的学生姓名和成绩。

```
SELECT sname,score FROM tb_stu;
```

表中部分数据的查询结果如图 5-1 所示。

(2)使用 DISTINCT 关键字来消除重复的记录值,语法格式如下:

```
SELECT DISTINCT ＜字段名＞ FROM ＜表名＞;
```

【实例 2】 查询学生表中学生分布的班级编号且不重复。

```
SELECT classId FROM tb_stu;
```

直接查询班级编号的结果如图 5-2 所示,会出现重复数据。

sname	score
张三	80
李四	66
王五	80
赵六	80

图 5-1　表中部分数据的查询结果

classId
1
2
1
2

图 5-2　直接查询班级编号的结果

使用 DISTINCT 去除重复数据，语句如下：

```
SELECT DISTINCT classId FROM tb_stu;
或
SELECT DISTINCT(classId) FROM tb_stu;
```

班级编号去重复值的查询结果如图 5-3 所示。

(3)表或字段取别名：当表名很长，或执行一些特殊查询，或需要多次使用相同的表时，为了方便操作，可以为表指定别名，用这个别名代替表原来的名称。在有些情况下，查询显示的列名会很长或不够直观，也可以指定列的别名，替换字段或表达式。语法格式如下：

```
SELECT ＜字段名＞ [AS] ＜字段别名＞ FROM ＜表名＞ [AS] ＜别名＞;
```

注意事项：

(1)表取别名时，要保证不与数据库中其他表的名称冲突。

(2)表的别名只在执行语句时使用，并不在返回结果中显示，而列定义别名之后，将返回给客户端并进行显示，显示的结果字段为字段列的别名。

【实例 3】 查询学生表中的学生姓名和成绩，定义表和字段的别名。

```
SELECT stu.sname AS 姓名,stu.score AS 成绩 FROM tb_stu AS stu;
-- AS 可以省略
SELECT stu.sname 姓名,stu.score 成绩 FROM tb_stu stu;
```

表数据定义列名的查询结果如图 5-4 所示。

classId
1
2

图 5-3 班级编号去重复值的查询结果

姓名	成绩
张三	80
李四	66
王五	80
赵六	80

图 5-4 表数据定义列名的查询结果

二、添加 WHERE 子句查询

WHERE 子句用于指定查询条件，从 FROM 子句的中间结果中选取适当的数据行，实现过滤数据的效果，语法格式如下：

```
WHERE ＜查询条件＞ {＜判定运算 1＞,＜判定运算 2＞,…};
```

1. 判定运算的语法分类

(1)＜表达式 1＞ {＝|＜|＜＝|＞|＞＝|＜＝＞|＜＞|！＝} ＜表达式 2＞;

(2)＜表达式 1＞ [NOT] LIKE ＜表达式 2＞；

(3)＜表达式 1＞ [NOT] [REGEXP|RLIKE] ＜表达式 2＞；

(4)＜表达式 1＞ [NOT] BETWEEN ＜表达式 2＞ AND ＜表达式 3＞；

(5)＜表达式 1＞ IS [NOT] NULL。

2. MySQL 支持的运算符及其优先级

(1)算术运算符：用于执行算术运算，包括加(＋)、减(－)、乘(＊)、除(/或 DIV)、求余(%或 MOD)等运算。

(2)比较运算符：主要用于数值的比较、字符串的匹配等方面。大于(＞)、小于(＜)、等于(＝)、不等于(！＝)、LIKE、IN、BETWEEN AND、IS NULL 和正则表达式 REGEXP 等都是比较运算符。

(3)逻辑运算符：包括与(AND 或 &&)、或(OR 或||)、非(NOT 或!)、异或(XOR)等逻辑运算符。返回值为布尔类型，包括真值(1 或 TRUE)和假值(0 或 FALSE)。

(4)按位运算符：包括按位与(&)、按位或(|)、按位取反(～)、按位异或(^)、按位左移(＜＜)和按位右移(＞＞)等按位运算符。按位运算必须先将数据转换为二进制，然后在二进制格式下进行操作；运算完成后，将二进制的值再转换为原来的类型，返回给用户。

不同运算符的优先级是不同的。一般情况下，级别高的运算符优先进行计算；如果级别相同，MySQL 按表达式的顺序从左到右依次进行计算。在无法确定优先级的情况下，可以使用圆括号“()”来改变优先级，这同时会使计算过程更加清晰。

MySQL 运算符及其优先级见表 5-1。

表 5-1 MySQL 运算符及其优先级

<table>
<tr><th>优先级
(由低到高排列)</th><th>运算符</th></tr>
<tr><td>1</td><td>＝(赋值运算符)、:＝</td></tr>
<tr><td>2</td><td>||、OR</td></tr>
<tr><td>3</td><td>XOR</td></tr>
<tr><td>4</td><td>&&、AND</td></tr>
<tr><td>5</td><td>NOT</td></tr>
<tr><td>6</td><td>BETWEEN AND、CASE、WHEN、THEN、ELSE</td></tr>
<tr><td>7</td><td>＝(比较运算符)、＜＝＞、＞＝、＞、＜＝、＜、＜＞、！＝、IS NULL、LIKE、REGEXP、IN</td></tr>
<tr><td>8</td><td>|</td></tr>
<tr><td>9</td><td>&</td></tr>
<tr><td>10</td><td>＜＜、＞＞</td></tr>
<tr><td>11</td><td>－(减号)、＋</td></tr>
<tr><td>12</td><td>＊、/、%、DIV、MOD</td></tr>
<tr><td>13</td><td>^</td></tr>
<tr><td>14</td><td>－(负号)、～(按位取反)</td></tr>
<tr><td>15</td><td>!</td></tr>
</table>

【实例 4】查询学生信息表中成绩高于 80 分的学生。

```
SELECT * FROM tb_stu WHERE score>80;
```

成绩高于 80 分的学生的查询结果如图 5-5 所示。

多个条件表达式之间用 AND 分开。

【实例 5】查询学生信息表中 2 班成绩高于 80 分的学生。

```
SELECT * FROM tb_stu WHERE classId = 2 AND score>80;
```

2 班成绩高于 80 分的学生的查询结果如图 5-6 所示。

sid	sname	classId	score
5	林7	2	92
6	王8	1	83
8	李10	2	86
9	王11	1	92
11	赵13	2	86
12	王14	1	83

图 5-5 成绩高于 80 分的学生的查询结果

sid	sname	classId	score
5	林7	2	92
8	李10	2	86
11	赵13	2	86

图 5-6 2 班成绩高于 80 分的学生的查询结果

3. 通配符

字符串匹配是一种模式匹配,使用 LIKE 运算符设置过滤条件。过滤条件使用通配符进行匹配运算,而不是判断是否相等。

相互间进行匹配运算的对象可以是 CHAR、VARCHAR、TEXT、DATETIME 等数据类型,运算的返回结果是 TRUE 或 FALSE。

在不完全确定比较值的情况下,可以利用通配符创建一个比较特定数据的搜索模式。可以在搜索模式的任意位置使用通配符,并且可以使用多个通配符。但是一定不要过度使用通配符,因为对通配符检索的处理一般会比对其他检索方式的处理更耗时。

MySQL 支持的通配符有以下两种:

(1)百分号(%):常用的一种通配符。在过滤条件中,百分号可以表示任何字符串,并且该字符串可以出现任意次。使用百分号通配符时,要注意以下几点:

①MySQL 默认不区分大小写,如果要区分大小写,可以更换字符集的校对规则;

②百分号不匹配空值;

③百分号可以匹配搜索模式中给定位置的 0、1 或 *N* 个字符;

④末尾空格可能会干扰通配符的匹配,一般可以在搜索模式的最后附加一个百分号。

(2)下划线(_):和百分号通配符的用途一样,下划线只匹配单个字符,而不匹配多个字符,也不匹配 0 个字符。

【实例 6】查询学生信息表中所有姓"林"的学生。

```
SELECT * FROM tb_stu WHERE sname LIKE '林%';
```

所有姓“林”的学生的查询结果如图 5-7 所示。

以日期字段作为查询条件时，可以使用比较运算符设置查询条件，也可以使用 BETWEEN AND 运算符查询某个范围内的值。BETWEEN AND 用于查询某个范围内的值时需要两个参数（范围的开始值和结束值），若字段值满足指定的范围查询条件，则这些记录将被返回。

【实例 7】 在学生信息表中添加注册日期列，查询注册日期为 2019 年的学生。

```
SELECT * FROM tb_stu WHERE regDate>'2019-01-01' AND regDate<'2019-12-31';
或
SELECT * FROM tb_stu WHERE regDate BETWEEN '2019-01-01' AND '2019-12-31';
```

注册日期为 2019 年的学生的查询结果如图 5-8 所示。

sid	sname	classId	score
5	林7	2	92

图 5-7 所有姓“林”的学生的查询结果

sid	sname	classId	score	regDate
2	李四	2	66	2019-05-12
4	赵六	2	80	2019-09-24
6	王8	1	83	2019-04-02
7	赵9	2	70	2019-05-01
9	王11	1	92	2019-07-07
10	赵12	2	70	2019-05-05
11	赵13	2	86	2019-10-04
13	赵15	2	66	2019-04-06

图 5-8 注册日期为 2019 年的学生的查询结果

三、添加 ORDER BY 子句查询

ORDER BY 子句用于将结果集中的数据按照一定的顺序进行排序，语法格式如下：

```
ORDER BY {<列名>|<表达式>|<位置>} [ASC|DESC];
```

（1）语法说明如下：

①<列名>：指定用于排序的列。可以指定多个列，列名之间用逗号分隔。

②<表达式>：指定用于排序的表达式。

③<位置>：指定用于排序的列在 SELECT 语句结果集中的位置，通常是一个正整数。

④[ASC|DESC]：关键字 ASC 表示按升序排序，关键字 DESC 表示按降序排序，其中 ASC 为默认值。ASC|DESC 位于对应的列名、表达式、列的位置之后。

（2）使用 ORDER BY 子句时，应注意以下几个方面：

①ORDER BY 子句中可以包含子查询。

②当排序的值中存在空值时，会将该空值作为最小值处理。

③当指定多个列进行排序时，按照列的顺序从左到右依次进行排序。在对多列进行排序时，首行排序的第 1 列必须有相同的列值才会对第 2 列进行排序。如果第 1 列数据中所有的值都是唯一的，将不再对第 2 列进行排序。

④查询的数据并没有按特定的顺序进行显示。如果没有进行排序，则将根据插入数

据表中的顺序显示查询数据。

⑤默认情况下,查询数据按字母升序进行排序(A~Z)。

【实例 8】 查询学生信息表,并按成绩进行排序。

```
SELECT * FROM tb_stu ORDER BY score;
或
SELECT * FROM tb_stu ORDER BY score ASC;
SELECT * FROM tb_stu ORDER BY score DESC;
```

查询表中数据并进行升序排序的结果如图 5-9 所示,查询表中数据并进行降序排序的结果如图 5-10 所示。

sid	sname	classId	score
2	李四	2	66
7	赵9	2	70
10	赵12	2	70
1	张三	1	80
3	王五	1	80
4	赵六	2	80
6	王8	1	83
8	李10	2	86
5	林7	2	92
9	王11	1	92

图 5-9 查询表中数据并进行升序排序的结果

sid	sname	classId	score
5	林7	2	92
9	王11	1	92
8	李10	2	86
6	王8	1	83
1	张三	1	80
3	王五	1	80
4	赵六	2	80
7	赵9	2	70
10	赵12	2	70
2	李四	2	66

图 5-10 查询表中数据并进行降序排序的结果

【实例 9】 查询学生信息表,先按成绩排序,再按姓名排序。

```
SELECT * FROM tb_stu ORDER BY score,sname;
```

表中数据降序排序的查询结果如图 5-11 所示,表中数据升序排序的查询结果如图 5-12 所示。

sid	sname	classId	score
5	林7	2	92
9	王11	1	92
8	李10	2	86
6	王8	1	83
1	张三	1	80
3	王五	1	80
4	赵六	2	80
7	赵9	2	70
10	赵12	2	70
2	李四	2	66

图 5-11 表中数据降序排序的查询结果

sid	sname	classId	score
2	李四	2	66
13	赵15	2	66
10	赵12	2	70
7	赵9	2	70
1	张三	1	80
3	王五	1	80
4	赵六	2	80
12	王14	1	83
6	王8	1	83
8	李10	2	86
11	赵13	2	86
5	林7	2	92
9	王11	1	92

图 5-12 表中数据升序排序的查询结果

【实例 10】查询学生信息表，先按成绩升序排序，再按姓名降序排序。

```
SELECT * FROM tb_stu ORDER BY score ASC,sname DESC;
```

表中数据按成绩升序、姓名降序排序的查询结果如图 5-13 所示。

四、添加 LIMIT 子句查询

当需要返回第 1 行或前几行记录时，在 MySQL 中可以使用 LIMIT 子句，语法格式如下：

```
<LIMIT> [<位置偏移量>,] <行数>;
```

语法说明如下：

(1)<LIMIT>:接收一个或两个整数常量参数。

(2)<位置偏移量>:用于指定第 1 个返回记录行的偏移量，即表示从哪一行开始显示记录，是可选参数。如果不指定位置偏移量，则从表中的第 1 条记录开始(第 1 条记录的位置偏移量是 0，第 2 条记录的位置偏移量是 1，依此类推)，即“LIMIT n”与“LIMIT 0，n”等价。

(3)<行数>:用于指定返回的记录条数。

【实例 11】查询成绩表中的前 3 行记录。

```
SELECT * FROM tb_courses LIMIT 3;
或
SELECT * FROM tb_courses LIMIT 0,3;
```

使用 LIMIT 子句查询数据的结果如图 5-14 所示。

sid	sname	classId	score
13	赵15	2	66
2	李四	2	66
7	赵9	2	70
10	赵12	2	70
4	赵六	2	80
3	王五	1	80
1	张三	1	80
6	王8	1	83
12	王14	1	83
11	赵13	2	86
8	李10	2	86
9	王11	1	92
5	林7	2	92

图 5-13 表中数据按成绩升序、姓名降序排序的查询结果

course_id	course_name	course_grade	course_info
1	Java	4	Java入门
2	Python	4	Python入门
3	MySQL	4	MySQL入门

图 5-14 使用 LIMIT 子句查询数据的结果

第三节 统计查询

一、聚合函数

1. 聚合函数的定义及特点

聚合函数(组合函数)是指对一组值执行计算并返回单一值的函数,会将当前所在的表当作一个组进行统计。

聚合函数的特点如下:

(1)每个聚合函数接收一个参数(字段名或表达式),统计结果中默认忽略字段为 NULL 的记录;

(2)如果希望列值为 NULL 的行也参与聚合函数的计算,可以使用 IFNULL 函数对空值进行转换;

(3)聚合函数不允许出现嵌套,如 SUM(MAX(*xx*))的用法是不正确的。

2. MySQL 中常用的聚合函数

MySQL 常用的聚合函数见表 5-2。

表 5-2 MySQL 常用的聚合函数

聚合函数	说明
COUNT(DISTINCT expr,[expr...])	返回某列的行数
SUM([DISTINCT] expr)	返回某列的和
AVG([DISTINCT] expr)	返回某列的平均值
MAX([DISTINCT] expr)	返回某列的最大值
MIN([DISTINCT] expr)	返回某列的最小值

(1)COUNT()函数:统计数据表中包含的记录行数,或根据查询结果返回列中包含的数据行数。

①COUNT(*)用于计算表中的总行数,不管某列是数值还是空值。

②COUNT(字段名)用于计算指定列的总行数,计算时将忽略空值的行。

【实例 12】 统计学生表中 1 班学生成绩高于 80 分的人数。

```
SELECT COUNT( * ) AS '人数' FROM tb_stu WHERE classId = 1 AND score>80;
或
SELECT COUNT(score) AS '人数' FROM tb_stu WHERE classId = 1 AND score>80;
```

COUNT()函数的执行结果如图 5-15 所示。

(2)SUM()函数:返回某列的和。

人数
3

图 5-15 COUNT()函数的执行结果

【实例 13】统计学生表中 1 班的成绩总和。

```
SELECT SUM(score) AS '总成绩' FROM tb_stu WHERE classId = 1;
```

SUM()函数的执行结果如图 5-16 所示。

(3)AVG()函数:返回某列的平均值。

【实例 14】查看学生表中 1 班的平均成绩。

```
SELECT AVG(score) AS '平均成绩' FROM tb_stu WHERE classId = 1;
```

AVG()函数的执行结果如图 5-17 所示。

总成绩
418

图 5-16　SUM()函数的执行结果

平均成绩
83.6

图 5-17　AVG()函数的执行结果

(4)MAX()函数:返回某列的最大值。

【实例 15】查看学生表中最高的成绩。

```
SELECT MAX(score) AS '最高成绩' FROM tb_stu;
```

MAX()函数的执行结果如图 5-18 所示。

(5)MIN()函数:返回某列的最小值。

【实例 16】查看学生表中最低的成绩。

```
SELECT MIN(score) AS '最低成绩' FROM tb_stu;
```

MIN()函数的执行结果如图 5-19 所示。

最高成绩
92

图 5-18　MAX()函数的执行结果

最低成绩
66

图 5-19　MIN()函数的执行结果

二、添加 GROUP BY 子句查询

GROUP BY 子句用于将结果集中的数据行根据选择列的值进行逻辑分组,以便能汇总表内容的子集,实现对每个组而不是对整个结果集的整合,语法格式如下:

```
GROUP BY {＜列名＞|＜表达式＞|＜位置＞}[ASC|DESC];
```

语法说明如下:

(1)＜列名＞:指定用于分组的列,可以指定多个列,彼此间用逗号分隔。

(2)＜表达式＞:指定用于分组的表达式,通常与聚合函数结合使用,如可将表达式"COUNT(＊) AS '人数'"作为选择列清单中的一项。

(3)＜位置＞:指定用于分组的选择列在 SELECT 语句结果集中的位置,通常是一个正整数。如 GROUP BY 2 表示根据 SELECT 语句,将选择列清单上第 2 列的值进行逻辑分组。

(4)[ASC|DESC]:关键字 ASC 为默认值,表示按升序分组;关键字 DESC 表示按降序分组。两个关键字都必须位于对应的列名、表达式、列的位置之后。

使用 GROUP BY 子句时,需要注意以下几点:

(1)GROUP BY 子句可以包含任意数目的列,这使其可以对分组进行嵌套,为数据分组提供更加细致的控制。

(2)GROUP BY 子句中的每个列都必须是检索列(SELECT 语句的选择列清单中的一项)或有效的表达式,但不能是聚合函数。如果在 SELECT 语句中使用表达式,则必须在 GROUP BY 子句中指定相同的表达式。

(3)除聚合函数之外,SELECT 语句中的每个列都必须在 GROUP BY 子句中给出。

(4)若用于分组的列中包含空值,则空值将作为一个单独的分组返回;若该列中存在多个空值,则将这些空值所在的行分为一组。

【实例 17】对学生表按照班级进行分类查询,并将每个班级的学生姓名显示出来。

```
SELECT classId,GROUP_CONCAT(sname) AS '学生姓名' FROM tb_stu GROUP BY classId;
```

GROUP_CONCAT()函数起分组连接的作用。分类查询的结果如图 5-20 所示。

classId	学生姓名
1	张三,王五,王8,王11,王14
2	李四,赵六,林7,赵9,李10,赵12,赵13,赵15

图 5-20　分类查询的结果

使用 GROUP BY 子句进行数据分组时,还可以使用 HAVING 子句过滤分组。HAVING 子句在结果集中规定了包含哪些分组和排除哪些分组,语法格式为:

```
HAVING ＜过滤条件＞;
```

HAVING 子句和 WHERE 子句的异同:

(1)HAVING 子句支持 WHERE 子句中所有的操作符和语法。

(2)HAVING 子句主要用于过滤分组,即 HAVING 子句是基于分组的聚合值而不是特定行的值来过滤数据的,而 WHERE 子句主要用于过滤数据行。

(3)HAVING 子句中的条件可以包含聚合函数,而 WHERE 子句不可以包含聚合函数。

(4)HAVING 子句是在数据分组后进行过滤,而 WHERE 子句会在数据分组前进行过滤。WHERE 子句排除的行不包含在分组中,可能会影响 HAVING 子句基于这些值过滤掉的分组。

【实例 18】对学生表按照班级进行分类查询,并显示成绩高于 85 分的学生信息。

```
SELECT classId,GROUP_CONCAT(sname) AS '学生姓名' FROM tb_stu
```

```
WHERE score>85 GROUP BY classId;
```

WHERE 子句的执行结果如图 5-21 所示。

【**实例 19**】对学生表按照班级进行分类查询,并显示学生人数大于 6 人的分组信息。

```
SELECT classId,GROUP_CONCAT(sname) AS '学生姓名' FROM tb_stu
GROUP BY classId HAVING COUNT(sname)>6;
```

HAVING 子句的执行结果如图 5-22 所示。

classId	学生姓名
1	王11
2	林7,李10,赵13

图 5-21 WHERE 子句的执行结果

classId	学生姓名
2	李四,赵六,林7,赵9,李10,赵12,赵13,赵15

图 5-22 HAVING 子句的执行结果

第四节 多表关联查询

一、交叉连接

交叉连接(CROSS JOIN)是将一张表的数据与另一张表的数据彼此交叉,得到结果,实际应用较少。交叉连接返回的结果为笛卡尔积,即对于两个不同的集合 A 和 B,A 中的每一个元素都与 B 中的所有元素进行连接运算。因此对于两个元组分别为 m、n 的表,得到的笛卡尔积的元组个数为 $m\times n$。

交叉连接的原理如下:

(1)从第 1 张表中依次取出每一条记录;

(2)取出每一条记录之后,与另外一张表中的全部记录进行逐条匹配;

(3)没有任何匹配条件,所有的结果都会进行保留;

(4)记录数 = 第 1 张表的记录数×第 2 张表的记录数;

(5)字段数 = 第 1 张表的字段数+第 2 张表的字段数(即笛卡尔积)。

交叉连接包括隐式交叉连接和显式交叉连接,语法格式如下:

(1)隐式交叉连接的语法格式:

```
SELECT * FROM 表 1,表 2;
```

(2)显式交叉连接的语法格式:

```
SELECT * FROM 表 1 CROSS JOIN 表 2;
```

【**实例 20**】使用交叉连接关联查询学生表和班级表。

```
SELECT * FROM tb_stu,tb_class;
或
SELECT * FROM tb_stu CROSS JOIN tb_class;
```

tb_stu 有 13 条记录，tb_class 有 3 条记录，交叉连接查询后，得到 39 条记录。交叉连接的执行结果如图 5-23 所示。

SQL Editor　Message　Result 1　Profile

sid	sname	classId	score	regDate	cid	cname	location
1	张三	1	80	2018-08-08	1	Java班	厦门
1	张三	1	80	2018-08-08	2	数据库班	北京
1	张三	1	80	2018-08-08	3	网络班	南宁
2	李四	2	66	2019-05-12	1	Java班	厦门
2	李四	2	66	2019-05-12	2	数据库班	北京
2	李四	2	66	2019-05-12	3	网络班	南宁
3	王五	1	80	2016-08-08	1	Java班	厦门
3	王五	1	80	2016-08-08	2	数据库班	北京
3	王五	1	80	2016-08-08	3	网络班	南宁
4	赵六	2	80	2019-09-24	1	Java班	厦门
4	赵六	2	80	2019-09-24	2	数据库班	北京
4	赵六	2	80	2019-09-24	3	网络班	南宁
5	林7	2	92	2018-03-08	1	Java班	厦门
5	林7	2	92	2018-03-08	2	数据库班	北京
5	林7	2	92	2018-03-08	3	网络班	南宁
6	王8	1	83	2019-04-02	1	Java班	厦门
6	王8	1	83	2019-04-02	2	数据库班	北京
6	王8	1	83	2019-04-02	3	网络班	南宁
7	赵9	2	70	2019-05-01	1	Java班	厦门
7	赵9	2	70	2019-05-01	2	数据库班	北京
7	赵9	2	70	2019-05-01	3	网络班	南宁
8	李10	2	86	2017-03-03	1	Java班	厦门
8	李10	2	86	2017-03-03	2	数据库班	北京
8	李10	2	86	2017-03-03	3	网络班	南宁
9	王11	1	92	2019-07-07	1	Java班	厦门
9	王11	1	92	2019-07-07	2	数据库班	北京
9	王11	1	92	2019-07-07	3	网络班	南宁
10	赵12	2	70	2019-05-05	1	Java班	厦门
10	赵12	2	70	2019-05-05	2	数据库班	北京
10	赵12	2	70	2019-05-05	3	网络班	南宁
11	赵13	2	86	2019-10-04	1	Java班	厦门
11	赵13	2	86	2019-10-04	2	数据库班	北京
11	赵13	2	86	2019-10-04	3	网络班	南宁

SELECT *FROM tb_stu,tb_class

39 records

图 5-23　交叉连接的执行结果

二、内连接

内连接是系统默认的表连接，INNER JOIN 和 JOIN 两种语法等价，即 INNER 可省略。

对于内连接，可以使用 ON 指定连接属性或条件，也可以使用 USING 关键字来代替对应的 ON 关键字，进行条件匹配。但是，使用 USING 的前提是对应两张表连接的字段同名（类似于自然连接自动匹配），同时对应的同名字段最终在结果中只会保留一个。

当使用内连接而不加连接属性或条件时，产生的结果与交叉连接相同，也为笛卡尔积。

内连接的语法格式如下：

```
SELECT <列名 1,列名 2 …> FROM 表 1 [INNER] JOIN 表 2 [ ON 子句];
```

【实例 21】使用内连接关联查询学生表和班级表。

```
SELECT * FROM tb_stu s INNER JOIN tb_class c ON s.classId = c.cid;
或
SELECT * FROM tb_stu s JOIN tb_class c ON s.classId = c.cid;
或
SELECT * FROM tb_stu s JOIN tb_class c WHERE s.classId = c.cid;
```

表的设计通常容易产生同名字段,尤其是一些 id 列,所以为了避免因重名出现错误,可以使用"表名.字段名"来确保唯一性。

内连接不强制使用匹配条件(ON),因此可以在数据匹配完成之后,使用 WHERE 子句来限制。虽然有时候使用 WHERE 子句的效果与使用 ON 子句的效果一样,但是建议使用 ON 子句。

ON 子句和 WHERE 子句在的查询顺序不同,标准查询关键字的执行顺序为 FROM>WHERE>GROUP BY>HAVING>ORDER BY。

在连接语句中,JOIN 是在 FROM 范围内的,而 ON 是对 JOIN 进行条件过滤,所以会先做 ON 条件筛选表,然后进行 JOIN。WHERE 是在 JOIN 执行后生成的临时表上进行条件过滤。ON 子句和 WHERE 子句可以结合使用。

内连接的执行结果如图 5-24 所示。

sid	sname	classId	score	regDate	cid	cname	location
1	张三	1	80	2018-08-08	1	Java班	厦门
2	李四	2	66	2019-05-12	2	数据库班	北京
3	王五	1	80	2016-08-08	1	Java班	厦门
4	赵六	2	80	2019-09-24	2	数据库班	北京
5	林7	2	92	2018-03-08	2	数据库班	北京
6	王8	1	83	2019-04-02	1	Java班	厦门
7	赵9	2	70	2019-05-01	2	数据库班	北京
8	李10	2	86	2017-03-03	2	数据库班	北京
9	王11	1	92	2019-07-07	1	Java班	厦门
10	赵12	2	70	2019-05-05	2	数据库班	北京
11	赵13	2	86	2019-10-04	2	数据库班	北京
12	王14	1	83	2018-09-14	1	Java班	厦门
13	赵15	2	66	2019-04-06	2	数据库班	北京

图 5-24　内连接的执行结果

三、外连接

外连接(OUTER JOIN)是将某一张表作为主表(表中所有记录在最后都会保留),根据条件去连接另外一张表,从而得到目标数据。外连接分为左外连接(左连接)和右外连接(右连接)两种。

1. 左外连接

在默认情况下,左外连接的 LEFT OUTER JOIN 和 LEFT JOIN 两种语法等价,即 OUTER 可省略。

左外连接的结果集包括 LEFT OUTER 子句指定的左表中的所有行,而不仅仅是连接列所匹配的行，即左外连接以左边的表为主，在右边的表中找到所有满足条件的元素，并把它们连接起来。如果没有对应的元素，则在相应位置上的值为空。

左外连接的语法格式如下：

```
SELECT * FROM 表 1 LEFT [OUTER] JOIN 表 2 ON 条件;
```

【实例 22】使用左外连接关联查询学生表和班级表。

```
SELECT * FROM tb_stu s LEFT JOIN tb_class c ON s.classId = c.cid;
或
SELECT * FROM tb_stu s LEFT OUTER JOIN tb_class c ON s.classId = c.cid;
```

左外连接的执行结果如图 5-25 所示。

sid	sname	classId	score	regDate	cid	cname	location
1	张三	1	80	2018-08-08	1	Java班	厦门
3	王五	1	80	2016-08-08	1	Java班	厦门
6	王8	1	83	2019-04-02	1	Java班	厦门
9	王11	1	92	2019-07-07	1	Java班	厦门
12	王14	1	83	2018-09-14	1	Java班	厦门
2	李四	2	66	2019-05-12	2	数据库班	北京
4	赵六	2	80	2019-09-24	2	数据库班	北京
5	林7	2	92	2018-03-08	2	数据库班	北京
7	赵9	2	70	2019-05-01	2	数据库班	北京
8	李10	2	86	2017-03-03	2	数据库班	北京
10	赵12	2	70	2019-05-05	2	数据库班	北京
11	赵13	2	86	2019-10-04	2	数据库班	北京
13	赵15	2	66	2019-04-06	2	数据库班	北京
14	王16	4	53	2019-10-12	(NULL)	(NULL)	(NULL)
15	赵17	5	67	2019-08-02	(NULL)	(NULL)	(NULL)

图 5-25　左外连接的执行结果

2. 右外连接

在默认情况下，右外连接的 RIGHT OUTER JOIN 和 RIGHT JOIN 两种语法等价，即 OUTER 可省略。

右外连接与左外连接相反，它是以右边的表为主，在左边的表中找到所有满足条件的元素，并把它们连接起来。如果没有对应的元素，则在相应位置上的值为空。

右外连接的语法格式如下：

```
SELECT * FROM 表 1 RIGHT [OUTER] JOIN 表 2 ON 条件;
```

【实例 23】使用右外连接关联查询学生表和班级表。

```
SELECT * FROM tb_stu s RIGHT JOIN tb_class c ON s.classId = c.cid;
或
```

```
SELECT * FROM tb_stu s RIGHT OUTER JOIN tb_class c ON s.classId = c.cid;
```

右外连接的执行结果如图 5-26 所示。

四、自连接

自连接就是把一张表当作两张一样的表进行“多表查询”,此时需要为表定义别名。

【实例 24】 创建员工信息表(包括员工编号、姓名、工作岗位、上级人员编号、受雇日期、薪资、佣金、部门编号),插入部分测试数据,查询并列出所有员工的姓名及其直接上级的姓名。

建表语句如下:

```
CREATE TABLE emp(
  empno INT NOT NULL PRIMARY KEY,--员工编号
  ename VARCHAR(10), --姓名
  job VARCHAR(10),--工作岗位
  mgr INT,--上级人员编号
  hiredate DATETIME,--受雇日期
  sal DOUBLE,--薪金
  comm DOUBLE,--佣金
  deptno INT,--部门编号
);
```

插入部分测试数据,语句如下:

```
INSERT INTO emp VALUES(7369,'Smith','Clerk',7902,'1980 - 12 - 17',800,0,20) ;
INSERT INTO emp VALUES(7499,'Allen','Salesman',7698,'1981 - 2 - 20',1600,300,30) ;
INSERT INTO emp VALUES(7844,'Turner','Salesman',7499,'1981 - 9 - 8',1500,0,30) ;
INSERT INTO emp VALUES(7698,'Tom','Manager',0,'1981 - 9 - 8',6100,600,40) ;
INSERT INTO emp VALUES(7876,'Adams','Clerk',7900,'1987 - 5 - 23',1100,0,20) ;
INSERT INTO emp VALUES(7900,'James','Clerk',7698,'1981 - 12 - 3',2400,0,30) ;
INSERT INTO emp VALUES(7902,'Ford','Analyst',7698,'1981 - 12 - 3',3000,NULL,20) ;
INSERT INTO emp VALUES(7901,'Kik','Clerk',7900,'1981 - 12 - 3',1900,0,30) ;
```

自连接查询语句如下:

```
SELECT e.ename,(SELECT ename FROM emp d WHERE d.empno = e.mgr) AS boss FROM
  emp e;
```

自连接的执行结果如图 5-27 所示。

sid	sname	classId	score	regDate	cid	cname	location
1	张三	1	80	2018-08-08	1	Java班	厦门
2	李四	2	66	2019-05-12	2	数据库班	北京
3	王五	1	80	2016-08-08	1	Java班	厦门
4	赵六	2	80	2019-09-24	2	数据库班	北京
5	林7	2	92	2018-03-08	2	数据库班	北京
6	王8	1	83	2019-04-02	1	Java班	厦门
7	赵9	2	70	2019-05-01	2	数据库班	北京
8	李10	2	86	2017-03-03	2	数据库班	北京
9	王11	1	92	2019-07-07	1	Java班	厦门
10	赵12	2	70	2019-05-05	2	数据库班	北京
11	赵13	2	86	2019-10-04	2	数据库班	北京
12	王14	1	83	2018-09-14	1	Java班	厦门
13	赵15	2	66	2019-04-06	2	数据库班	北京
(NULL)	(NULL)	(NULL)	(NULL)	(NULL)	3	网络班	南宁

图 5-26 右外连接的执行结果

ename	boss
Smith	Ford
Allen	Tom
Tom	(NULL)
Turner	Allen
Adams	James
James	Tom
Kik	James
Ford	Tom

图 5-27 自连接的执行结果

第五节 子 查 询

一、比较运算符子查询

比较运算符子查询主要用于对表达式的值和子查询返回的值进行比较运算，语法格式如下：

```
<表达式>{= | < | > | >= | <= | <=> | < > | ! = }{ ALL | SOME |
ANY} <子查询>;
```

语法说明如下：

(1)<表达式>：用于指定要进行比较的表达式。

(2){ ALL | SOME | ANY}：可选项，用于指定对比较运算的限制。其中，关键字 ALL 用于指定表达式需要与子查询结果集中的每个值都进行比较，当表达式与每个值都满足比较关系时，会返回 TRUE；否则，返回 FALSE。关键字 SOME 和 ANY 是同义词，表示表达式只要与子查询结果集中的某个值满足比较关系，就返回 TRUE；否则，返回 FALSE。比较运算符与值的关系见表 5-3。

(3)<子查询>：用于指定子查询。

表 5-3 比较运算符与值的关系

比较运算符	ANY	SOME	ALL
>、>=	最小值	最小值	最大值
<、<=	最大值	最大值	最小值
=	任意值	任意值	
<>、! =			任意值

【实例 25】查询学生表中成绩为 80 分的学生信息。

```
SELECT * FROM tb_stu WHERE score = 80;
```

成绩为 80 分的学生信息查询结果如图 5-28 所示。

【实例 26】 查询学生表中班级名称属于“Java”的任意学生信息。

```
SELECT * FROM tb_stu WHERE classId = ANY (SELECT cid FROM tb_class WHERE
cname LIKE '%Java%');
或
SELECT * FROM tb_stu WHERE classId = SOME (SELECT cid FROM tb_class WHERE
cname LIKE '%Java%');
```

班级名称属于“Java”的学生信息查询结果如图 5-29 所示。

sid	sname	classId	score	regDate
1	张三	1	80	2018-08-08
3	王五	1	80	2016-08-08
4	赵六	2	80	2019-09-24

图 5-28 成绩为 80 分的学生信息查询结果

sid	sname	classId	score	regDate
1	张三	1	80	2018-08-0
3	王五	1	80	2016-08-0
6	王8	1	83	2019-04-0
9	王11	1	92	2019-07-07
12	王14	1	83	2018-09-14

图 5-29 班级名称属于“Java”的学生信息查询结果

二、IN 子查询

IN 子查询主要用于判断一个给定值是否存在于子查询的结果集中，语法格式如下：

```
<表达式> [NOT] IN <子查询>;
```

语法说明如下：

(1)<表达式>：用于指定表达式。当表达式与子查询返回的结果集中的某个值相等时，返回 TRUE；否则，返回 FALSE。若使用关键字 NOT，则返回的值正好相反。

(2)<子查询>：用于指定子查询。这里的子查询只能返回一列数据。对于比较复杂的查询要求，可以使用 SELECT 语句实现子查询的多层嵌套。

【实例 27】 查询学生表中班级归属地为“北京”的学生信息。

```
SELECT * FROM tb_stu WHERE classId IN (SELECT cid FROM tb_class WHERE
location = '北京');
```

班级归属地为“北京”的学生信息查询结果如图 5-30 所示。

【实例 28】 查询曾与李四一同上课的学生的学号和姓名。

```
SELECT DISTINCT student.Sno AS 学号,sname AS 姓名
FROM student,SC
```

```
WHERE student. Sno = SC. Sno AND Cno IN (
  SELECT Cno
  FROM SC,student
  WHERE SC. Sno = student. Sno AND student. Sno IN (
    SELECT Sno
    FROM student
    WHERE student. sname = '李四'
  )
);
```

三、EXISTS 子查询

EXISTS 子查询主要用于判断子查询的结果集是否为空，语法格式如下：

```
EXISTS <子查询>;
```

若子查询的结果集不为空，则返回 TRUE；否则，返回 FALSE。EXISTS 关键字可以和条件表达式一起使用。

【实例 29】 查询学生表中是否存在班级归属地为“上海”的班级，若存在，则列出成绩高于70 分的学生信息。

```
SELECT * FROM tb_stu WHERE EXISTS (SELECT cid FROM tb_class WHERE location =
'上海') AND score>70;
```

班级归属地为“上海”的学生信息查询结果如图 5-31 所示，查询结果为空。

sid	sname	classId	score	regDate
2	李四	2	66	2019-05-12
4	赵六	2	80	2019-09-24
5	林7	2	92	2018-03-08
7	赵9	2	70	2019-05-01
8	李10	2	86	2017-03-03
10	赵12	2	70	2019-05-05
11	赵13	2	86	2019-10-04
13	赵15	2	66	2019-04-06
14	王16	4	53	2019-10-12

图 5-30 班级归属地为“北京”的学生信息查询结果

sid	sname	classId	score	regDate

图 5-31 班级归属地为“上海”的学生信息查询结果

【实例 30】 查询所有选修 1 号课程的学生姓名。

```
SELECT sname AS 姓名
FROM student
```

```
WHERE EXISTS (
  SELECT *
FROM SC
  WHERE Cno = 1 AND Sno = student. Sno
);
```

第六节 合并结果集

MySQL 不支持全外连接操作，但可通过 UNION 左外连接和右外连接来合并结果集。

如果不使用关键字 ALL，执行合并结果集的时候就会删除重复的记录，所有返回的行都是唯一的；如果使用关键字 ALL，则不删除重复行，也不会对结果进行自动排序。

UNION 子句的语法格式如下：

```
SELECT * FROM 表 1 LEFT JOIN 表 2 ON 条件
UNION [ALL]
SELECT * FROM 表 1 RIGHT JOIN 表 2 ON 条件;
```

【实例 31】 使用 UNION 子句关联查询学生表和班级表。

```
SELECT * FROM tb_stu s LEFT JOIN tb_class c ON s. classId = c. cid
UNION
SELECT * FROM tb_stu s RIGHT JOIN tb_class c ON s. classId = c. cid;
```

UNION 子句的执行结果如图 5-32 所示

sid	sname	classId	score	regDate	cid	cname	location
1	张三	1	80	2018-08-08	1	Java班	厦门
3	王五	1	80	2016-08-08	1	Java班	厦门
6	王8	1	83	2019-04-02	1	Java班	厦门
9	王11	1	92	2019-07-07	1	Java班	厦门
12	王14	1	83	2018-09-14	1	Java班	厦门
2	李四	2	66	2019-05-12	2	数据库班	北京
4	赵六	2	80	2019-09-24	2	数据库班	北京
5	林7	2	92	2018-03-08	2	数据库班	北京
7	赵9	2	70	2019-05-01	2	数据库班	北京
8	李10	2	86	2017-03-03	2	数据库班	北京
10	赵12	2	70	2019-05-05	2	数据库班	北京
11	赵13	2	86	2019-10-04	2	数据库班	北京
13	赵15	2	66	2019-04-06	2	数据库班	北京
14	王16	4	53	2019-10-12	(NULL)	(NULL)	(NULL)
15	赵17	5	67	2019-08-02	(NULL)	(NULL)	(NULL)
(NULL)	(NULL)	(NULL)	(NULL)	(NULL)	3	网络班	南宁

图 5-32 UNION 子句的执行结果

本章小结

1. 表单查询是指从一张或多张表的数据中查询所需要的数据，主要包括查询所有字段、查询指定字段、查询指定记录、查询空值、多条件查询、对查询结果进行排序等。

2. WHERE 子句用于指定查询条件，从 FROM 子句的中间结果中选取适当的数据行，实现过滤数据的效果。

3. ORDER BY 子句用于将结果集中的数据按照一定的顺序进行排序，ASC(默认)表示按升序分组，DESC 表示按降序分组。

4. 聚合函数会将当前所在的表当作一个组进行统计，常用的聚合函数有 COUNT()函数、SUM()函数、AVG()函数、MAX()函数、MIN()函数。

5. GROUP BY 子句用于将结果集中的数据行根据选择列的值进行逻辑分组，以便能汇总表内容的子集，实现对每个组而不是对整个结果集的整合。

6. MySQL 多表关联查询包括交叉连接、内连接、外连接和自连接。外连接又分为左外连接和右外连接。

7. 子查询包括比较运算符子查询、IN 子查询和 EXISTS 子查询等。

8. MySQL 不支持全外连接操作，但可通过 UNION 子句来合并结果集。

练习巩固

创建数据库表，其中学生信息表见表 5-4，考试成绩表见表 5-5。

表 5-4 学生信息表

字段名	字段描述	数据类型	主键	外键	非空	唯一	自增
id	学号	INT(10)	是	否	是	是	是
name	姓名	VARCHAR(20)	否	否	是	否	否
sex	性别	VARCHAR(4)	否	否	否	否	否
birthday	生日	DATE	否	否	否	否	否
department	院系	VARCHAR(20)	否	否	是	否	否
address	住址	VARCHAR(50)	否	否	否	否	否

表 5-5 考试成绩表

字段名	字段描述	数据类型	主键	外键	非空	唯一	自增
id	编号	INT(10)	是	否	是	是	是
stuid	学号	INT	否	否	是	否	否
cname	课程名称	VARCHAR(20)	否	否	否	否	否
grade	分数	INT	否	否	否	否	否

1. 查询学生信息表的第 2 条至第 4 条记录。
2. 从学生信息表中查询计算机系和物理系的学生信息。
3. 从学生信息表中查询年龄在 18～22 岁的学生信息。
4. 用连接的方式查询所有学生的信息和考试信息。
5. 查询统计每个院系有多少人。
6. 查询统计每个学生的总成绩。
7. 查询获取每个科目的最高分。
8. 计算每个考试科目的平均成绩。
9. 将计算机考试成绩按从高到低的顺序进行排序。
10. 查询姓林或王的同学的姓名、院系、考试科目和成绩。

第六章 存储过程与存储函数

扫码查看课件

第一节 MySQL 程序设计基础

第六章教学视频

一、变量

MySQL 包括 3 种变量：系统变量(System Variable)、自定义变量(User-Defined Variable)和存储程序变量(Stored Program Variable)。3 种变量都遵循通用的定义形式：

```
SET variable_assignment [,variable_assignment] ... ;
```

1. 系统变量

系统变量指的是 MySQL 中内置的变量，即 MySQL 自带的一系列服务的运行控制选项。只要 MySQL 在运行中，这些变量就会发挥作用。

(1)很多系统变量都有默认值，因此赋值为“DEFAULT”是有效的，如：

```
SET @@session.max_join_size = DEFAULT;
```

(2)系统变量有全局(GLOBAL)和会话(SESSION / LOCAL)之分。修改全局是服务级别的，而修改会话则是会话级别的。

```
SET GLOBAL sort_buffer_size = 1000000;
SET SESSION sort_buffer_size = 1000000;
```

(3)系统变量有多种修改方式，包括修改配置文件、带系统变量选项启动 MySQL，以及在

MySQL 运行中使用指令进行修改等。其中，修改配置文件是最直接且常见的方法。

(4)系统变量名有多种引用方式：直接变量名引用或使用“@@”修饰符引用(自定义变量是一个“@”)。因此，在修改会话级别的系统变量时，以下两个命令的效果是一样的：

```
SET SESSION sql_mode = 'TRADITIONAL';
SET @@session.sql_mode = 'TRADITIONAL';
```

(5)修改全局变量需要“SUPER”超级权限，并且命令中的“GLOBAL”不可省略。

```
SET GLOBAL max_connections = 1000;
SET @@global.max_connections = 1000;
```

(6)修改会话级别的系统变量一般不需要特殊权限，并且命令中的“SESSION”是可以省略的(默认会话级别)。

```
SET sql_mode = 'TRADITIONAL';
SET @@sql_mode = 'TRADITIONAL';
```

(7)“LOCAL”=“SESSION”以及“@@local.”=“@@session.”。下面的语句全部等价：

```
SET sql_mode = 'TRADITIONAL';
SET @@sql_mode = 'TRADITIONAL';
SET SESSION sql_mode = 'TRADITIONAL';
SET @@session.sql_mode = 'TRADITIONAL';
SET LOCAL sql_mode = 'TRADITIONAL';
SET @@local.sql_mode = 'TRADITIONAL';
```

(8)混合设置多个系统变量时，最近的一个“GLOBAL”或“SESSION”修饰符作用于接下来的所有未作声明的变量。

```
SET GLOBAL sort_buffer_size = 1000000,SESSION sort_buffer_size = 1000000;
SET @@global.sort_buffer_size = 1000000,@@local.sort_buffer_size = 1000000;
SET GLOBAL max_connections = 1000,sort_buffer_size = 1000000;
```

(9)查看会话变量的语法如下：

```
SHOW SESSION variables; --查看所有变量的值
SHOW SESSION variables LIKE '%var%'; --查看特定变量的值
SELECT @@x;
```

```
SELECT @@session.x;
```

(10)查看全局变量的语法如下：

```
SELECT @@global.x;
SHOW GLOBAL variables LIKE '% var %';
```

2. 自定义变量

自定义变量是用户自己定义的数据容器，变量名需要以一个“@”符号开头。少了“@”，系统不会识别变量；多了“@”，系统可能会报错（可能是系统变量）。自定义变量的作用范围是SESSION会话级别，即会话关闭后就不能再引用，只能重新进行定义。语法格式如下：

```
SET @user_variable1 = expression1 [,@user_variable2 = expression2,...];
SET @user_variable1: = expression1 [,@user_variable2: = expression2,...];
SELECT @user_variable1: = value1[,@user_variable2: = value2,...];
```

expression可以是普通字符值或查询语句的返回值，即检索数据时，如果SELECT语句的结果集是单个值，可以将SELECT语句的返回结果赋予用户会话变量。

对用户变量赋值可以直接用“=”或“:=”，区别在于当使用SET命令对用户变量进行赋值时，两种方式都可以使用；但是当使用SELECT语句对用户变量进行赋值时，只能使用“:=”方式，因为在SELECT语句中，“=”被看作比较判等操作符。

设置查看变量的语法如下：

```
SET @x = 0;
SET @color : = 'red';
SELECT @x,@color;
```

3. 存储程序变量

存储程序变量包括存储函数和存储过程定义的参数变量以及在存储程序（存储函数、存储过程、事件以及触发器等）中定义的本地变量，其作用范围局限在定义的存储程序中。

(1)存储程序变量使用前要先声明：参数变量在存储程序定义语句的头部声明，本地变量在存储程序中通过“DECLARE”声明。声明语法如下：

```
DECLARE var_name [,var_name]... data_type [ DEFAULT VALUE ];
```

DECLARE为声明变量的关键字；var_name为局部变量的名称；data_type为变量的数据类型（MySQL的全部数据类型都可以）；DEFAULT VALUE给变量提供一个默认值，否则变量值为空。

(2)定义的存储程序变量的数据类型需要与事先声明的数据类型保持一致。

(3)存储程序变量的声明需要置于“CURSOR”和“HANDLE”声明之前。

(4)可以用 SET 或者 SELECT INTO 为变量赋值,语法如下:

```
SET var_name = expr [,var_name = expr]... ;
或
SELECT col_name[,...] INTO var_name[,...] table_expr [WHERE...];
```

二、流程控制语句

流程控制包含单路分支、双路分支、多路分支、循环等,包括 IF...THEN...ELSE 语句、CASE 语句、WHILE 语句、LEAVE 语句、LOOP 语句、REPEAT 语句和 ITERATE 语句等。流程控制结构只能在编程范围(存储过程/存储函数/触发器)内使用。

(1)IF...THEN...ELSE 语句:实现条件判断,根据条件表达式的值确定执行不同的语句块。语法格式如下:

```
IF
  条件表达式
THEN
  语句块
[ELSEIF 条件表达式 THEN 语句块]...
[ELSE 语句块]
END IF;
```

(2)CASE 语句:可以实现比 IF 语句更复杂的条件构造。它有两种语法格式,分别如下:

```
CASE
  WHEN
    条件表达式
  THEN
    语句块
[WHEN 条件表达式 THEN 语句块]...
[ELSE 语句块]
END CASE;
```

```
CASE
  表达式
WHEN
  匹配值
```

```
THEN
  语句块
[WHEN 匹配值 THEN 语句块]...
[ELSE 语句块]
END CASE;
```

(3)WHILE 语句:实现的是有条件的循环控制语句,即当满足条件时执行循环的内容,否则退出循环。语法格式如下:

```
WHILE 条件表达式 DO
  循环体
END WHILE;
```

(4)LEAVE 语句:用于从标注(自定义)的流程构造中退出,通常和 BEGIN … END 或者循环一起使用。语法格式如下:

```
LEAVE 标注名;
```

(5)LOOP 语句:允许某特定语句或语句群的重复执行,实现简单的循环;没有内置的循环条件,通常可以通过 LEAVE 语句退出循环。语法格式如下:

```
LOOP
  循环体
END LOOP;
```

(6)REPEAT 语句:有条件的循环控制语句。语句先执行一次循环体,之后判断条件是否为真,为真则退出循环,否则继续执行循环。

```
REPEAT
  循环体
  UNTIL 条件表达式
END REPEAT;
```

(7)ITERATE 语句:必须用在循环中(LOOP、REPEAT 和 WHILE 语句内),作用是跳过当前循环的剩余语句直接进入下一轮循环,表示“再次循环”。其用法与 LEAVE 语句类似,区别是 LEAVE 是离开一个循环,而 ITERATE 是重新开始一个循环。

```
ITERATE 标注名;
```

三、游标

游标(光标)是一种机制,它能够每次从包含多条数据记录的结果集中提取一条记录。这种机制主要用于遍历查询数据库所返回的记录,以便进行相应的操作。

1. MySQL 游标的特点

(1)只读:无法通过游标更新基础表中的数据。

(2)不可滚动:只能按照 SELECT 语句确定的顺序获取行,不能以其他的顺序获取行,也不能跳过行或跳转到结果集中的特定行。

(3)敏感:游标分为敏感游标和不敏感游标,敏感游标指向实际数据,不敏感游标使用数据的临时副本。敏感游标比不敏感游标执行得更快,因为它不需要临时拷贝数据。MySQL 游标是一种敏感游标。

2. MySQL 中游标的使用步骤

(1)声明游标:必须在声明变量之后声明游标。如果在声明变量之前声明游标,MySQL 会报错。游标必须始终与 SELECT 语句相关联,语法格式如下:

```
DECLARE 游标名 CURSOR FOR SELECT 语句;
```

(2)打开游标:只有先打开游标,才能读取数据。语法格式如下:

```
OPEN 游标名;
```

(3)从游标中提取数据:使用 FETCH 语句来检索游标指向的一行数据,并将游标移动到结果集中的下一行。语法格式如下:

```
FETCH 游标名 INTO 变量名 1[,变量名 2,...];
```

(4)关闭游标:当不再使用游标时,应该关闭游标。语法格式如下:

```
CLOSE 游标;
```

每次调用 FETCH 语句时,游标会尝试依次读取结果集中的每一行数据。当游标到达结果集的末尾时,它将无法获得数据,并且会产生一个条件。所以还必须声明一个"NOT FOUND"处理程序来处理当游标找不到任何行时的情况。如在下述语句中,type 是一个变量,表示游标到达结果集的结尾。

```
DECLARE CONTINUE HANDLER FOR NOT FOUND SET type = 1;
```

【实例 1】 定义游标,实现逐条更新数据(批量更新数据)。

```
BEGIN
  DECLARE no_more_record INT DEFAULT 0;
  DECLARE pid BIGINT(20);
  DECLARE pValue DECIMAL(15,5);
  DECLARE cur_record CURSOR FOR SELECT colA,colB from tableABC; /* 定义游
标 */
  DECLARE CONTINUE HANDLER FOR NOT FOUND SET no_more_record = 1; /* 针对 NOT
FOUND 的条件,当没有记录时赋值为 1 */
  OPEN cur_record; /* 使用 OPEN 打开游标 */
  FETCH cur_record INTO pid,pValue; /* 先将第 1 行数据写入变量中,游标也随之
指向了记录的第 1 行 */
  WHILE no_more_record ! = 1 DO
    INSERT INTO testTable(id,Value) VALUES (pid,pValue);
    FETCH cur_record INTO pid,pValue;
  END WHILE;
  CLOSE cur_record; /* 关闭游标,释放资源 */
END
```

【实例 2】使用游标创建一个存储过程,统计年龄大于 19 岁的记录数量。

(1)创建表:

```
CREATE TABLE student(
  stuid INT PRIMARY KEY AUTO_INCREMENT,
  stuName VARCHAR(20),
  stuSex VARCHAR(2),
  stuAge INT
);
```

(2)插入测试数据:

```
INSERT INTO student(stuName,stuSex,stuAge) VALUES
('小明','男',20),
('小花','女',19),
('大赤','男',20),
('可乐','男',19),
('莹莹','女',19);
```

(3)创建游标：

```
DELIMITER //
CREATE PROCEDURE p1()
BEGIN
  DECLARE id INT;
  DECLARE name VARCHAR(100);
  DECLARE done INT DEFAULT 0;
  -- 声明游标
  DECLARE mc CURSOR FOR SELECT stuid,stuName FROM student WHERE stuAge >19;
  DECLARE CONTINUE HANDLER FOR NOT FOUND SET done = 1;
  -- 打开游标
  OPEN mc;
  -- 获取结果
  FETCH mc INTO id,name;
  IF done! = 1 THEN
  -- 这里是为了显示获取结果
  SELECT id,name;
  -- 关闭游标
  END IF
  CLOSE mc;
END //
DELIMITER ;
```

【实例 3】 使用 3 种循环方式，结合游标创建一个存储过程，统计年龄大于 19 岁的记录数量。

(1)使用 LOOP 循环：

```
-- 定义语法结束符号
DELIMITER //
-- 创建一个存储过程
CREATE PROCEDURE pcd1()
BEGIN
  -- 创建用于接收游标值的变量
  DECLARE id,age,total INT;
  -- 接收游标值
  DECLARE name,sex VARCHAR(20);
  -- 游标结束的标志
  DECLARE done INT DEFAULT 0;
  -- 声明游标
```

```
  DECLARE cur CURSOR FOR SELECT stuid, stuName, stuSex, stuAge FROM student
WHERE stuAge > 19;
  -- 指定游标循环结束时的返回值
  DECLARE CONTINUE HANDLER FOR NOT FOUND SET done = 1;
  -- 打开游标
  OPEN cur;
  -- 初始化变量
  SET total = 0;
  -- LOOP 循环
  xxx:LOOP
    -- 根据游标当前指向的一条数据
    FETCH cur INTO id,name,sex,age;
    -- 当游标的返回值为 1 时,退出 LOOP 循环
    IF done = 1 THEN
      LEAVE xxx;
    END IF;
    -- 累计
    SET total = total + 1;
  END LOOP;
  -- 关闭游标
  CLOSE cur;
  -- 输出累计的结果
  SELECT total;
END //
DELIMITER ;
```

(2)使用 WHILE 循环:

```
DELIMITER //
-- 创建一个存储过程
CREATE PROCEDURE pcd2()
BEGIN
  -- 创建用于接收游标值的变量
  DECLARE id,age,total INT;
  -- 接收游标值
  DECLARE name,sex VARCHAR(20);
  -- 游标结束的标志
  DECLARE done INT DEFAULT 0;
  -- 声明游标
```

```
  DECLARE cur CURSOR FOR SELECT stuid, stuName, stuSex, stuAge FROM student
WHERE stuAge > 19;
  -- 指定游标循环结束时的返回值
  DECLARE CONTINUE HANDLER FOR NOT FOUND SET done = 1;
  -- 打开游标
  OPEN cur;
  -- 初始化变量
  SET total = 0;
  -- WHILE 循环
  WHILE done ! = 1 do
    FETCH cur INTO id,name,sex,age;
      IF done ! = 1 THEN
        SET total = total + 1;
      END IF;
  END WHILE;
  -- 关闭游标
  CLOSE cur;
  -- 输出累计的结果
  SELECT total;
END//
DELIMITER ;
```

(3)使用 REPEAT 循环：

```
DELIMITER //
-- 创建一个存储过程
CREATE PROCEDURE pcd3()
BEGIN
  -- 创建用于接收游标值的变量
  DECLARE id,age,total INT;
  -- 接收游标值
  DECLARE name,sex VARCHAR(20);
  -- 游标结束的标志
  DECLARE done INT DEFAULT 0;
  -- 声明游标
  DECLARE cur CURSOR FOR SELECT stuid, stuName, stuSex, stuAge FROM student
WHERE stuAge > 19;
  -- 指定游标循环结束时的返回值
  DECLARE CONTINUE HANDLER FOR NOT FOUND SET done = 1;
```

```
  -- 打开游标
  OPEN cur;
  -- 初始化变量
  SET total = 0;
  -- REPEAT 循环
  REPEAT
    FETCH cur into id,name,sex,age;
      IF done ! = 1 THEN
        SET total = total + 1;
      END IF;
    UNTIL done = 1
  END REPEAT;
  -- 关闭游标
  CLOSE cur;
  -- 输出累计的结果
  SELECT total;
END //
DELIMITER ;
```

第二节 存储程序概述

一、存储程序的类型

将存放在数据库服务器端供重复使用的对象叫作存储程序。存储程序可以分为存储过程、存储函数、触发器、事件4种。

(1)存储过程:不直接返回一个计算结果,但可以用于完成一般的运算或是生成一个结果集并传递回客户端。如果将一条SQL语句比作一行Java代码,存储过程就相当于一个Java方法,它可以包含许多SQL语句,进行更复杂的操作。

(2)存储函数:返回一个计算结果,该结果可以用在表达式中。存储函数就相当于自定义MySQL函数一样,其作用和MySQL函数类似,不过需要自行定义和实现。

(3)触发器:与数据表相关联,当哪个数据表被INSERT、DELETE或UPDATE语句修改时,触发器将自动执行,执行内容则根据需要自行定义。

(4)事件:根据时间表在预定时刻自动执行。

二、存储程序的特点

(1)存储程序对象的可执行部分可以用复合语句(包括局部变量、代码块、循环、条件语句等)来编写,对SQL语法进行了扩展;

(2)存储程序都保存在服务端,定义它们的代码只需要在创建存储程序时通过网络传递一次，而不是每次执行都要传递一次，这大大减少了开销；

(3)把复杂的计算封装为程序单元，通过简单的程序单元名称进行调用；

(4)可以把一组存储程序打包成一个“函数库”，供其他应用程序调用，让其他应用程序以相同的方式完成操作；

(5)提供了一种错误处理机制；

(6)可以提高数据库的安全性，限制存储程序的访问权限。

三、存储过程介绍

我们前面所学习和使用的都是针对一个表或几个表的单条 SQL 语句，但是在实际数据库的操作中，并非所有操作都那么简单，经常会有一个完整的操作需要多条 SQL 语句处理多个表才能完成。存储过程可以有效地完成这个数据库操作，大大提高数据库的处理速度，同时提高数据库编程的灵活性。MySQL 5.0 已经开始支持存储过程。

存储过程是一组为了完成某项特定功能的 SQL 语句集，其实质就是一段经编译后存储在数据库中的代码，它可以由声明式的 SQL 语句(CREATE、UPDATE、SELECT 等语句)和过程式 SQL 语句(IF... THEN... ELSE 控制结构等语句)组成。存储过程是数据库 SQL 语言层面的代码封装与重用。

存储过程的特点如下：

(1)封装性：存储过程被创建后，可以在程序中被多次调用，而不必重新编写该存储过程的 SQL 语句；数据库操作人员可以随时对存储过程进行修改，而不会影响到调用它的应用程序的源代码。

(2)增强 SQL 语句的功能和灵活性：存储过程可以用流程控制语句编写，有很强的灵活性，可以完成较复杂的判断和运算。

(3)减少网络流量：存储过程在服务器端运行，且执行速度快，因此当客户计算机上调用存储过程时，网络中传送的只是该调用语句，这可以降低网络负载。

(4)高性能：存储过程执行一次后，产生的二进制代码会驻留在缓存区，再次调用时，只需要从缓存区中执行二进制代码即可，从而提高了系统的效率和性能。

(5)提高数据库的安全性和数据的完整性：使用存储过程可以完成所有数据库操作，并且可以通过编程的方式控制数据库信息访问的权限。

(6)缺点：存储过程通常定制于特定的数据库上，因为支持的数据库编程语言不同。当切换不同厂商的数据库系统时，可能需要重写原有的存储过程。

第三节　存储过程的创建与执行

一、存储过程的基本语法

创建存储过程的语法格式如下：

```
CREATE PROCEDURE 存储过程名(
[IN | OUT | INOUT] 参数 1 数据类型 1,
```

```
[IN | OUT | INOUT] 参数 2 数据类型 2,
...
)
[no sql | reads sql data | modifies sql data]
BEGIN
存储过程语句块,
END;
```

语法说明如下：

(1)CREATE PROCEDURE:用于创建存储过程的关键字。

(2)存储过程名:存储过程的名称,默认在当前数据库中创建。若要在特定数据库中创建存储过程,则要在名称前面加上数据库的名称,如 db_name. sp_name。应尽量避免选取与 MySQL 内置函数相同的名称,否则会发生错误。

(3)存储过程的参数列表:参数的类型可以是任何有效的 MySQL 数据类型。当有多个参数时,参数列表彼此间用逗号分隔。存储过程可以没有参数(此时存储过程的名称后仍需加上一对括号),也可以有一个或多个参数。

(4)[IN|OUT|INOUT]:入参、出参的标识关键字。存储过程支持 3 种类型的参数,即输入参数、输出参数和输入/输出参数,分别用 IN、OUT 和 INOUT 3 个关键字标识。其中,输入参数可以传递给一个存储过程,输出参数用于存储过程需要返回一个操作结果的情形,而输入/输出参数既可以充当输入参数也可以充当输出参数。注意,参数的名称不要与数据表的列名相同,否则尽管不会返回出错信息,但是存储过程的 SQL 语句会将参数名看作列名,从而产生不可预知的结果。

(5)BEGIN... END:存储过程执行代码的开始和结束关键字,里面的执行体中可以写多条 SQL 语句。存储过程的主体部分,也称为存储过程体,包含在存储过程调用时必须执行的 SQL 语句。存储过程体以关键字 BEGIN 开始,以关键字 END 结束。如果存储过程体中只有一条 SQL 语句,则可以省略 BEGIN-END 标志。

在 MySQL 服务器中处理 SQL 语句时,默认以分号作为语句结束标志。然而,在创建存储过程时,存储过程体可能包含多条 SQL 语句,这些 SQL 语句如果仍以分号作为结束符,那么 MySQL 服务器在处理时会以遇到的第 1 条 SQL 语句结尾处的分号作为整个程序的结束符,而不再去处理存储过程体中后面的 SQL 语句,这样显然不行。为解决这个问题,通常使用 DELIMITER 命令将结束命令修改为其他字符。特别是通过命令行的方式来操作 MySQL 数据库的使用者,大概率会使用该命令。

DELIMITER 命令的语法格式如下,其中“$ $”是用户定义的结束符。通常结束符是一些特殊的符号,如两个“?”或两个“¥”等。DELIMITER 和定义的结束符之间一定要有一个空格。但是当使用 DELIMITER 命令时,应该避免使用反斜杠“\”字符,因为它是 MySQL 的转义字符。

```
DELIMITER $ $ ;
```

调用存储过程的语法格式如下：

```
CALL 存储过程名(参数列表);
```

二、不带输入参数的存储过程

【实例 4】 创建存储过程，从学生成绩信息表中查询学生的成绩信息。

存储过程创建语句：

```
CREATE PROCEDURE ShowStuScore()
BEGIN
SELECT sname,score FROM tb_stu;
END;
-- 只有一句 SQL,可以省略 BEGIN-END
CREATE PROCEDURE ShowStuScore()
SELECT sname,score FROM tb_stu;
```

存储过程调用语句：

```
CALL ShowStuScore();
```

存储过程的创建结果如图 6-1 所示。

三、带输入参数的存储过程

执行带参数的存储过程时，输入值的类型、个数和顺序都需要与存储过程中定义的参数逐一对应。

【实例 5】 创建存储过程，输入参数是“学生姓名”。存储过程的作用是通过输入的学生姓名，从学生成绩信息表中查询指定学生的成绩信息。

存储过程创建语句：

```
CREATE PROCEDURE GetScoreByStu(IN _sname VARCHAR(25))
BEGIN
SELECT sname,score FROM tb_stu WHERE sname = _sname;
END;
```

存储过程调用语句：

```
CALL GetScoreByStu('林7');
```

创建存储过程并输入数据后的结果如图 6-2 所示。

sname	score
张三	80
李四	55
王五	80
赵六	55
林7	55
王8	83
赵9	55
李10	55
王11	92
赵12	55
赵13	55
王14	83
赵15	55
王16	55
赵17	67

图 6-1　存储过程的创建结果

sname	score
林7	55

图 6-2　创建存储过程并输入数据后的结果

四、带输出参数的存储过程

如果需要在存储过程中返回一个值或多个值，可通过使用输出参数来实现。输出参数必须在创建存储过程时使用 OUT 关键字进行声明。

带输出参数的存储过程不同于带输入参数的存储过程，参数不能常量输入，但可以放一个用户变量@outparam 调用过程，执行完毕后再查看该变量值。

【实例 6】创建存储过程，定义一个输入参数“成绩”、一个输出参数“等级”，根据成绩判断等级。

存储过程创建语句：

```
DELIMITER $ $
CREATE PROCEDURE getLevelByScore(
IN score INT,OUT levelVal VARCHAR(20)
)
BEGIN
  IF (score＞90) THEN SELECT 'A' INTO levelVal;
  ELSEIF(score＞80) THEN SELECT 'B' INTO levelVal;
  ELSEIF(score＞70) THEN SELECT 'C' INTO levelVal;
  ELSE SELCET 'D' INTO levelVal;
  END IF;
  SELECT levelVal;
END $ $
```

存储过程调用语句：

```
CALL getLevelByScore(77,@lv);
```

levelVal
C

图 6-3　创建存储过程并输入和输出参数后的结果

创建存储过程并输入和输出参数后的结果如图 6-3 所示。

【实例 7】 创建存储过程，使用 WHILE 循环替换字符串中的字符，实现和 REPLACE 一样的效果。

存储过程创建语句：

```
DROP PROCEDURE IF EXISTS replaceStr;
DELIMITER $ $
CREATE PROCEDURE replaceStr(INOUT oldStr VARCHAR(1024),IN replace1 VARCHAR
(16),IN replace2 VARCHAR(16))
BEGIN
SET @i = 0;
-- 获取参数 replace1 出现的次数
SET @count = CHAR_LENGTH(oldStr)-CHAR_LENGTH(REPLACE(oldStr,replace1,"));
-- 先声明一个变量存放替换之后的字符串
SET @newStr = ";

WHILE @i <= @count
DO
  SET @i = @i + 1;
  IF(@i ! = 1) THEN
     SELECT CONCAT (@ newStr, replace2, SUBSTRING _ INDEX (SUBSTRING _ INDEX
(oldStr,replace1,@i),replace1,-1)) INTO @newStr;
  ELSE
     SELECT CONCAT (@ newStr, SUBSTRING _ INDEX (SUBSTRING _ INDEX (oldStr,
replace1,@i),replace1,-1)) INTO @newStr;
  END IF;

END WHILE;
-- 将替换之后的字符串赋给旧字符串变量
SET oldStr = @newStr;
END $ $ ;
```

存储过程调用语句：

```
SET @arrayStr = '1 2 3 4 5 6 7';
CALL replaceStr(@arrayStr,' ','-');
```

```
SELECT @arrayStr;
```

【实例 8】创建存储过程，利用游标和循环，统计学生表中分数高于 70 分的成绩总和，并将其保存为存储过程的输出变量。

存储过程创建语句：

```
CREATE PROCEDURE getTotalScoreByCondition(OUT totalScore FLOAT)
BEGIN
  DECLARE temp FLOAT;
  DECLARE cur_score CURSOR FOR SELECT score FROM tb_stu;
  DECLARE EXIT HANDLER FOR NOT FOUND CLOSE cur_score;
  SET totalScore = 0;
  OPEN cur_score;
  REPEAT
    FETCH cur_score INTO temp;
    IF temp<70
      THEN SET totalScore = totalScore + temp;
    END IF;
  UNTIL 0 END REPEAT;
  CLOSE cur_score;
END
```

存储过程调用语句：

```
CALL getTotalScoreByCondition(@totalScore);
```

保存存储过程输出参数的结果如图 6-4 所示。

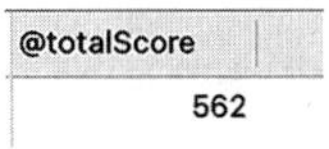

图 6-4 保存存储过程输出参数的结果

【实例 9】游标和游标的简单使用。

建立一张学生表：

```
DROP TABLE IF EXISTS student;
CREATE TABLE student (
  id INT(11) PRIMARY KEY AUTO_INCREMENT,
  name VARCHAR(256) DEFAULT NULL,
  class VARCHAR(256) DEFAULT NULL
);
```

插入测试数据语句：

```
INSERT INTO student VALUES (1,'张 3','1 班');
INSERT INTO student VALUES (2,'李 4','2 班');
INSERT INTO student VALUES (3,'王 5','3 班');
INSERT INTO student VALUES (4,'麻子','1 班');
INSERT INTO student VALUES (5,'老王','3 班');
```

存储过程创建语句：

```
DROP PROCEDURE IF EXISTS forFor;
DELIMITER $ $
CREATE PROCEDURE forFor(OUT classNames VARCHAR(1024))
BEGIN
-- 班级名、姓名
DECLARE classes,names VARCHAR(500);
-- 班级数量、该班级下面学生的数量、班级变量 + + 、学生变量 + +
DECLARE classNumber,nameNumber,classCount,nameCount INT DEFAULT 0;
-- 建立 2 个游标,第 1 个游标用于存储班级,第 2 个游标用于存储学生姓名
DECLARE class_csr CURSOR FOR SELECT class FROM student GROUP BY class;
DECLARE name_csr CURSOR FOR SELECT NAME FROM student WHERE class = classes ;
-- 获取按班级分组之后的数量
SELECT COUNT( * ) INTO classNumber FROM (SELECT class FROM student GROUP BY
class) t;
SET classNames = '' ;
```

```
-- 打开班级游标
OPEN class_csr;
  -- 开始班级游标循环
  class_loop: LOOP

    FETCH class_csr INTO classes ;
    SET classCount = classCount + 1 ;
    IF(classCount ! = 1 ) THEN
      SELECT CONCAT(classNames,',',classes,'(') INTO classNames;
    ELSE
      SELECT CONCAT(classNames,classes,'(') INTO classNames;
    END IF;
```

```
    -- 获取该班级下面学生的数量
   SELECT COUNT( * ) INTO nameNumber FROM student WHERE class = classes;

   -- 打开学生游标
   OPEN name_csr;
   -- 开始学生游标循环
   name_loop: LOOP
   FETCH name_csr INTO names;
     SET nameCount = nameCount + 1 ;

     IF(nameCount ! = 1 ) THEN
       SELECT CONCAT(classNames,',',names) INTO classNames;
     ELSE
       SELECT CONCAT(classNames,names) INTO classNames;
     END IF;

     -- 如果学生变量等于学生数量,那么就终止该游标(第 1 个)
     IF(nameCount = nameNumber) THEN
       LEAVE name_loop;
     END IF;
 -- 结束学生游标循环
   END LOOP name_loop;
   -- 关闭学生游标
   CLOSE name_csr;
     SET nameCount = 0 ;
     SELECT CONCAT(classNames,'),') INTO classNames;

     -- 如果班级变量等于班级数量,那么就终止该游标(第 2 个)
     IF(classCount = classNumber) THEN
     LEAVE class_loop;
     END IF;

   -- 结束班级游标循环
   END LOOP class_loop;
 -- 关闭班级游标
 CLOSE class_csr;
END $ $ ;
```

存储过程调用语句：

```
CALL forFor(@classNames);
SELECT @classNames;
```

第四节　管理存储过程

一、查看存储过程

查询数据库中存储过程的命令如下：

```
SELECT * FROM mysql.proc WHERE db = '数据库名' AND type = 'PROCEDURE';
SHOW PROCEDURE STATUS;
```

查看存储过程创建代码(具体信息)的命令如下：

```
SHOW CREATE PROCEDURE <存储过程名>;
```

二、修改存储过程

可以使用 ALTER PROCEDURE 语句修改存储过程的某些特征，语法格式如下：

```
ALTER PROCEDURE <过程名> [ <特征> … ];
```

上述语句用于修改存储过程的某些特征。如果要修改存储过程的内容或名称，可以先删除该存储过程，再重新创建。

三、删除存储过程

存储过程在创建后被保存在数据库服务器上，直至被删除。可以使用 DROP PROCEDURE 语句删除数据库中已创建的存储过程，语法格式如下：

```
DROP { PROCEDURE | FUNCTION } [ IF EXISTS ] <存储过程名>;
```

语法说明如下：

(1)<过程名>：指定要删除的存储过程的名称。

(2)[IF EXISTS]：可选关键字，用于防止因删除不存在的存储过程而引发错误。

(3)存储过程名后面没有参数列表，也没有括号，在删除之前，必须确认该存储过程没有任何依赖关系，否则会导致其他与之关联的存储过程无法运行。

第五节 存储函数

一、存储过程与存储函数的异同

存储函数分为系统函数和自定义函数。MySQL 自带的系统函数可能满足不了日常的业务需求，这时候就可以通过自定义函数来完善功能。

自定义函数与存储过程十分相似，都是过程式数据库对象，都是由 SQL 语句和过程式语句组成的代码片段，并且可以被应用程序和其他 SQL 语句调用。

存储过程与存储函数之间的区别如下：

(1)存储过程不能有返回值，而存储函数有且只有一个返回值，即必须包含一条 RETURN 语句。

(2)存储过程可以有多个 IN、OUT、INOUT 参数，而存储函数只能有输入参数，且不能带 IN，不能拥有输出参数。

(3)存储过程的语句功能更强大，可以实现很复杂的业务逻辑，而存储函数有很多限制，如不能在存储函数中使用 INSERT、UPDATE、DELETE、CREATE 等语句，即存储函数只完成查询的工作，可接受输入参数并返回一个结果，也就是存储函数实现的功能针对性比较强。

(4)存储过程可以调用存储函数，但存储函数不能调用存储过程。

(5)存储过程一般作为一个独立的部分来执行(CALL 调用)，而存储函数可以作为查询语句的一部分来调用，不需要使用 CALL 语句。

二、创建和执行存储函数

使用 CREATE FUNCTION 语句创建自定义函数，语法格式如下：

```
CREATE FUNCTION <函数名>([<参数1><类型1>[,<参数2><类型2>]]…)
  RETURNS <类型>
  <函数主体>;
```

语法说明如下：

(1)<函数名>：指定自定义函数的名称。特别要注意，自定义函数不能与存储过程具有相同的名称。

(2)<参数> <类型>：用于指定自定义函数的参数。这里的参数只有名称和类型，不能指定关键字 IN、OUT 和 INOUT。

(3)RETURNS <类型>：用于声明自定义函数返回值的数据类型，<类型>表示返回值的数据类型。

(4)<函数主体>：自定义函数的主体部分，也称函数体。所有在存储过程中使用的 SQL 语句在自定义函数中也同样适用，包括局部变量、SET 语句、流程控制语句、游标等。除此之外，自定义函数体还必须包含一个 RETURN <值>语句。其中，<值>表示自定义函数的返回值，可以是返回结果只有一行一列值的 SELECT 语句。

【实例 10】创建自定义函数，通过学号获取学生姓名。

```
CREATE FUNCTION getStuNameById()
RETURNS VARCHAR(25)
RETURN
(SELECT sname FROM tb_stu WHERE sid = 1);
```

自定义函数的创建结果如图 6-5 所示，创建过程执行失败，出现报错信息。

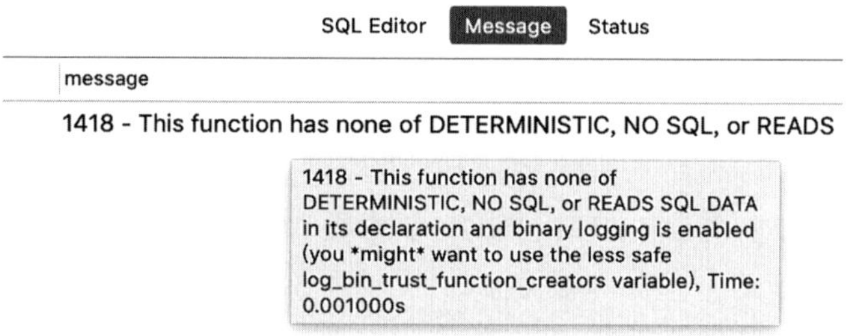

图 6-5　自定义函数的创建结果

创建自定义函数会被写进二进制日志，然后在从服务器上执行。但是，一个执行更新的不确定子程序（存储过程、存储函数、触发器）是不可重复的，在从服务器上执行（相对于主服务器是重复执行）可能会造成恢复的数据与原始数据不同、从服务器不同于主服务器的情况。

为了解决这个问题，MySQL 强制要求在主服务器上，除非子程序被声明为确定性的或不会更改数据，否则创建或替换子程序将被拒绝。这意味着，当创建一个子程序时，必须声明它是确定性的或者它不会改变数据。

可以通过如下语句解决上述问题：

```
SHOW VARIABLES LIKE '% func %';
SET GLOBAL log_bin_trust_function_creators = 1;
```

设置全局参数前，VALUE＝OFF，创建自定义函数失败。全局参数的设置结果如图 6-6 所示。

设置完全局参数后，VALUE＝ON，创建语句执行成功。设置全局参数且执行成功后的结果如图 6-7 所示。

Variable_name	Value
log_bin_trust_function_creators	OFF

图 6-6　全局参数的设置结果

Variable_name	Value
log_bin_trust_function_creators	ON

图 6-7　设置全局参数且执行成功后的结果

解决上述问题的两种方式如下：

（1）在创建子程序（存储过程、存储函数、触发器）时，声明子程序为 DETERMINISTIC 或

NO SQL 与 READS SQL DATA 中的一个。

(2)信任子程序的创建者,禁止创建、修改子程序时对 SUPER 权限的要求,设置 log_bin_trust_function_creators 全局系统变量为 1。设置方法有 3 种,我们在前面使用了第 1 种方法,快速方便,但是系统重启后会失效。

①MySQL SET GLOBAL log_bin_trust_function_creators = 1。

②系统启动时:log_bin-trust-function-creators=1。

③在 my. ini 或 my. conf 文件中找到[mysqld]标记,在最后添加一行内容"log_bin_trust_function_creators=1"。

成功创建自定义函数后,就可以同调用系统内置函数一样,使用关键字 SELECT 调用用户自定义的函数,语法格式如下:

```
SELECT <自定义函数名> ([<参数> [,...]]);
```

调用上述创建的自定义函数:

```
SELECT getStuNameById();
```

使用关键字 SELECT 调用自定义函数的结果如图 6-8 所示。

图 6-8　使用关键字 SELECT 调用自定义函数的结果

三、查看存储函数

查看数据库中存在哪些自定义函数的命令如下:

```
SELECT * FROM mysql. proc WHERE db = 'mydb' AND type = 'FUNCTION';
SHOW FUNCTION STATUS;
```

查看存储过程创建代码(具体信息)的命令如下:

```
SHOW CREATE FUNCTION<自定义函数名>;
```

四、修改和删除存储函数

可以使用 ALTER FUNCTION 语句来修改自定义函数的某些相关特征。若要修改自定义函数的内容或名称,则需要先删除该自定义函数,然后重新创建。

删除自定义函数的方法与删除存储过程的方法基本一样,可以使用 DROP FUNCTION 语句来实现,语法格式如下:

```
DROP FUNCTION [ IF EXISTS ] <自定义函数名>;
```

语法说明如下：

(1)＜自定义函数名＞：指定要删除的自定义函数的名称。

(2)[IF EXISTS]：可选关键字，用于防止因删除不存在的自定义函数而引发错误。

五、MySQL 的系统函数

(1)数学函数：主要用于处理数字的运算，包括整型和浮点型数据等。SQL 数学函数说明见表 6-1。

表 6-1　SQL 数学函数说明

函数	说明
ABS(*X*)	返回 *X* 的绝对值
FLOOR(*X*)	向下取整，返回不大于 *X* 的最大整数
CEIL(*X*)、CEILING(*X*)	向上取整，返回不小于 *X* 的最小整数
TRUNCATE(*X*,*D*)	返回数值 *X* 保留到小数点后 *D* 位的值，截断时不进行四舍五入
ROUND(*X*)	返回离 *X* 最近的整数，截断时要进行四舍五入
ROUND(*X*,*D*)	返回 *X* 保留小数点后 *D* 位的值，截断时要进行四舍五入
RAND()	返回 0～1 的随机数
SIGN(*X*)	返回 *X* 的符号(负数、零或正数)，对应－1、0 或 1
PI()	返回圆周率的值，默认显示的小数位数是 7 位
POW(*X*,*Y*)、POWER(*X*,*Y*)	返回 *X* 的 *Y* 次方值
SQRT(*X*)	返回非负数 *X* 的平方根
EXP(*X*)	返回 e 的 *X* 次方值
MOD(*N*,*M*)	返回 *N* 除以 *M* 的余数
LOG(*X*)	返回 *X* 的自然对数，即 *X* 相对于基数 2 的对数
LOG10(*X*)	返回 *X* 相对于基数 10 的对数
RADIANS(*X*)	返回 *X* 由角度转化为弧度的值
DEGREES(*X*)	返回 *X* 由弧度转化为角度的值
SIN(*X*)、ASIN(*X*)	前者返回 *X* 的正弦值，其中 *X* 为给定的弧度值；后者返回 *X* 的反正弦值，其中*X* 为正弦值
COS(*X*)、ACOS(*X*)	前者返回 *X* 的余弦值，其中 *X* 为给定的弧度值；后者返回 *X* 的反余弦值，其中*X* 为余弦值
TAN(*X*)、ATAN(*X*)	前者返回 *X* 的正切值，其中 *X* 为给定的弧度值；后者返回 *X* 的反正切值，其中*X* 为正切值
COT(*X*)	返回给定弧度值 *X* 的余切值

(2)字符串函数：最常用的一类函数，主要用于处理表中的字符串。SQL 字符串函数说明见表 6-2。

表 6-2 SQL 字符串函数说明

函数	说明
CHAR_LENGTH(str)	计算字符串的字符个数
LENGTH(str)	返回值为字符串 str 的长度,单位为字节
CONCAT(s1,s2,...)	返回连接参数产生的字符串,一个或多个待拼接的内容中有任意一个为空值,则返回值为空
CONCAT_WS(x,s1,s2,...)	返回多个字符串拼接之后的字符串,每个字符串之间有一个 x
INSERT(s1,x,len,s2)	返回字符串 s1,其子字符串起始于位置 x,被字符串 s2 取代 len 个字符
LOWER(str)、LCASE(str)	将字符串中的字符全部转换成小写
UPPER(str)、UCASE(str)	将字符串中的字符全部转换成大写
LEFT(s,n)、RIGHT(s,n)	前者返回字符串 s 从最左边开始的 n 个字符,后者返回字符串 s 从最右边开始的 n 个字符
LPAD(s1,len,s2)、RPAD(s1,len,s2)	前者返回字符串 s1,其左边由字符串 s2 填补到 len 个字符长度,假如字符串 s1 的长度大于 len,则返回值被缩短至 len 个字符;后者返回字符串 s1,其右边由字符串 s2 填补到 len 个字符长度,假如字符串 s1 的长度大于 len,则返回值被缩短至 len 个字符
LTRIM(s)、RTRIM(s)	前者返回字符串 s,其左边所有空格被删除;后者返回字符串 s,其右边所有空格被删除
TRIM(s)	返回字符串 s 删除了两边空格之后的字符串
TRIM(s1 FROM s)	删除字符串 s 两端的所有子字符串 s1,未指定 s1 的情况下则默认删除空格
REPEAT(s,n)	返回一个由重复字符串 s 组成的字符串,字符串 s 的数量等于 n
SPACE(n)	返回一个由 n 个空格组成的字符串
REPLACE(s,s1,s2)	返回一个字符串,用字符串 s2 替代字符串 s 中所有的字符串 s1
STRCMP(s1,s2)	若字符串 s1 和字符串 s2 中所有的字符串都相同,则返回 0;根据当前分类次序,第 1 个参数小于第 2 个参数,则返回-1;其他情况返回 1
SUBSTRING(s,n,len)、MID(s,n,len)	两个函数的作用相同,从字符串 s 中返回一个从第 n 个字符开始、长度为 len 的字符串
LOCATE(str1,str)、POSITION(str1 IN str)、INSTR(str,str1)	3 个函数的作用相同,返回子字符串 str1 在字符串 str 中的开始位置(从第几个字符开始)
REVERSE(s)	将字符串 s 反转
ELT(n,str1,str2,str3,str4,...)	返回第 n 个字符串
FIELD(s,s1,s2,...)	返回第 1 个与字符串 s 匹配的字符串的位置
FIND_IN_SET(s1,s2)	返回在字符串 s2 中与字符串 s1 匹配的字符串的位置
MAKE_SET(x,s1,s2,...)	按 x 的二进制数从 s1、s2、...、sn 中选取字符串

(3)日期时间函数:主要用于对表中日期和时间数据的处理。SQL 日期时间函数说明见表 6-3。

表 6-3 SQL 日期时间函数说明

函数	说明
CURDATE()、CURRENT_DATE()	返回当前日期,格式为“yyyy-MM-dd”
CURTIME()、CURRENT_TIME()	返回当前时间,格式为“HH:mm:ss”
NOW()、CURRENT_TIMESTAMP()、LOCALTIME()、SYSDATE()、LOCALTIMESTAMP()	返回当前日期和时间,格式为“yyyy-MM-dd HH:mm:ss”
UNIX_TIMESTAMP()	返回一个格林尼治标准时间 1970-01-01 00:00:00 到现在的秒数
UNIX_TIMESTAMP(*d*)	返回一个格林尼治标准时间 1970-01-01 00:00:00 到指定时间的秒数
FROM_UNIXTIME(*d*)	和 UNIX_TIMESTAMP 互为反函数,把 UNIX 的时间戳转换为普通格式的时间
UTC_DATE()	返回当前 UTC(世界标准时间)日期值,格式为“yyyy-MM-dd”或“yyyyMMdd”
UTC_TIME()	返回当前 UTC 时间值,格式为“yyyy-MM-dd”或“yyyyMMdd”。具体使用哪种格式,取决于函数是用在字符串中还是用在数字语境中
MONTH(*d*)	返回日期 *d* 中的月份值,范围是 1～12
MONTHNAME(*d*)	返回日期 *d* 中的月份名称,如 January、February 等
DAYNAME(*d*)	返回日期 *d* 是星期几,如 Monday、Tuesday 等
DAYOFWEEK(*d*)	返回日期 *d* 是星期几,如 1 表示星期日,2 表示星期一等
WEEKDAY(*d*)	返回日期 *d* 是星期几,如 0 表示星期一,1 表示星期二等
WEEK(*d*)	计算日期 *d* 是本年的第几个星期,范围是 1～53
WEEKOFYEAR(*d*)	计算日期 *d* 是本年的第几个星期,范围是 1～53
DAYOFYEAR(*d*)	计算日期 *d* 是本年的第几天
DAYOFMONTH(*d*)	计算日期 *d* 是本月的第几天
YEAR(*d*)	返回日期 *d* 中的年份值
QUARTER(*d*)	返回日期 *d* 是第几季度,范围是 1～4
HOUR(*t*)	返回时间 *t* 中的小时值
MINUTE(*t*)	返回时间 *t* 中的分钟值
SECOND(*t*)	返回时间 *t* 中的秒钟值
EXTRACT(type FROM date)	从日期中提取一部分,type 可以是 YEAR、YEAR_MONTH、DAY_HOUR、DAY_MICROSECOND、DAY_MINUTE、DAY_SECOND

续表6-3

函数	说明
TIME_TO_SEC(t)	将时间 t 转换为秒
SEC_TO_TIME(s)	将以秒为单位的时间 s 转换为时分秒的格式
TO_DAYS(d)	计算日期 d～0000 年 1 月 1 日的天数
FROM_DAYS(n)	计算从 0000 年 1 月 1 日开始 n 天后的日期
DATEDIFF($d1$,$d2$)	计算日期 $d1$ 与 $d2$ 之间相隔的天数
ADDDATE(d,n)	计算起始日期 d 加上 n 天的日期
ADDDATE(d,INTERVAL expr type)	计算起始日期 d 加上一个时间段后的日期
DATE_ADD(d,INTERVAL expr type)	同 ADDDATE(d,INTERVAL expr type)
SUBDATE(d,n)	计算起始日期 d 减去 n 天的日期
SUBDATE(d,INTERVAL expr type)	计算起始日期 d 减去一个时间段后的日期
ADDTIME(t,n)	计算起始时间 t 加上 n 秒的时间
SUBTIME(t,n)	计算起始时间 t 减去 n 秒的时间
DATE_FORMAT(d,f)	按照表达式 f 的要求显示日期 d
TIME_FORMAT(t,f)	按照表达式 f 的要求显示时间 t
GET_FORMAT(type,s)	根据字符串 s 获取 type 类型数据的显示格式

(4)条件判断函数:用于在 SQL 语句中进行条件判断,可以根据不同的条件执行不同的 SQL 语句。SQL 条件判断函数说明见表 6-4。

表 6-4 SQL 条件判断函数说明

函数	说明
IF(expr,$v1$,$v2$)	如果表达式 expr 成立,则执行 $v1$;否则,执行 $v2$
IFNULL($v1$,$v2$)	如果 $v1$ 不为空,则显示 $v1$ 的值;否则,显示 $v2$ 的值
CASE WHEN expr1 THEN $v1$ [WHEN expr2 THEN $v2$ …] [ELSE vn] END	CASE 表示函数开始,END 表示函数结束。如果表达式 expr1 成立,则返回 $v1$ 的值;如果表达式 expr2 成立,则返回 $v2$ 的值。依次类推,最后遇到 ELSE 时,返回 vn 的值
CASE expr WHEN $e1$ THEN $v1$ [WHEN $e2$ THEN $v2$ …] [ELSE vn] END	CASE 表示函数开始,END 表示函数结束。如果表达式 expr 取值为 $e1$,则返回 $v1$ 的值;如果表达式 expr 取值为 $e2$,则返回 $v2$ 的值。依次类推,最后遇到 ELSE,则返回 vn 的值

(5)系统信息函数:用于查询 MySQL 数据库的系统信息。SQL 系统信息和元数据函数说明见表 6-5。

表 6-5　SQL 系统信息和元数据函数说明

函数	说明
VERSION()	获取数据库的版本号
CONNECTION_ID()	获取服务器的连接数
DATABASE()、SCHEMA()	获取当前数据库名
USER()、SYSTEM_USER()、SESSION_USER()	获取用户名
CURRENT_USER()、CURRENT_USER	获取当前用户名
CHARSET(str)	获取字符串 str 的字符集
COLLATION(str)	获取字符串 str 的字符排序方法
LAST_INSERT_ID()	获取最新生成的 AUTO_INCREMENT 值

(6)加密函数:用于对数据进行加密的函数。如果数据库中有些很敏感的信息不希望被他人看到,则可以通过加密的方式来使这些数据变成看似乱码的数据。SQL 数据加密和解密函数说明见表 6-6。

表 6-6　SQL 数据加密和解密函数说明

函数	说明
PASSWORD(str)	对字符串 str 进行加密;经此函数加密后的数据是不可逆的;经常用于对普通数据进行加密
MD5(str)	对字符串 str 进行 MD5 加密;经常用于对普通数据进行加密
ENCODE(str,pass_str)	使用字符串 pass_str 来加密字符串 str,加密后的结果是一个二进制数,必须使用 BLOB 类型的字段来保存它
DECODE(crypt_str,pass_str)	使用字符串 pass_str 来为 crypt_str 解密

(7)其他函数:SQL 数值、地址与性能函数说明见表 6-7。

表 6-7　SQL 数值、地址与性能函数说明

函数	说明
FORMAT(X,D)	将数字 X 格式化,将 X 保留到小数点后 D 位,截断时要进行四舍五入
CONV(N,from_base,to_base)	不同进制数之间的转换,返回值为数值 N 的字符串表示,由 from_base 进制转换为 to_base 进制
INET_ATON(expr)	给出一个作为字符串的网络地址的点地址表示,返回一个代表该地址数值的整数,地址可以是 4 或 8 比特
INET_NTOA(expr)	给定一个数字网络地址(4 或 8 比特),返回作为字符串的该地址的点地址表示
BENCHMARK(count,expr)	重复执行 count 次表达式 expr,它可以用于计算 MySQL 处理表达式的速度,结果通常是 0(0 只是表示很快,并不是表示没有速度),还可以用于在 MySQL 客户端内部报告语句执行的时间
CONVERT(str USING CHARSET)	使用字符集 CHARSET 表示字符串 str

【实例 11】显示当前时间。

```
SELECT NOW();
```

当前时间的显示结果如图 6-9 所示。

【实例 12】 格式化日期。

```
SELECT DATE_FORMAT(NOW(),'%y-%m-%d');
```

日期格式化的结果如图 6-10 所示。

NOW()
2019-11-05 12:22:26

图 6-9 当前时间的显示结果

DATE_FORMAT(NOW(),'%y-%m-%d')
19-11-05

图 6-10 日期格式化的结果

常用的格式化通配符如下：

(1)%*y*：年(两位数)，如 19。

(2)%*Y*：4 位数的年，如 2019。

(3)%*m*：月(1～12)。

(4)%*d*：月中的天。

(5)%*H*：小时(0～23)。

(6)%*i*：分钟(0～59)。

(7)%*s*：秒(0～59)。

(8)年月日时分秒表示为“%*y*-%*m*-%*d* %*H*：%*i*：%s”。

【实例 13】 查看当前时间的后一天。

```
SELECT DATE_ADD(NOW(),INTERVAL 1 DAY);
```

当前时间的后一天的查看结果如图 6-11 所示。

unit 表示单位，支持毫秒(microsecond)、秒(second)、小时(hour)、天(day)、周(week)、年(year)等。

【实例 14】 查看字符长度。

```
SELECT CHAR_LENGTH('asdfsfds 沈德符');
```

字符长度的查看结果如图 6-12 所示。

DATE_ADD(NOW(), INTERVAL 1 DAY)
2019-11-06 12:30:29

图 6-11 当前时间的后一天的查看结果

CHAR_LENGTH('asdfsfds沈德符')
11

图 6-12 字符长度的查看结果

本章小结

1. MySQL 包括 3 种变量:系统变量、自定义变量和存储程序变量。

2. 流程控制包含单路分支、双路分支、多路分支、循环等,包括 IF... THEN... ELSE 语句、CASE 语句、LOOP 语句、WHILE 语句、REPEAT 语句、LEAVE 语句和 ITERATE 语句等。

3. MySQL 中游标的使用步骤为声明游标、打开游标、从游标中提取数据、关闭游标。

4. CREATE PROCEDURE 命令用于创建存储过程,CALL 存储过程名(参数列表)用于调用存储过程。

5. 存储过程支持 3 种类型的参数,即输入参数、输出参数和输入/输出参数,分别用 IN、OUT 和 INOUT 3 个关键字标识。

6. CREATE FUNCTION 语句用于创建自定义函数。

7. MySQL 的系统函数分为数学函数、字符串函数、日期时间函数、条件判断函数、系统信息函数、加密函数和其他函数。

练习巩固

1. 使用不同循环语句求 1～100 的和。

2. 编写存储过程,求 10 以内奇数值的和。

3. 为确认学生能否毕业,编写存储过程,同时查询学生档案表、成绩表和综合表,并完成这个处理要求。

4. 创建商品类型表,编写添加商品类型的存储过程,并返回刚添加的商品类型编号。

5. 往学生信息表中插入一条学生记录,判断学号是否存在。

6. 操作员工信息表,编写存储过程,根据输入的员工编号,返回员工工资(基本工资＋奖金),并对输入的员工编号进行验证。

第七章

事务与 MySQL 的多用户并发控制

扫码查看课件

第七章教学视频

第一节　数据库事务

一、事务的概念

MySQL 数据库中的事务是指用户一系列数据库操作的序列。一个事务会涉及大量的 CPU 计算和 I/O 操作，这些操作要么全做，要么全不做，是一个不可分割的工作单位。

二、事务的 ACID 特性

事务具有 4 个特性：原子性（Atomicity）、一致性（Consistency）、隔离性（Isolation）和持久性（Durability），简称 ACID 特性。ACID 特性保证了一个事务要么成功提交，要么失败回滚，二者必有其一。因此，事务对数据的修改具有可恢复性，即当事务失败时，它对数据的修改会恢复到该事务执行前的状态。

（1）原子性：事务必须是原子工作单元，事务中的操作要么全部执行，要么全都不执行，不能只完成部分操作。原子性在数据库系统中由恢复机制来实现。

（2）一致性：事务开始之前，数据库处于一致性状态；事务结束之后，数据库必须仍处于一致性状态。数据库一致性的定义是由用户负责的。例如，在银行转账业务中，用户可以定义转账前后两个账户金额之和保持不变。

（3）隔离性：系统必须保证事务不受其他并发执行事务的影响，即当多个事务同时运行时，各事务之间相互隔离，不可互相干扰。事务查看数据时所处的状态，要么是另一个并发事务修改它之前的状态，要么是另一个并发事务修改它之后的状态，事务不会查看中间状态的数据。隔离性通过系统的并发控制机制来实现。

（4）持久性：一个已完成的事务对数据所作的任何变动在系统中是永久有效的，即使该事务产生的修改不正确，错误也将一直保持。持久性通过恢复机制来实现，发生故障时，可以通过日志等手段恢复数据库信息。

三、事务的控制语句

1. 开始事务

事务以 BEGIN TRANSACTION 开始，语法格式如下：

```
BEGIN TRANSACTION ＜事务名称＞ |@＜事务变量名称＞;
```

语法说明如下：

(1)@＜事务变量名称＞是由用户定义的变量，必须用 CHAR、VARCHAR、NCHAR 或 NVARCHAR 数据类型来声明该变量；

(2)执行 BEGIN TRANSACTION 语句可使全局变量@@TRANCOUNT 值加 1。

2. 提交事务

用 COMMIT 语句表示提交事务，即提交事务的所有操作。提交事务，意味着将事务开始以来所执行的所有数据修改成为数据库的永久部分，即将事务中所有对数据库的更新写到磁盘上的物理数据库中，也标志着一个事务的结束。一旦执行了该命令，将不能回滚事务。只有在所有修改都准备好并提交给数据库时，才可执行这一操作。COMMIT TRANSACTION 语句的执行使全局变量@@TRANCOUNT 的值减 1。语法格式如下：

```
COMMIT TRANSACTION ＜事务名称＞ |@＜事务变量名称＞;
```

在 MySQL 中，事务是自动提交的，即每执行一条 DML 语句都会开启一个事务，执行成功后立即执行 COMMIT 操作。可以通过“SHOW VARIABLES LIKE '%commit%';”语句来查看事务是否自动开启。事务是否自动开启的查看结果如图 7-1 所示。

Variable_name	Value
autocommit	ON
binlog_group_commit_sync_delay	0
binlog_group_commit_sync_no_delay_count	0
binlog_order_commits	ON
innodb_api_bk_commit_interval	5
innodb_commit_concurrency	0
innodb_flush_log_at_trx_commit	1
slave_preserve_commit_order	OFF

图 7-1 事务是否自动开启的查看结果

也可以关闭自动提交而手动开启事务，操作如下：

(1)用语句“SET AUTOCOMMIT = OFF;”来关闭自动提交事务。

(2)手动开启一个事务。

```
BEGIN;
  DML 语句 1
  DML 语句 2
  ...
COMMIT/ROLLBACK;
```

3. 撤销事务

用 ROLLBACK 表示撤销事务，即在事务运行过程中发生了某种故障，事务不能被继续执行，系统将事务中所有对数据库已进行的操作（新增、修改、删除）全部撤销，而回滚到事务开始时的状态。系统将清除自事务起点或到某个保存点时所作的所有数据修改，并释放由事务控制的资源。若事务回滚到起点，则全局变量@@TRANCOUNT 的值减 1。语法格式如下：

```
ROLLBACK [TRANSACTION]
[<事务名称>| @<事务变量名称> | <保存点名称>| @ <含有保存点名称的
变量名>;
```

4. 设置保存点

当条件回滚只影响事务的一部分时，事务不需要全部撤销已执行的操作。若要让事务回滚到指定位置，则可以在事务中设定保存点。保存点所在位置之前的事务语句不用回滚，即保存点之前的操作被视为有效。若事务回滚到指定的保存点，则全局变量@@TRANCOUNT 的值不变。设置保存点的语法格式如下：

```
SAVING TRANSACTION <保存点名称>;
```

四、事务的隔离级别

事务有 4 个隔离级别，这 4 个隔离级别逐渐升高。

1. 读未提交(Read Uncommitted)

事务 A 未提交的数据，事务 B 也可以读取。这个隔离级别最低，它可能会导致“脏读(Dirty Read)”。因为事务 A 的数据还没有提交，事务 B 就可以读取，那如果事务 A 在事务 B 读取后回滚，就会导致事务 B 读取到的数据是“脏数据”。

2. 读已提交(Read Committed)

事务 A 未提交的数据，事务 B 读取不到；事务 A 提交后的数据，事务 B 才能读取到。这个隔离级别不会导致“脏读”，但可能会导致“不可重复读”。

3. 可重复读(Repeatable Read)

事务 A 提交后的数据，事务 B 读取不到，事务 B 读取到的数据依旧是事务 B 刚开始时的数据。MySQL 的事务默认是这个隔离级别。

4. 串行化(Serializable)

事务 A 在执行的时候，事务 B 只能等待。就是说，当需要执行多个事务时，只能排队执行。这个隔离级别最高，但会导致数据库的吞吐量很低，一般不建议使用。

五、事务日志

事务要保证 ACID 的完整性，必须依靠事务日志进行跟踪。每一个操作在被真正写入数据库之前，会先被写入日志文件中。

在事务引擎上的每一次写操作都需要执行2遍。

(1)先写入日志文件。写入日志文件中的仅仅是操作过程，而不是操作数据本身，所以其速度要比写入数据库文件的速度快很多。

(2)再写入数据库文件。写入数据库文件的操作是事务重做日志中已提交事务操作的记录。

只有在整个事务提交后，才会把整个事务中的SQL语句批量同步到磁盘上的数据库文件中。如果要删除一行数据，会先在日志文件中将此行标记为删除，但是数据库中的数据文件并没有发生变化。

一般不只设置一个日志文件，而是通过日志组来进行管理。当一个日志文件写满之后，使用另外一个日志文件来提高服务器的效率。日志文件的日志被同步到磁盘后，空间会自动释放，因此单个日志文件不宜设置得过大。如果日志文件过大，MySQL进程在把日志同步到数据文件时，可能会崩溃。

综上所述，事务日志可以提高事务的效率。使用事务日志后，存储引擎在修改表的数据时只需修改其内存拷贝，再把该行为记录到持久在磁盘上的事务日志中，而不用每次都将修改的数据本身持久到磁盘上。事务日志采用的是追加方式，写日志的操作是磁盘上一小块区域的顺序I/O，它不像随机I/O那样需要磁盘在多个地方移动。因此，采用事务日志的方式相对来说要快得多。事务日志持久后，内存中的修改会在后台慢慢地刷回磁盘。其间，如果系统发生崩溃，存储引擎可以在重启时依靠事务日志自动恢复这部分被修改的数据。

第二节　MySQL的并发控制

一、并发概述

将数据库中的所有事务都串行执行，非常容易成为整个应用的性能瓶颈。虽然无法水平扩展的节点在最后都会成为瓶颈，但是串行执行事务的数据库会加速这一过程。并发能够解决一定的性能问题，但是它会带来更多诡异的错误。如果多个线程同时操作数据，就有可能引发并发控制问题。事务的并发控制已经有了很多成熟的解决方案，各种数据库系统也提供了很多解决方案。

MySQL提供两个级别的并发控制，即服务器级(the Server Level)和存储引擎级(the Storage Engine Level)；主要应用了两种机制，即“锁”和“多版本并发控制”。

并发即指在同一时刻多个操作并行执行。并发控制是一种保证并发执行的事务在某一隔离级别上被正确执行的机制。

二、锁概述

锁是计算机协调多个进程或线程并发访问某一资源的机制。在数据库中，除传统计算资源(如CPU、RAM、I/O等)外，数据也是供许多用户共享的一种资源。如何保证数据并发访问的一致性和有效性，是所有数据库都必须解决的问题。锁冲突也是影响数据库并发访问性能的一个重要因素。

1. 锁的分类

(1)共享锁(读锁):允许多个连接可以同一时刻并发地读取同一资源而互不干扰。

(2)排他锁(写锁):一个写锁会阻塞其他的写锁或读锁,保证同一时刻只有一个连接可以写入数据,同时防止其他用户对这个数据的读写。

加锁是实现并发控制的基本方法。相对于其他数据库而言,MySQL 的锁机制比较简单,且不同的存储引擎支持不同的锁机制。MySQL 用到了很多这种锁机制。

2. MySQL 中锁的粒度

(1)表级锁:开销小,加锁快,不会出现死锁;锁定粒度大,发生锁冲突的概率最大,并发度最低。MyISAM 和 MEMORY 存储引擎采用的是表级锁。

(2)行级锁:开销大,加锁慢,会出现死锁;锁定粒度最小,发生锁冲突的概率最小,并发度最高。InnoDB 存储引擎既支持行级锁,又支持表级锁,但默认采用行级锁。

(3)页级锁:开销和加锁时间介于表级锁和行级锁之间,会出现死锁;锁定粒度介于表级锁和行级锁之间,并发度一般。BDB 存储引擎支持页级锁。

3. 锁的适用范围

(1)表级锁适用于以查询为主、只有少量按索引条件更新数据的应用,如 Web 应用。

(2)行级锁适用于有大量按索引条件并发更新少量不同数据,同时又有并发查询的应用,如一些在线事务处理(OLTP)系统。

另外,MySQL 的一些存储引擎(如 InnoDB、BDB)除了使用封锁机制外,还同时结合 MVCC 机制,即多版本并发控制来实现事务的并发控制,从而使只读事务不用等待锁,提高了事务的并发性。

三、MyISAM 表的表级锁

1. MyISAM 表级锁争用情况查询

通过以下语句可以查询表级锁的争用情况:

```
SHOW STATUS LIKE 'table%';
```

MyISAM 表级锁的争用情况如图 7-2 所示。

如果 Table_locks_waited 的值比较高,说明存在比较严重的表级锁争用情况。

Variable_name	Value
Table_locks_immediate	1138
Table_locks_waited	0
Table_open_cache_hits	304
Table_open_cache_misses	74
Table_open_cache_overflows	42

图 7-2 MyISAM 表级锁的争用情况

2. MyISAM 的表级锁模式

MyISAM 的表级锁有两种模式:表共享读锁(Table Read Lock)和表独占写锁(Table Write Lock)。

MyISAM 表的读与写操作之间、写与写操作之间都是串行的。对 MyISAM 表的读操作不会阻塞其他用户对同一表的读请求;但会阻塞对同一表的写请求;对 MyISAM 表的写操作,则会阻塞其他用户对同一表的读和写操作。在 MySQL 中,主要通过 4 个队列来维护这两种锁定模式:两个队列存放当前正在锁定的读、写锁定信息,另外两个队列存放等待中的读、写锁定信息。这 4 个队列的信息如下：

```
Current read-lock queue (lock->read)
Pending read-lock queue (lock->read_wait)
Current write-lock queue (lock->write)
Pending write-lock queue (lock->write_wait)
```

当前持有读锁的所有线程的相关信息都可以在 Current read-lock queue 中找到，队列中的信息按照获取到锁的时间依序存放，而正在等待锁定资源的线程信息则存放在 Pending read-lock queue 中。

一个新的客户端线程在请求获得表的读锁定时需要满足以下两个条件：

(1)请求锁定的资源当前没有被写锁定；

(2)写锁定等待队列中没有更高优先级的写锁定等待。

如果满足了上面两个条件，获得表的读锁定的请求会被立即通过，并将相关的信息存入 Current read-lock queue 中；如果上面两个条件中有任何一个条件没有得到满足，就会被迫进入 Pending read-lock queue 中等待资源的释放。写锁队列也按照上面类似的规则来存放信息和处理请求。

3. "读锁"和"写锁"

通过如下语句添加"读锁"和"写锁"：

```
LOCK TABLE 表名 read;
LOCK TABLE 表名 write;
```

释放锁的语句如下：

```
UNLOCK TABLES;
```

MyISAM 在执行查询语句前，会自动给涉及的所有表加"读锁"；在执行更新操作前，会自动给涉及的表加"写锁"。这个过程并不需要用户干预，因此用户一般不需要直接用 LOCK TABLE 命令给 MyISAM 表显式加锁。给 MyISAM 表显式加锁的情况，一般是为了在一定程度上模拟事务操作，实现对某个时间点多个表的一致性读取。

注意，当使用 LOCK TABLES 时，需要一次锁定用到的所有表，而且同一个表在 SQL 语句中出现多少次，就要通过与 SQL 语句中相同的别名锁定多少次，否则也会出错。

4. 并发插入

MyISAM 存储引擎有一个系统变量 concurrent_insert，专门用于控制并发插入的行为，其值可以分别为 0、1 或 2。

(1)设置为 0 时，不允许并发插入。

(2)设置为 1 时，如果 MyISAM 表中没有空洞(表的中间没有被删除的行)，MyISAM 允许在一个进程读表的同时,另一个进程从表尾插入记录。这是 MySQL 的默认设置值。

(3)设置为 2 时,无论 MyISAM 表中有没有空洞,都允许在表尾并发插入记录。只需在加表级锁的命令中加入"local"选项,语句为"LOCK TABLE 表名 local read",在满足 MyISAM 表并发插入条件的情况下,其他用户就可以在表尾并发插入记录,但更新操作会被阻塞,而且加锁的用户无法访问其他用户并发插入的记录。

5. MyISAM 锁调度

当写进程和读进程同时请求同一个 MyISAM 表的写锁和读锁时,写进程会优先获得锁。不仅如此,即使读请求先到锁等待队列,写请求后到,写锁请求也会插到读锁请求之前。因为在 MySQL 中,默认写请求比读请求更重要。这也是 MyISAM 表不太适用于有大量更新操作和查询操作应用的原因,因为大量的更新操作会造成查询操作很难获得读锁,由此造成阻塞。

可以通过设置来调整 MyISAM 的调度行为:

(1)通过指定启动参数 low-priority-updates,使 MyISAM 存储引擎默认给予读请求优先的权利;

(2)通过执行命令"SET LOW_PRIORITY_UPDATES=1",降低该连接发出更新请求的优先级;

(3)通过指定 INSERT、UPDATE、DELETE 语句的 LOW_PRIORITY 属性,降低该语句的优先级;

(4)给系统参数 max_write_lock_count 设置一个合适的值,当一个表的读锁达到这个值时,MySQL 就暂时将写请求的优先级降低,给读进程一定获得锁的机会。

四、InnoDB 表的行级锁

1. InnoDB 行级锁争用情况查询

可用如下语句查询 InnoDB 行级锁的争用情况:

```
SHOW STATUS LIKE 'innodb_row_lock%';
```

InnoDB 行级锁的争用情况如图 7-3 所示。

Variable_name	Value
Innodb_row_lock_current_waits	0
Innodb_row_lock_time	0
Innodb_row_lock_time_avg	0
Innodb_row_lock_time_max	0
Innodb_row_lock_waits	0

图 7-3 InnoDB 行级锁的争用情况

如果 Innodb_row_lock_waits 和 Innodb_row_lock_time_avg 的值比较高,说明行级锁争用比较严重。这时可以通过设置 InnoDB Monitors 来进一步观察发生锁冲突的表、数据行等,并分析行级锁争用的原因。

2. InnoDB 行级锁的加锁方法

InnoDB 的行级锁有两种:共享锁(S Lock)和排他锁(X Lock)。为了允许行级锁和表级锁共存,实现多粒度锁的机制,InnoDB 还支持两种内部使用的意向锁:意向共享锁和意向排他锁。这两种意向锁都是表级锁。一个事务在给数据行加锁之前,必须先取得与对应表相对应的意向锁。

意向锁是 InnoDB 自动添加的,无须用户干预。对于 UPDATE、DELETE 和 INSERT 等更新语句,InnoDB 会自动给涉及的数据集加排他锁。对于普通 SELECT 查询语句,InnoDB

不会加任何锁。事务可以通过以下语句显式地给记录集加共享锁或排他锁：

```
  SET AUTOCOMMIT = 0;
共享锁(S)：
  SELECT * FROM 表名 WHERE ... LOCK IN SHARE MODE;
排他锁(X)：
  SELECT * FROM 表名 WHERE ... FOR UPDATE;
```

释放锁的语句如下：

```
UNLOCK TABLES;
```

当一个事务获得一个表的共享锁时，其他事务可以查询该表的记录，也可以对该记录加共享锁。当一个事务对表进行更新操作时，若另一个事务也在该表中加了共享锁，则需要等待锁的释放；若另一个事务同时也对该表执行了更新操作，则会导致死锁，另一个事务退出，当前事务完成更新操作。当一个事务获得一个表的排他锁时，其他事务只能对该表的记录进行查询，不能加共享锁，也不能更新记录，会出现等待。

3. InnoDB 行级锁的实现方式

InnoDB 行级锁是通过给索引上的索引项加锁来实现的，具有如下特点：

(1)只有通过索引条件检索数据，InnoDB 才会使用行级锁，否则将使用表级锁。

(2)MySQL 的行级锁是针对索引加的锁，不是针对记录加的锁。因此，即使是访问不同行的记录，如果使用相同的索引键，还是会出现锁冲突。

(3)当表有多个索引的时候，不同的事务可以使用不同的索引锁定不同的行。无论是主键索引、唯一索引还是普通索引，InnoDB 都会使用行级锁来对数据进行加锁。因此，虽然使用的是不同的索引，但是如果记录已经被它锁定，也是需要等待的。

(4)即使在条件中使用了索引字段，但是否使用索引来检索数据是由 MySQL 通过判断不同执行计划的代价来决定的。如果 MySQL 认为全表扫描的效率更高，如对一些很小的表，它就不会使用索引。在这种情况下，InnoDB 将使用表级锁，而不是行级锁。

4. 间隙锁

当使用范围条件检索数据的时候，对于键值在条件范围内但并不存在的记录，InnoDB 也会进行加锁，称为“间隙锁”。InnoDB 使用间隙锁既可以防止幻读，又可以满足恢复和复制的需要。但是这种加锁机制会阻塞符合条件范围内的键值的并发插入，造成严重的锁等待，所以应该尽量避免使用范围条件来检索数据。

除了通过范围条件加锁时使用间隙锁外，如果使用相等条件请求给一个不存在的记录加锁，InnoDB 也会使用间隙锁。

5. MySQL 的恢复和复制对 InnoDB 锁机制的影响

MySQL 通过 BINLOG 记录执行成功的 INSERT、UPDATE、DELETE 等更新数据的 SQL 语句，并由此实现 MySQL 数据库的恢复和主从复制。MySQL 的恢复机制有以下特点：

（1）MySQL 的恢复是 SQL 语句级的，即重新执行 BINLOG 中的 SQL 语句；

（2）MySQL 的 BINLOG 是按照事务提交的先后顺序来记录的，恢复也是按这个顺序进行的；

（3）复制的本质是在 Slave MySQL 中不断进行基于 BINLOG 的恢复。

MySQL 的恢复和复制对锁机制的要求是在一个事务未提交前，其他并发事务不能插入满足其锁定条件的任何记录，也就是不允许出现幻读。

对于一般的 SELECT 语句，MySQL 使用多版本数据来实现一致性，不需要加任何锁。但是对于类似“INSERT INTO ＜目标表名＞ SELECT * FROM ＜来源表名＞WHERE ...”和“CREATE TABLE ＜新建表名＞ ... SELECT... FROM ＜来源表名＞ WHERE ...”这样的 SQL 语句，用户并没有对来源表进行任何更新操作，但 MySQL 却对这种 SQL 语句作了特别处理，给来源表加了共享锁。因为不加锁的话，如果在这个 SQL 语句执行期间，有另一个事务对来源表进行了更新并且先进行了提交，那么另一个事务在 BINLOG 中更新操作的位置会在该 SQL 语句之前。使用这个 BINLOG 进行数据库恢复时，恢复的结果就会与实际的应用逻辑不符；进行复制，则会导致主从数据库不一致。实际上，应用的插入目标表或新建表中的数据是另一个事务对来源表进行更新前的数据，而 BINLOG 记录的却是先进行更新再执行“SELECT... INSERT...”语句后的数据。如果上述语句的 SELECT 是范围条件，InnoDB 还会给来源表加间隙锁。所以这类 SQL 语句会阻塞对来源表的并发更新，应尽量避免使用。

6. InnoDB 使用表级锁的情况及注意事项

对于 InnoDB 表，大部分情况下都应该使用行级锁，但在某些情况下，也会考虑使用表级锁，如以下两种情况：

（1）事务需要对大部分或全部数据进行更新，且表又比较大。如果使用默认的行级锁，不仅事务的执行效率低，还可能会造成其他事务长时间锁等待和锁冲突。在这种情况下，可以考虑使用表级锁来提高事务的执行速度。

（2）事务涉及多个表，比较复杂，很可能引起死锁，造成大量事务回滚。这种情况也可以考虑一次性锁定事务涉及的表，从而避免死锁，减少数据库因事务回滚带来的开销。

在 InnoDB 中使用表级锁需要注意以下几点：

（1）使用 LOCK TABLES 虽然可以给 InnoDB 加表级锁，但表级锁不是由 InnoDB 存储引擎层管理的，而是由其上一层（MySQL Server）负责的；

（2）在用 LOCK TABLES 对 InnoDB 表加锁时注意，要将 AUTOCOMMIT 设为 0，否则 MySQL 不会给表加锁；

（3）事务结束前，不要用 UNLOCK TABLES 释放表级锁，因为 UNLOCK TABLES 会隐含地提交事务；

（4）COMMIT 或 ROLLBACK 并不能释放用 LOCK TABLES 加的表级锁，必须用 UNLOCK TABLES 释放表级锁。

五、死锁

死锁是在多线程编程中经常遇到的事情，一旦涉及多个线程对资源进行争夺就需要考虑当前的几个线程或事务是否会造成死锁。解决死锁有两种方案：一种方案是从源头上杜绝死锁的产生和出现；另一种方案是允许系统进入死锁的状态，但是在系统出现死锁时能够及时发现并进行恢复。

1. 预防死锁

有两种方式可以预防死锁的出现:一种方式是保证事务之间的等待不会出循环,即事务之间的等待图应该是一张有向无环图,没有循环等待的情况出现或者保证一个事务中想要获得的所有资源都在事务开始时以原子的方式被锁定,所有的资源要么被锁定,要么都不被锁定。这种方式有两个问题:一是在事务一开始时很难判断哪些资源是需要锁定的;二是由于一些很晚才会用到的数据被提前锁定,数据的利用率与事务的并发率也会变得非常低。一种解决上述问题的办法就是按照一定的顺序为所有的数据行加锁,同时与 2PL 协议结合,在加锁阶段保证所有的数据行都是按照从小到大的顺序依次进行加锁的。不过这种方式依然需要事务提前知道将要加锁的数据集。

另一种预防死锁的方式就是使用抢占加事务回滚。当事务开始执行时,会先获得一个时间戳,数据库程序会根据事务的时间戳决定事务应该等待还是回滚。此时,有两种机制可供选择:

(1)Wait-Die 机制:当执行事务的时间戳小于另一事务时,即事务 A 先于事务 B 开始,那么它就会等待另一事务释放对应资源的锁,否则就会保持当前的时间戳并回滚。

(2)Wound-Wait 机制:这是一种抢占的解决方案,它和 Wait-Die 机制的结果完全相反。当前事务如果先于另一事务执行并请求了另一事务的资源,那么另一事务会立刻回滚,将资源让给先执行的事务,否则就会等待其他事务释放资源。

两种机制都可能会造成不必要的事务回滚,并由此带来一定的性能损失。更简单的解决死锁的方式就是使用超时时间,但是超时时间的设定是需要仔细考虑的,否则会造成耗时较长的事务无法正常执行,或者无法及时发现需要解决的死锁,所以它的使用还有一定的局限性。

2. 死锁检测和恢复

如果数据库程序无法通过协议从原理上保证死锁不会发生,那么就需要在死锁发生时及时检测到死锁,并从死锁状态恢复到正常状态时保证数据库程序可以正常工作。在使用检测和恢复的方式解决死锁时,数据库程序需要维护数据和事务之间的引用信息,同时也需要提供一个用于判断当前数据库是否进入死锁状态的算法,最后需要在死锁发生时提供合适的策略进行及时恢复。

最常见的从死锁中恢复的办法就是选择整个环中的一个事务进行回滚,以打破整个等待图中的环。每次出现死锁时都会有多个事务被波及,而选择其中哪一个事务进行回滚是必须要做的事情。在选择牺牲品(Victim)时的黄金原则就是最小化代价,所以需要综合考虑事务已经计算的时间、使用的数据行以及涉及的事务等因素。选择了牺牲品之后,就可以开始事务回滚。回滚有两种选择:一种是全部回滚;另一种是部分回滚。部分回滚会回滚到事务之前的一个检查点上,如果没有检查点,就无法进行部分回滚。

在死锁恢复的过程中,还可能出现某些任务在多次死锁时都被选择为牺牲品,一直都不会被成功执行,从而造成饥饿(Starvation)的情况。我们需要保证事务在有限的时间内被执行,所以在选择牺牲品时可以考虑加入时间戳。

MyISAM 总是可以一次获得所需的全部锁,要么全部满足,要么等待,因此 MyISAM 不会出现死锁。但在 InnoDB 中,除单个 SQL 组成的事务外,锁是逐步获得的,所以在 InnoDB 中是可能会发生死锁的。发生死锁后,InnoDB 一般都能自动检测到死锁,并使一个事务释放锁并回滚,另一个事务获得锁,继续完成事务。但在涉及外部锁或表级锁的情况下,InnoDB 并不能完全自动检测到死锁，这就需要通过设置锁等待超时参数“innodb_lock_wait_timeout”来解决。

通常来说，死锁都是应用设计的问题。通过调整业务流程、数据库对象设计、事务大小以及访问数据库的 SQL 语句，绝大部分死锁都可以避免。因此，开发中为避免死锁需要注意：

(1)当不同程序并发存取多个表时，尽量约定以相同的顺序访问表，这可以大大降低死锁概率；

(2)当程序以批量方式处理数据的时候，事先对数据进行排序，保证每个线程按固定的顺序来处理记录，也可以大大降低出现死锁的概率；

(3)在同一个事务中，尽可能做到一次锁定所需要的所有资源，以减少死锁产生的概率；

(4)对于非常容易产生死锁的业务部分，可以尝试使用升级锁定颗粒度、通过表级锁锁定来减少死锁产生的概率。

第三节　MySQL 分布式事务

一、分布式事务的原理

从 MySQL-5.0.3 开始，MySQL 支持分布式事务。MySQL 分布式事务当前只支持 InnoDB 存储引擎。分布式事务是指允许多个独立的事务资源参与一个全局事务，即一个分布式事务会涉及多个行动。事务资源通常是关系数据库系统，但也可以是其他类型的资源。全局事务要求在其中的所有参与事务，要么都成功提交，要么都失败回滚。在使用分布式事务时，InnoDB 存储引擎的事务隔离级别必须设置为 Serializable。

InnoDB 存储引擎提供了对 XA 事务的支持，并通过 XA 事务来支持分布式事务的实现。XA 事务允许不同数据库之间的分布式事务，如一台服务器是 MySQL 数据库的，一台是 Oracle 数据库的，还有一台是 SQL Server 数据库的。只要是参与在全局事务中的每个节点都支持 XA 事务。分布式事务在分布式架构或银行系统的转账系统中比较常见。

XA 事务的全称是“eXtended Architecture”，它是由 X/Open 组织提出的分布式交易处理的规范。XA 事务由一个或多个资源管理器(Resource Managers，RM)、一个事务管理器(Transaction Manager，TM)以及一个应用程序(Application Program，AP)组成。在 MySQL 数据库的分布式事务中，资源管理器就是 MySQL 数据库，事务管理器就是连接 MySQL 服务器的客户端。分布式事务的模型如图 7-4 所示。

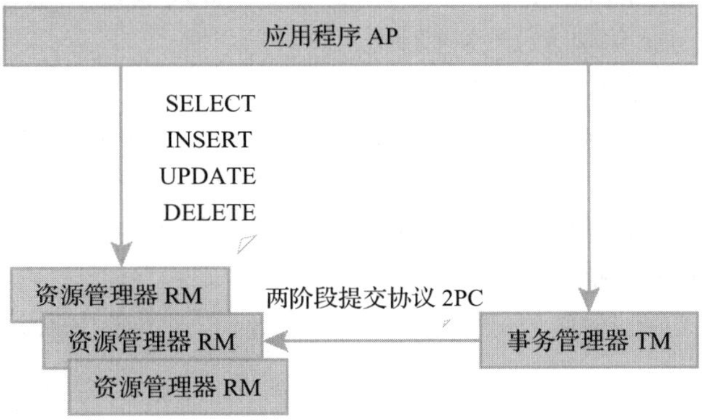

图 7-4　分布式事务的模型

(1)资源管理器:提供访问事务资源的途径。通常一个数据库就是一个资源管理器。该管理器必须可以提交或回滚由资源管理器管理的事务。

(2)事务管理器:协调参与全局事务的各个事务,需要与参与全局事务的所有资源管理器进行通信。一个分布式事务中的各单个事务均是分布式事务的“分支事务”,分布式事务和各分支事务通过一种命名方法进行标识。

(3)应用程序:定义事务的边界,指定全局事务中的操作。

分布式事务通常采用两阶段提交协议(Two-Phase Commitment Protocol,2PC)。两阶段提交协议主要是为了解决在分布式数据库场景下所有节点间数据的一致性问题。在分布式事务环境下,事务的提交会变得相对复杂。由于多个节点的存在,可能存在部分节点提交失败的情况,即事务的 ACID 特性需要在各个数据库实例中得到保证。在提交分布式事务时,只要一个节点提交失败,所有的节点就都不能提交;只有当所有节点都能提交时,整个分布式事务才被允许提交。

分布式事务通过两阶段提交协议将提交操作分成两个阶段:

(1)第 1 阶段:所有的分支被预备好(PREPARE),即它们被事务管理器告知要准备提交。

(2)第 2 阶段:事务管理器告知每个资源管理器是否要提交或回滚。如果在预备分支时,所有的分支指示它们将能够提交,则所有的分支被告知提交;如果在预备分支时,有任何分支指示它将不能提交,则所有分支被告知回滚。

在某些情况下,一个分布式事务可能会使用一阶段提交。例如,当一个事务管理器发现一个分布式事务只由一个事务资源组成时,该资源可被告知同时进行预备和提交。

二、分布式事务的语法

XA 事务的 SQL 语法主要包括如下几种:

1. 启动语法

```
XA {START|BEGIN} xid [JOIN|RESUME];
```

XA START xid 用于启动一个带给定 xid 值的 XA 事务。每个 XA 事务必须有一个唯一的 xid 值,即启动后,该值当前不能被其他的 XA 事务使用。

xid 是一个 XA 事务标识符,用于唯一标识一个分布式事务。xid 值由客户端提供或由 MySQL 服务器生成。xid 值包含 1～3 个部分。

```
xid: gtrid [,bqual [,formatid]];
```

(1)gtrid:分布式事务标识符。相同的分布式事务使用相同的 gtrid,这样可以明确地知道 XA 事务属于哪个分布式事务。

(2)bqual:分支限定符,默认值是空串。对于一个分布式事务中的每个分支事务,bqual 值必须是唯一的。

(3)formatid:数字,用于标识由 gtrid 和 bqual 值使用的格式,默认值是 1。

后面其他 XA 事务的 SQL 语法中用到的 xid 值,都必须对应于 START 操作中使用的

xid 值,表示对这个启动的 XA 事务进行操作。

2. 停止语法

```
XA END xid [SUSPEND [FOR MIGRATE]];
```

3. 预备语法

预备语法使 XA 事务进入 PREPARE 状态,即上述两阶段提交协议的第一个阶段。

```
XA PREPARE xid;
```

4. 提交或回滚语法

这两个命令用于提交或回滚具体的分支事务,即在上述两阶段提交协议的第 2 个阶段,分支事务被实际提交或者回滚。

```
XA COMMIT xid [ONE PHASE];
XA ROLLBACK xid;
```

5. 返回语法

返回语法用于返回当前数据库中处于 PREPARE 状态的分支事务的详细信息。

```
XA RECOVER;
```

本章小结

1. 事务具有 4 个特性:原子性、一致性、隔离性和持久性,简称 ACID 特性。

2. 开始事务的语法为“BEGIN TRANSACTION ＜事务名称＞ |@＜事务变量名称＞;”。

3. 提交事务的语法为“COMMIT TRANSACTION ＜事务名称＞ |@＜事务变量名称＞;”。

4. 撤销事务的语法为“ROLLBACK [TRANSACTION] [＜事务名称＞| @＜事务变量名称＞ | ＜保存点名称＞| @ ＜含有保存点名称的变量名＞;”。

5. 设置保存点的语法为“SAVING TRANSACTION ＜保存点名称＞;”。

6. 事务有 4 个隔离级别,这 4 个隔离级别逐渐升高:读未提交、读已提交、可重复读、串行化。

7. MySQL 提供两个级别的并发控制,即服务器级和存储引擎级;主要应用了两种机制,即“锁”和“多版本并发控制”。

8. InnoDB的行级锁有两种：共享锁和排他锁。

9. 死锁是在多线程编程中经常遇到的事情。一旦涉及多个线程对资源进行争夺，就需要考虑当前的几个线程或事务是否会造成死锁。

10. InnoDB存储引擎提供了对XA事务的支持，并通过XA事务来支持分布式事务的实现。XA事务由一个或多个资源管理器、一个事务管理器以及一个应用程序组成。

练习巩固

1. 简述事务并发会产生哪些问题，如何解决？

2. 创建一张仓库表，记录每个产品的数量；再创建一张用户表，记录用户拥有的产品数量。用户购买产品，仓库表的产品数量减少，而用户拥有产品的数量增加。创建一个购买的存储过程实现，注意考虑当仓库中产品数量不足时的处理情况，避免出现负数等一些基本逻辑错误。

3. 创建图书表、图书类型表。图书表包含的字段如下：

①图书编号 bid，整型，主键；

②图书名 bname，字符型，唯一非空；

③价格 price，浮点型，默认值为 50；

④图书类型编号，作为图书类型表的外键。

图书类型表包含编号和类型名。开启事务，添加图书信息，并提交。

第八章 索引、视图和触发器

扫码查看课件

第一节　索　引

第八章教学视频

一、索引概述

索引是一种重要的数据库对象，是数据库中专门用于帮助用户快速查询数据的一种数据结构。它是加快查找数据的利器，是数据库性能调优技术的基础，常用于实现数据的快速检索。

索引就是根据表中一列或若干列按照一定顺序建立的列值与记录行之间的对应关系表，会保存在额外的文件中。索引实质上是一张描述索引列的列值与原表中记录行之间一一对应关系的有序表，类似于字典中的目录。回想平时查字典的过程，通过字母或部首可以较快地找到需要的内容。可以简单地把索引理解为表的目录，在查找所需内容之前，先在目录中查找索引的位置，以此快速定位要查询的数据。

索引通常用于快速找出在某个列中有某些特定值的行。如果不使用索引，MySQL 默认会从第 1 条记录开始读取整个表，直到找出相关的行为止。表越大，查询数据所花费的时间就越多。如果表中要查询的列创建了索引，MySQL 就能快速到达某个位置去搜索数据文件，而不必再查看所有数据，此时查询操作将会节省很大一部分时间。如用户表中有 10 万条记录，记录着用户的个人信息，包含姓名、性别、身份证号码、地址、联系方式等几十个字段，现在想要通过联系方式查询某用户的信息。如果没有创建索引，那么将从第 1 条记录逐条往下遍历，直到找到所需信息为止；如果创建了索引，那么会将“联系方式”字段通过特定方式进行存储，方便在查询该字段的信息时，能够快速找到对应的数据，而不必再遍历全部数据。

索引的优点如下：

(1)所有的 MySQL 列类型(字段类型)都可以被索引，即可以给任意字段设置索引，索引可以由一列或多列组合而成；

(2)大大加快了数据的查询速度。

索引的缺点如下：

(1)创建索引和维护索引要耗费时间，并且随着数据量的增加所耗费的时间也会增加。

(2)索引也需要占用空间。数据表中的数据是有上限设置的，如果有大量的索引，索引文件可能会比数据文件更快达到上限值。

(3)当对表中的数据进行增加、删除、修改时，索引也可能需要进行动态的维护，降低了数据的维护速度，即会减慢写入速度。

二、索引的设计原则

通过索引优缺点的介绍，我们可以清楚地知道，并不是每个字段都设置索引就好，也不是索引越多越好，而是需要进行合理的设计和使用。

1. 索引选取数据类型的原则

(1)选取较小的数据类型：较小的数据类型通常在磁盘、内存和CPU缓存中需要更小的空间，处理起来更快。

(2)选取简单的数据类型：整型数据比字符型数据的处理开销更小，字符串的比较更复杂。

(3)尽量避免空值：应该指定索引列为“NOT NULL”。含有空值的列很难进行查询优化，空值列使索引、索引的统计信息以及比较运算更加复杂。

2. 不适合创建索引的场景

(1)在查询中很少使用或参考的列不应该创建索引。某些列在查询中很少被使用到，因此有索引并不能提高查询速度。相反，由于增加了索引，反而降低了系统的维护速度，增大了空间需求。

(2)只有很少数据值的列不应该创建索引。由于这些列的取值很少，如用户表中的“性别”列，在查询的结果中，结果集中的数据行占据表中数据行的很大比例。因此，即使增加索引，也不能明显加快检索速度。

(3)定义为TEXT、IMAGE和BIT数据类型的列不应该创建索引。这些列的数据量要么相当大，要么取值很少，创建索引的意义不大。

(4)当修改性能远远大于检索性能时，不应该创建索引。修改性能和检索性能是互相矛盾的，即当增加索引时，会提高检索性能，但会降低修改性能；当减少索引时，会提高修改性能，但会降低检索性能。

(5)不会出现在WHERE条件子句中的字段不应该创建索引。

3. 适合创建索引的场景

(1)表的主键、外键必须有索引；

(2)经常与其他表进行连接的表，在连接字段上应该创建索引；

(3)经常出现在WHERE子句中的字段，特别是大表的字段，为加快查询速度，应该创建索引；

(4)经常用于排序的列需要创建索引；

(5)经常用于在范围内搜索的列需要创建索引，因为索引已经排序，其指定的范围是连续的。

三、索引的分类

MySQL 中的索引有很多种类型，它们是在存储引擎层实现的，即不同的存储引擎支持的索引类型可能不同。即使支持的索引类型相同，底层工作原理也可能不同。MyISAM 和 InnoDB 存储引擎只支持 BTREE 索引，MEMORY/HEAP 存储引擎支持 HASH 和 BTREE 索引。

1. MySQL 常用索引的物理分类

MySQL 中常用的索引在物理上分为以下两类：

(1)BTREE 索引：又称 B-树索引，目前的大部分索引是采用 B-树索引来存储的。B-树索引是一种典型的数据结构，其包含的组件主要有以下 3 个：

①叶子节点：包含的条目直接指向表里的数据行。叶子节点之间彼此相连，一个叶子节点有一个指向下一个叶子节点的指针。

②分支节点：包含的条目指向索引里的其他分支节点或叶子节点。

③根节点：一个 B-树索引只有一个根节点，实际上就是位于树的最顶端的分支节点。

基于这种树形数据结构，表中的每一行都会在索引上有一个对应值。因此，在表中进行数据查询时，可以根据索引值一步一步地定位到数据所在的行。

B-树索引可以进行全键值、键值范围和键值前缀查询，也可以对查询结果进行 ORDER BY 排序。但 B-树索引必须遵循左边前缀原则，要考虑以下几点约束：

①查询必须从索引最左边的列开始；

②查询不能跳过某一索引列，必须按照从左到右的顺序进行匹配；

③存储引擎不能使用索引范围条件右边的列。

(2)哈希索引：又称 HASH 索引、散列索引。哈希(HASH)即“散列”，就是把任意长度的输入通过散列算法变换成固定长度的输出，该输出值就是散列值。

MySQL 目前仅有 MEMORY 存储引擎和 HEAP 存储引擎支持这类索引。MEMORY 将 HASH 索引作为默认索引。

HASH 索引不是基于树形的数据结构查找数据，而是根据索引列对应 HASH 值的方法获取表的记录行。HASH 索引的最大特点是访问速度快，但也存在一些缺点：

①MySQL 需要读取表中索引列的值来参与散列计算，散列计算是一个比较耗时的操作。相对于 B-树索引来说，建立 HASH 索引会耗费更多的时间。

②不能使用 HASH 索引排序。

③HASH 索引只支持等值比较，例如“＝”“IN()”或“＜＝＞”。

④HASH 索引不支持键的部分匹配，因为 HASH 值是通过整个索引值来计算的。

2. MySQL 中索引的逻辑分类

根据索引的具体用途，MySQL 中的索引在逻辑上可以分为单列索引、组合索引、全文索引和空间索引。

(1)单列索引：一个索引只包含单个列，但一个表中可以有多个单列索引。单列索引又分为普通索引、唯一索引和主键索引。

①普通索引：MySQL 中基本的索引类型，唯一任务是加快对数据的访问速度，没有

任何限制。创建普通索引时，通常使用关键字 INDEX 或 KEY。

②唯一索引：索引列中的值必须是唯一的，不允许索引列具有相同的索引值，但是允许索引列的值为空值。如果能确定某个数据列只包含彼此各不相同的值，在为这个数据列创建索引的时候，就应该用关键字 UNIQUE 把它定义为一个唯一索引。创建唯一索引的主要目的不是提高访问速度，而是避免数据出现重复。

③主键索引：是一种特殊的唯一索引，即不允许值重复或为空值。每个表只能有一个主键。主键可以在创建表的时候指定，也可以通过修改表的方式添加，必须指定关键字 PRIMARY KEY。

(2)组合索引：又称复合索引或多列索引。相对于单列索引来说，组合索引是将原表中的多列共同组成一个索引，即在表中的多个字段组合上创建的索引。只有在查询条件中使用了这些字段的左边字段时，索引才会被使用。使用组合索引时遵循最左前缀集合。

组合索引实质上为表的查询提供了多个索引，以此来加快查询速度。例如，在一个表中创建了一个组合索引(c1，c2，c3)，在实际查询中，系统用于实际加速的索引就有 3 个：单列索引(c1)、双列索引(c1，c2)和多列索引(c1，c2，c3)。

(3)全文索引：在一堆文字中，通过其中的某个关键字，就能找到该字段所属的记录行。

全文索引可以在 VARCHAR、TEXT 类型的列上创建。在 MySQL 中，只有 MyISAM 存储引擎才支持全文索引。全文索引查找的是文本中的关键词，而不是直接比较索引中的值。全文索引的功能类似于搜索引擎，但在实际生产中一般不会使用 MySQL 来做类似搜索引擎的工作。一般使用专业的搜索相关开源工具进行搜索，它们的性能更好，功能也更加强大。

(4)空间索引：对空间数据类型的字段建立的索引。MySQL 的空间数据类型有 4 种：GEOMETRY、POINT、LINESTRING、POLYGON。在创建空间索引时，使用 SPATIAL 关键字，要求引擎为 MyISAM；创建空间索引的列时，必须将其声明为“NOT NULL”。

四、创建和查看索引

1. 创建索引

MySQL 提供了 3 种创建索引的方法。

(1)使用 CREATE INDEX 语句创建。CREATE INDEX 语句可以在一个已有的表上创建索引，但不能创建主键，语法格式如下：

```
CREATE <索引名> ON <表名> (<列名> [<长度>] [ ASC | DESC]);
```

语法说明如下：

①<索引名>：指定索引名。一个表可以创建多个索引，但每个索引在该表中的名称是唯一的。

②<表名>：指定要创建索引的表名。

③<列名>：指定要创建索引的列名。通常将查询语句中在 JOIN 子句和 WHERE 子句里经常出现的列作为索引列。

④<长度>：可选项，指定使用列的前 LENGTH 个字符来创建索引。使用列的一部分创建索引有利于减小索引文件的大小，节省索引列所占的空间。在某些情况下，只能对列的

前缀进行索引。索引列的长度上限为 255 个字节(MyISAM 和 InnoDB 表的上限为 1 000 个字节),如果索引列的长度超过了这个上限,就只能用列的前缀进行索引。另外,BLOB 或 TEXT 类型的列也必须使用前缀索引。

⑤[ASC|DESC]:可选项。ASC 指定索引按照升序来排列,DESC 指定索引按照降序来排列,默认为 ASC。

(2)在 CREATE TABLE 语句中创建。在创建表的同时也可以创建索引。

①创建普通索引,语法格式如下:

```
KEY | INDEX [＜索引名＞] [＜索引类型＞] (＜列名＞,…);
```

②创建主键索引,默认主键就是索引。当主键索引是由多列组成的多列索引时,不能通过直接在某列定义的后面添加 PRIMARY KEY 的方式创建主键,只能通过在语句的最后加上 PRIMARY KRY(＜列名＞,…)子句的方式来创建主键,语法格式如下:

```
CONSTRAINT PRIMARY KEY [索引类型] (＜列名＞,…);
```

③创建唯一索引,语法格式如下:

```
UNIQUE [ INDEX | KEY] [＜索引名＞] [＜索引类型＞] (＜列名＞,…);
```

④创建外键索引,语法格式如下:

```
FOREIGN KEY ＜索引名＞ ＜列名＞;
```

(3)在 ALTER TABLE 语句中创建。在已有的表中,可以使用 ALTER TABLE 语句创建索引。

①添加普通索引,语法格式如下:

```
ADD INDEX [＜索引名＞] [＜索引类型＞] (＜列名＞,…);
```

②添加主键索引,语法格式如下:

```
ADD PRIMARY KEY [＜索引类型＞] (＜列名＞,…);
```

③添加唯一索引,语法格式如下:

```
ADD UNIQUE [ INDEX | KEY] [＜索引名＞] [＜索引类型＞] (＜列名＞,…);
```

④添加外键索引，语法格式如下：

```
ADD FOREIGN KEY [<索引名>] (<列名>,…);
```

【实例 1】 创建学生表，同时创建成绩列的索引。

```
CREATE TABLE tb_stu_info(
  sid INT NOT NULL,
  sname CHAR(45) DEFAULT NULL,
  dept_id INT DEFAULT NULL,
  age INT DEFAULT NULL,
  score INT DEFAULT NULL,
  INDEX(score)
);
```

索引的创建结果如图 8-1 所示。

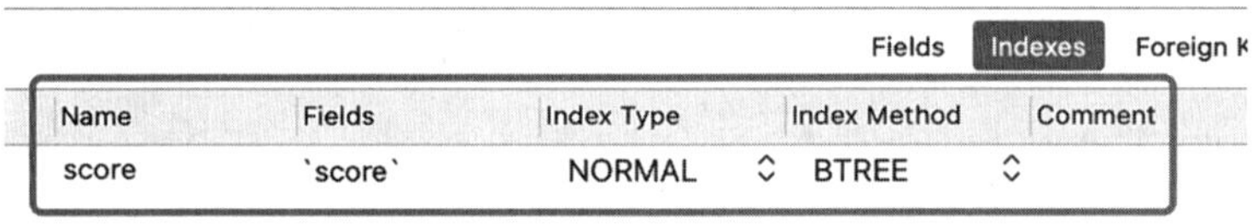

Name	Fields	Index Type	Index Method	Comment
score	\`score\`	NORMAL	BTREE	

图 8-1　索引的创建结果

【实例 2】 修改学生表，同时添加姓名列的唯一索引。

```
ALTER TABLE tb_stu_info ADD UNIQUE KEY unq_sname(sname);
```

唯一索引的添加结果如图 8-2 所示。

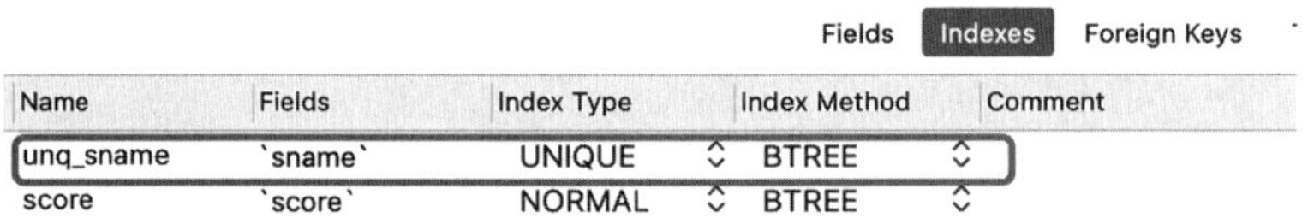

Name	Fields	Index Type	Index Method	Comment
unq_sname	\`sname\`	UNIQUE	BTREE	
score	\`score\`	NORMAL	BTREE	

图 8-2　唯一索引的添加结果

2. **查看索引**

如果要查看已创建的索引，可以使用 SHOW INDEX 语句，语法格式如下：

```
SHOW INDEX FROM <表名> [ FROM <数据库名>];
```

语法说明如下：

(1)＜表名＞：要显示索引的表。

(2)＜数据库名＞：要显示的表所在的数据库。

【实例 3】 查看学生表已创建的索引。

```
SHOW INDEX FROM tb_stu_info;
```

索引的查看结果如图 8-3 所示。

SQL Editor　Message　Result 1　Profile　Status

Table	Non_unique	Key_name	Seq_in_index	Column_name	Collation	Cardinality	Sub_part	Packed	Null	Index_type	Comment	Index_comment
tb_stu_info	0	unq_sname	1	sname	A	0	(NULL)	(NULL)	YES	BTREE		
tb_stu_info	1	score	1	score	A	0	(NULL)	(NULL)	YES	BTREE		

图 8-3　索引的查看结果

返回结果表中的字段说明如下：

(1)Table：表的名称。

(2)Non_unique：用于显示该索引是否为唯一索引。若不是唯一索引，则该列的值显示为"1"；若是唯一索引，则该列的值显示为"0"。

(3)Key_name：索引的名称。

(4)Seq_in_index：索引中的列序号，从 1 开始计数。

(5)Column_name：列名称。

(6)Collation：显示列以何种顺序存储在索引中。在 MySQL 中，升序显示值为"A"，如果显示为"NULL"，则表示无分类。

(7)Cardinality：显示索引中唯一值数目的估计值。基数根据被存储为整数的统计数据进行计数，所以即使对于小型表，该值也没有必要是精确的。基数越大，当进行联合时，MySQL 使用该索引的概率就越大。

(8)Sub_part：若列只是被部分编入索引，则该字段为被编入索引的字符的数目；如果整列被编入索引，则该字段为"NULL"。

(9)Packed：指示关键字如何被压缩，若没有被压缩，则为"NULL"。

(10)Null：用于显示索引列中是否包含空值。如果列中含有空值，则显示为"YES"；如果没有，则显示为"NO"。

(11)Index_type：显示索引使用的类型和方法(BTREE、FULLTEXT、HASH、RTREE)。

(12)Comment：显示评注。

(13)Index_comment：显示索引评注。

【实例 4】 创建组合索引，并判断哪些索引起作用。

建表语句如下：

```
CREATE TABLE index_demo_table (
  id BIGINT(15) PRIMARY KEY AUTO_INCREMENT,
  name VARCHAR(50) DEFAULT NULL,
```

```
  age BIGINT(20) DEFAULT '0',
  country VARCHAR(50) DEFAULT NULL,
  a INT(11) DEFAULT '0',
  b INT(11) DEFAULT '0',
  c INT(11) DEFAULT '0',
  d INT(11) DEFAULT '0',
  KEY idx_a_b_c_d (a,b,c,d),
  KEY idx_age (age),
  KEY idx_name (name)
);
```

插入测试数据如下：

```
INSERT INTO index_demo_table (id,name,age,country,a,b,c,d) VALUES (1,
'zhangyj',25,'chine',1,2,3,4);
INSERT INTO index_demo_table (id,name,age,country,a,b,c,d) VALUES (2,
'healerjean',24,'china',2,3,4,5);
INSERT INTO index_demo_table (id,name,age,country,a,b,c,d) VALUES (3,'n',22,
'a',2,4,5,6);
INSERT INTO index_demo_table (id,name,age,country,a,b,c,d) VALUES (4,'k',2,
'b',3,5,6,8);
INSERT INTO index_demo_table ( name,age,country,a,b,c,d) VALUES ( 'zhangyj',
25,'chine',1,2,3,4);
INSERT INTO index_demo_table ( name,age,country,a,b,c,d) VALUES
('healerjean',24,'china',2,3,4,5);
INSERT INTO index_demo_table ( name,age,country,a,b,c,d) VALUES ( 'n',22,'a',
2,4,5,6);
INSERT INTO index_demo_table ( name,age,country,a,b,c,d) VALUES ( 'k',2,'b',3,
5,6,8);
```

执行查询 SQL 语句，查看索引的命中情况。

(1)查询条件为 a，用到了索引 a (长度为 5)。

```
EXPLAIN SELECT * FROM index_demo_table WHERE a = 1;
```

带条件索引 a 的查看结果如图 8-4 所示。

id	select_type	table	partitions	type	possible_keys	key	key_len	ref	rows	filtered	Extra
1	SIMPLE	index_demo_table	(NULL)	ref	idx_a_b_c_d	idx_a_b_c_d	5	const	2	100	(NULL)

图 8-4 带条件索引 a 的查看结果

(2)查询条件为 b,未用到索引。

```
EXPLAIN SELECT * FROM index_demo_table WHERE b = 1;
```

带条件索引 b 的查看结果如图 8-5 所示。

id	select_type	table	partitions	type	possible_keys	key	key_len	ref	rows	filtered	Extra
1	SIMPLE	index_demo_table	(NULL)	ALL	(NULL)	(NULL)	(NULL)	(NULL)	8	12.5	Using where

图 8-5　带条件索引 b 的查看结果

(3)查询条件为 c,未用到索引(d 同理)。

```
EXPLAIN SELECT * FROM index_demo_table WHERE c = 1;
```

带条件索引 c 的查看结果如图 8-6 所示。

id	select_type	table	partitions	type	possible_keys	key	key_len	ref	rows	filtered	Extra
1	SIMPLE	index_demo_table	(NULL)	ALL	(NULL)	(NULL)	(NULL)	(NULL)	8	12.5	Using where

图 8-6　带条件索引 c 的查看结果

(4)查询条件为 b 和 c,未用到索引。

```
EXPLAIN SELECT * FROM index_demo_table WHERE b = 1 AND c = 2;
```

带条件索引 b 和 c 的查看结果如图 8-7 所示。

id	select_type	table	partitions	type	possible_keys	key	key_len	ref	rows	filtered	Extra
1	SIMPLE	index_demo_table	(NULL)	ALL	(NULL)	(NULL)	(NULL)	(NULL)	8	12.5	Using where

图 8-7　带条件索引 b 和 c 的查看结果

(5)查询条件为 a 和 b,用到了组合索引 a、b(长度为 10)。

```
EXPLAIN SELECT * FROM index_demo_table WHERE a = 1 AND b = 2;
```

带条件索引 a 和 b 的查看结果如图 8-8 所示。

id	select_type	table	partitions	type	possible_keys	key	key_len	ref	rows	filtered	Extra
1	SIMPLE	index_demo_table	(NULL)	ref	idx_a_b_c_d	idx_a_b_c_d	10	const,const	2	100	(NULL)

图 8-8　带条件索引 a 和 b 的查看结果

(6)查询条件为 a 和 c,用到了索引 a(长度为 5)。

```
EXPLAIN SELECT * FROM index_demo_table WHERE a = 1 AND c = 3;
```

带条件索引 a 和 c 的查看结果如图 8-9 所示。

id	select_type	table	partitions	type	possible_keys	key	key_len	ref	rows	filtered	Extra
1	SIMPLE	index_demo_table	(NULL)	ref	idx_a_b_c_d	idx_a_b_c_d	5	const	2	12.5	Using index condition

图 8-9 带条件索引 a 和 c 的查看结果

(7)查询条件为 a、b、c 和 d,用到了组合索引(a,b,c,d)(长度为 20)。

```
EXPLAIN SELECT * FROM index_demo_table WHERE a = 1 AND b = 2 AND c = 3 AND
d = 4;
```

带条件索引 a、b、c 和 d 的查看结果如图 8-10 所示。

id	select_type	table	partitions	type	possible_keys	key	key_len	ref	rows	filtered	Extra
1	SIMPLE	index_demo_table	(NULL)	ref	idx_a_b_c_d	idx_a_b_c_d	20	const,const,const,const	2	100	(NULL)

图 8-10 带条件索引 a、b、c 和 d 的查看结果

(8)查询条件为 a 或 b,未用到索引。

```
EXPLAIN SELECT * FROM index_demo_table WHERE a = 1 OR b = 2;
```

带条件索引 a 或 b 的查看结果如图 8-11 所示。

id	select_type	table	partitions	type	possible_keys	key	key_len	ref	rows	filtered	Extra
1	SIMPLE	index_demo_table	(NULL)	ALL	idx_a_b_c_d	(NULL)	(NULL)	(NULL)	8	41.67	Using where

图 8-11 带条件索引 a 或 b 的查看结果

将精确查找组合索引的要点总结如下:

(1)最左优先,即以最左边为起点,任何连续的索引都能匹配上。

(2)多个单列索引在多条件查询时只会生效第 1 个索引,所以多条件联合查询时最好创建组合索引。当创建(a,b,c)组合索引时,相当于创建了(a)单列索引,(a,b)组合索引以及(a,b,c)组合索引。想要索引生效,只能使用 a 或(a,b)或(a,b,c)3 种组合。当然,通过上面的测试可以看出,(a,c)组合也会用到索引,但实际上只用到了 a 索引,并没有用到 c。

(3)具体使用 a、b、c 的顺序与查询过程无关,MySQL 会自动进行优化,但是通常还是建议按照索引的顺序进行查询,而且尽量将筛选力度大的放到前面。

五、修改和删除索引

1. 修改索引

在 MySQL 中，可以通过删除原索引，再根据需要创建一个同名索引来实现索引的修改。

2. 删除索引

在 MySQL 中，提供两种删除索引的方式。

（1）使用 DROP INDEX 语句删除，语法格式如下：

```
DROP INDEX ＜索引名＞ ON ＜表名＞;
```

语法说明如下：

①＜索引名＞：要删除的索引名。

②＜表名＞：指定该索引所在的表名。

（2）使用 ALTER TABLE 语句删除，语法格式如下：

```
ALTER TABLE ＜表名＞
--删除主键索引
  DROP PRIMARY KEY;
--删除指定名称的索引
  DROP INDEX ＜索引名称＞;
--删除外键索引
  DROP FOREIGN ＜外键名称＞;
```

如果删除的列是索引的组成部分，那么在删除该列时，也会将该列从索引中删除；如果组成索引的所有列都被删除，那么整个索引也会被删除。

【实例 5】 删除学生表中已创建的索引。

```
DROP INDEX score ON tb_stu_info;


ALTER TABLE tb_stu_info DROP INDEX unq_sname;
```

索引的删除结果如图 8-12 所示。

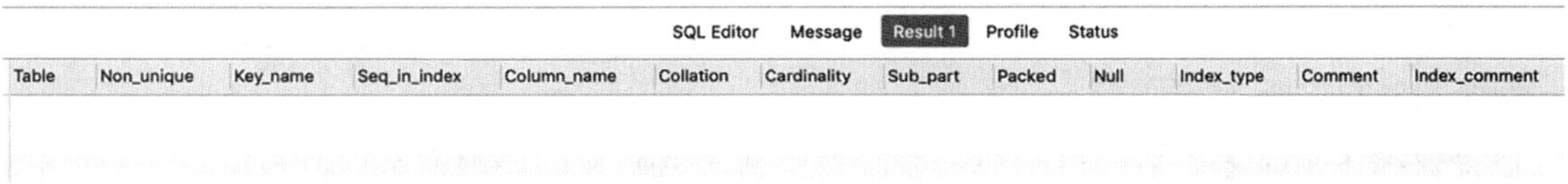

图 8-12 索引的删除结果

第二节 视 图

一、视图的基本概念

MySQL 5.0之后的版本增加了对视图的支持。视图是数据库系统中的一种数据库对象。它是一个虚拟表,是从一个、多个表或视图中导出的表,其内容由查询定义。同真实表一样,视图包含一系列带有名称的数据列和若干数据行,但视图并不是数据库真实存储的数据表。

视图与表的区别如下:

(1)视图不是数据库中的真实表,而是一张虚拟表,其结构和数据是建立在对数据库中真实表的查询基础上的。即视图是基于真实表的一张虚拟表,其数据来源均建立在真实表的基础上。

(2)存储在数据库中的查询操作的SQL语句定义了视图的内容,列数据和行数据来自视图查询所引用的真实表,引用视图时会动态生成这些数据。

(3)视图没有实际的物理记录,不是以数据集的形式存储在数据库中。它所对应的数据存储在所引用的真实表中。

(4)视图是数据的窗口,而表是内容。表是实际数据的存放单位,而视图只是以不同的显示方式展示数据,其数据来源还是真实表。

(5)视图是查看表的一种方法,可以查询表中由某些字段构成的数据,只是一些SQL语句的集合。从安全的角度来看,视图的数据安全性更高,因为使用视图的用户不接触表,不知道表的结构。

(6)视图的建立和删除只影响视图本身,不影响对应的基本表。

二、视图的优点

视图与表在本质上虽然不同,但视图经过定义以后的结构形式和表一样,同样可以进行查询、修改、更新和删除等操作。同时,视图具有如下优点:

(1)定制用户数据,聚焦特定的数据:在实际的应用过程中,不同的用户可能对不同的数据有不同的要求。例如,当数据库中同时存在学生基本信息表、课程表和教师信息表等多个表时,可以根据需求,让不同的用户使用各自的数据。学生查看修改自己基本信息的视图,安排课程人员查看修改课程表和教师信息的视图,教师查看学生信息和课程信息表的视图。

(2)简化数据操作:在使用查询时,很多时候要使用聚合函数,同时还要显示其他字段的信息,可能还需要关联其他表,SQL语句可能会很长。如果这个动作频繁发生的话,可以创建视图来简化操作。

(3)提高基本表数据的安全性:视图是虚拟的,物理上是不存在的,可以只授予用户视图的权限,而不具体指定使用基本表的权限,以保护基础数据的安全。

(4)共享所需的数据:通过使用视图,每个用户不必都定义和存储自己所需的数据,可以共享数据库中的数据,同样的数据只需要存储一次。

(5)更改数据格式:通过使用视图,可以重新格式化检索出的数据,并组织输出到其他应用程序中。

(6)重用SQL语句:视图提供的是对查询操作的封装,本身不包含数据,所呈现的数据是根据视图定义从基础表中检索出来的。如果基础表的数据新增或删除,那么视图中呈现的就是更新后的数据。定义视图后，编写完所需要的查询，可以方便地重用该视图。

使用视图时，还需要注意以下几点：

(1)创建视图需要足够的访问权限。

(2)创建视图的数目没有限制。

(3)视图可以嵌套，即从其他视图中检索数据的查询来创建视图。

(4)视图不能索引，也不能有关联的触发器、默认值或规则。

(5)视图可以和表一起使用。

(6)视图不包含数据，所以每次使用视图时，都必须执行查询中所需的任何一个检索操作。如果使用多个连接和过滤条件来创建复杂的视图或嵌套视图，那么可能会严重降低系统的运行性能。因此，在部署大量视图应用时，应该进行系统测试。

(7)ORDER BY 子句可以在视图中使用，但如果视图检索数据的 SELECT 语句中也含有 ORDER BY 子句，则视图中的 ORDER BY 子句将无效。

三、定义视图

1. 创建视图

可以使用 CREATE VIEW 语句来创建视图，语法格式如下：

```
CREATE VIEW <视图名> AS <SELECT 语句>;
```

语法说明如下：

(1)<视图名>：指定视图的名称。该名称在数据库中必须是唯一的，不能与其他表或视图同名。

(2)<SELECT 语句>：指定创建视图的 SELECT 语句，可用于查询多个基础表或源视图。

对于创建视图还存在以下限制：

(1)用户除了拥有 CREATE VIEW 权限外，还需要具有操作中涉及的基础表和其他视图的相关权限。

(2)SELECT 语句不能引用系统或用户变量。

(3)SELECT 语句不能包含 FROM 子句中的子查询。

(4)SELECT 语句不能引用预处理语句参数。

(5)视图定义中引用的表或视图必须存在，但是创建完视图后，可以删除定义中引用的表或视图。可使用 CHECK TABLE 语句来检查视图定义是否存在这类的问题。

(6)视图定义中允许使用 ORDER BY 子句，但是若从特定视图中进行选择，而该视图使用了自己的 ORDER BY 子句，则视图定义中的 ORDER BY 子句将被忽略。

(7)视图定义中不能引用临时表，不能创建临时视图。

(8)WITH CHECK OPTION 表示修改视图时，检查插入的数据是否符合 WHERE 设置的条件。

2. 创建基于单表的视图

在默认情况下，创建的视图和基本表的字段是一样的。也可以通过指定视图字段的名称来创建视图，虽然字段名称不同，但是数据却相同。在使用视图时，可能用户不需要了解基本表的结构，更接触不到真实表中的数据，从而保证了数据库的安全。

【实例 6】在学生表上创建一个名为“view_stu_info”的视图。

```
CREATE VIEW view_stu_info AS SELECT * FROM tb_stu_info;
```

视图的创建结果如图 8-13 所示。

【实例 7】在学生表上创建一个视图,并指定视图字段的名称。

```
CREATE VIEW view_stu_info2(s_id,s_name,d_id,s_age,s_score,) AS SELECT *
FROM tb_stu_info;
```

创建视图并指定视图字段名称的结果如图 8-14 所示。

sid	sname	dept_id	age	score

图 8-13　视图的创建结果

s_id	s_name	d_id	s_age	s_score

图 8-14　创建视图并指定视图字段名称的结果

3. 创建基于多表的视图

【实例 8】通过学生信息表和班级表,创建查看学生班级信息的视图。

```
CREATE VIEW view_stu_cls(学号,姓名,班级,成绩) AS (SELECT s.sid,s.sname,
c.cname,s.score FROM tb_stu s LEFT JOIN tb_class c ON s.classId=c.cid);
```

学号	姓名	班级	成绩
1	张三	Java班	80
3	王五	Java班	80
6	王8	Java班	83
9	王11	Java班	92
12	王14	Java班	83
2	李四	数据库班	55
4	赵六	数据库班	55
5	林7	数据库班	55
7	赵9	数据库班	55
8	李10	数据库班	55
10	赵12	数据库班	55
11	赵13	数据库班	55
13	赵15	数据库班	55
14	王16	人工智能	55
15	赵17	(NULL)	67

图 8-15　基于多表视图的创建结果

基于多表视图的创建结果如图 8-15 所示。

四、查看视图

视图被定义之后,就可以使用 SELECT 语句查询视图中的数据,语法和查询基础表数据的语法一样。

视图主要应用在以下几个方面:

(1)使用视图重新格式化检索出的数据;

(2)使用视图简化复杂的表连接;

(3)使用视图过滤数据。

可以使用 DESCRIBE 语句来查看视图结构,语法格式如下:

```
DESCRIBE 视图名;
```

【实例 9】查看创建的学生班级信息视图。

```
DESCRIBE view_stu_cls;
```

视图的查看结果如图 8-16 所示。

Field	Type	Null	Key	Default	Extra
学号	int(11)	YES		(NULL)	
姓名	varchar(25)	YES		(NULL)	
班级	varchar(22)	YES		(NULL)	
成绩	float	YES		(NULL)	

图 8-16 视图的查看结果

五、修改视图

修改视图即修改 MySQL 数据库中已创建的视图。当基本表的某些字段发生变化时，可以通过修改视图来保持与基本表的一致性。修改视图可以通过 ALTER VIEW 语句来完成，或者通过先删除视图再创建同名视图的方式来完成。修改视图的语法格式如下：

```
ALTER VIEW <视图名> AS <SELECT 语句>;
```

语法说明如下：

(1)<视图名>：指定视图的名称。在数据库中，视图的名称必须是唯一的，不能与其他表或视图同名。

(2)<SELECT 语句>：指定创建视图的 SELECT 语句，可用于查询多个基础表或源视图。

视图的实际数据来自基本表，因此通过插入、修改和删除操作更新视图中的数据，实质上是在更新视图所引用的基本表中的数据。

如果视图包含以下结构中的任何一种，它就是不可更新的：

(1)聚合函数 SUM()、MIN()、MAX()、COUNT()等；

(2)DISTINCT 关键字；

(3)GROUP BY 子句；

(4)HAVING 子句；

(5)UNION 或 UNION ALL 运算符；

(6)位于选择列表中的子查询；

(7)FROM 子句中的不可更新视图或包含多个表；

(8)WHERE 子句中的子查询，引用 FROM 子句中的表；

(9)ALGORITHM 选项为 TEMPTABLE。

【实例 10】 修改 view_stu_info 视图，改为只获取学生姓名。

```
ALTER VIEW view_stu_info AS SELECT sname FROM tb_stu;
SELECT * FROM view_stu_info;
```

sname
张三
李四
王五
赵六
林7
王8
赵9
李10
王11
赵12
赵13
王14
赵15
王16
赵17

图 8-17 修改视图为只获取姓名列的结果

修改视图为只获取姓名列的结果如图 8-17 所示。

【实例 11】 使用 UPDATE 语句更新学生班级视图，将 Java 班的学生成绩全部设置为 90 分。

```
UPDATE view_stu_cls SET score = 90 WHERE classid = 'Java 班';
```

错误更新视图的结果如图 8-18 所示，因为视图中包含多个表数据，所以更新失败。

【实例 12】使用 UPDATE 语句更新学生表视图，将班级为“1 班”的学生成绩全部设置为 90 分。

```
UPDATE view_stu_info SET score = 90 WHERE classId = 1;
SELECT * FROM view_stu_info ORDER BY classId;
```

正确更新视图的结果如图 8-19 所示。

修改视图的名称时，可以先将视图删除，然后按照相同的定义语句进行视图的创建，并命名为新的视图名称。

图 8-18　错误更新视图的结果

sid	sname	classId	score	regDate
1	张三	1	90	2018-08-08
3	王五	1	90	2016-08-08
6	王8	1	90	2019-04-02
9	王11	1	90	2019-07-07
12	王14	1	90	2018-09-14
2	李四	2	55	2019-05-12
4	赵六	2	55	2019-09-24
5	林7	2	55	2018-03-08
7	赵9	2	55	2019-05-01
8	李10	2	55	2017-03-03
10	赵12	2	55	2019-05-05
11	赵13	2	55	2019-10-04
13	赵15	2	55	2019-04-06
14	王16	4	55	2019-10-12
15	赵17	5	67	2019-08-02

图 8-19　正确更新视图的结果

六、删除视图

删除视图即删除 MySQL 数据库中已存在的视图。删除视图时，只能删除视图的定义，数据不会被删除。

可以使用 DROP VIEW 语句来删除视图，语法格式如下：

```
DROP VIEW <视图名 1> [,<视图名 2> …];
```

<视图名> 即指定要删除的视图名称。DROP VIEW 语句一次可以同时删除多个视图，但是必须在每个视图上拥有 DROP 权限。

【实例 13】删除 view_stu_info 视图。

```
DROP VIEW view_stu_info;
SHOW CREATE VIEW view_stu_info;
```

视图的删除结果如图 8-20 所示。

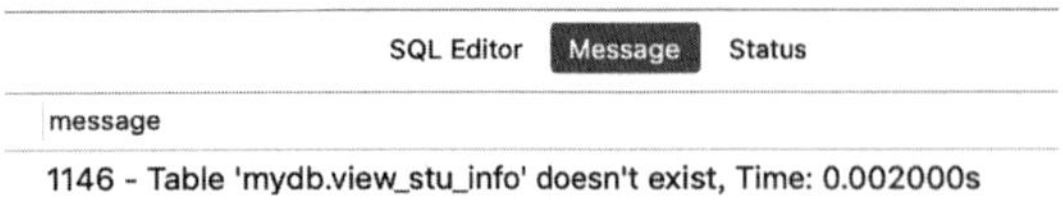

图 8-20　视图的删除结果

第三节 触 发 器

一、触发器概述

1. 触发器的定义

触发器(Trigger)是 MySQL 提供给程序开发人员和数据分析人员来保证数据完整性的一种方式。MySQL 数据库中的触发器是一种特殊的存储过程。不同的是,存储过程要使用 CALL 语句来调用,而触发器则不需要使用 CALL 语句来调用,也不需要手工启动。只要一个预定义的事件发生,触发器就会被 MySQL 自动调用。

2. 触发程序及其特点

简单地理解,触发程序即当执行一条 SQL 语句时,会自动触发执行其他 SQL 语句的程序。引发触发器执行的事件如下:

(1)当增加一条学生记录时,会自动检查年龄是否符合范围要求;

(2)当删除一条学生信息时,会自动删除其关联表上的对应记录;

(3)当删除一条数据时,在数据库存档表中会保留一个备份副本;

(4)当执行某个操作时,就在日志表中插入对应的日志记录。

触发程序的特点如下:

(1)触发程序的执行是自动的,当对触发程序相关表中的数据作出相应修改后立即执行。

(2)触发程序可以通过数据库中相关表的层叠来修改另外的表。

(3)触发程序可以实施比外键约束、检查约束等更为复杂的检查和操作。

(4)触发器与表关系密切,主要用于保护表中的数据。特别是当多个表具有一定的相互联系时,触发器能够让不同的表保持数据的一致性。

二、创建触发器

1. 触发器创建语法要素

触发器创建语法有 4 个要素:监视地点(TABLE)、监视事件(INSERT/UPDATE/DELETE)、触发时间(AFTER/BEFORE)和触发事件(INSERT/UPDATE/DELETE)。

2. 触发器创建语法格式及其说明

创建触发器的基本语法格式如下:

```
CREATE <触发器名> <BEFORE | AFTER>
<INSERT | UPDATE | DELETE >
ON <表名> FOR EACH ROW<触发器主体>;
```

语法说明如下:

(1)<触发器名>:触发器的名称。触发器在当前数据库中必须具有唯一的名称。如果在某个特定数据库中创建触发器，其名称前应加上数据库的名称。

(2)＜INSERT | UPDATE | DELETE＞：触发事件，用于指定激活触发器语句的种类。3 种触发器的执行事件如下：

①INSERT：将新行插入表时激活触发器。如 INSERT 的 BEFORE 触发器不仅能被 MySQL 的 INSERT 语句激活，还能被 LOAD DATA 语句激活。

②UPDATE：更改表中某一行数据时激活触发器，如 UPDATE 语句。

③DELETE：从表中删除某一行数据时激活触发器，如 DELETE 和 REPLACE 语句。

(3)＜BEFORE | AFTER＞：BEFORE 和 AFTER 是指触发器被触发的时刻，表示触发器是在激活它的语句之前或之后被触发。如果希望验证新数据是否满足条件，则使用 BEFORE 选项；如果希望在激活触发器的语句执行之后完成几个或更多的改变，则使用 AFTER 选项。

(4)＜表名＞：与触发器相关联的表名。表必须是永久性表，不能将触发器与临时表或视图关联起来。当该表上的触发事件发生时才会激活触发器。同一个表不能拥有两个具有相同触发时刻和触发事件的触发器。例如，对于一张数据表，不能同时有两个 BEFORE UPDATE 触发器，但可以有一个 BEFORE UPDATE 触发器和一个 BEFORE INSERT 触发器，或一个 BEFORE UPDATE 触发器和一个 AFTER UPDATE 触发器。

(5)＜触发器主体＞：触发器动作主体，包含触发器被激活时将要执行的 MySQL 语句。如果需要执行多个语句，可使用 BEGIN…END 复合语句块结构。

(6)FOR EACH ROW：行级触发，对于受触发事件影响的每一行，都要激活触发器的动作。例如，使用 INSERT 语句向某个表中插入多行数据时，触发器会对每一行数据的插入都执行相应的触发器动作。

每个表都支持 INSERT、UPDATE 和 DELETE 的 BEFORE 与 AFTER，因此每个表最多支持 6 个触发器。每个表的每个事件每次只允许有一个触发器。单一触发器不能与多个事件或表关联。

三、触发器的使用

在实际使用中，MySQL 所支持的触发器有 3 种：INSERT 触发器、UPDATE 触发器和 DELETE 触发器，即只有执行 INSERT、UPDATE 和 DELETE 操作时才能激活触发器。

1. INSERT 触发器

INSERT 触发器是在 INSERT 语句执行之前或之后响应的触发器。使用 INSERT 触发器时，需要注意以下几点：

(1)在 INSERT 触发器代码内，可引用一个名称为“NEW”(不区分大小写)的虚拟表来访问被插入的行；

(2)在 BEFORE INSERT 触发器中，NEW 中的值也可以被更新，即允许更改被插入的值(只要具有对应的操作权限)；

(3)对于 AUTO_INCREMENT 自增列，NEW 在 INSERT 执行之前包含的值是 0，在 INSERT 执行之后将包含新的自动生成值。

2. UPDATE 触发器

UPDATE 触发器是在 UPDATE 语句执行之前或之后响应的触发器。使用 UPDATE 触发器时，需要注意以下几点：

(1)在 UPDATE 触发器代码内，可引用一个名称为“NEW”(不区分大小写)的虚拟表来访问更新的值；

(2)在 UPDATE 触发器代码内，可引用一个名称为“OLD”(不区分大小写)的虚拟表来访问 UPDATE 语句执行前的值；

(3)在 BEFORE UPDATE 触发器中，NEW 中的值可能也会被更新，即允许更改将要用于 UPDATE 语句中的值(只要具有对应的操作权限)；

(4)OLD 中的值全部是只读的，不能被更新；

(5)当触发器设计触发表自身的更新操作时，只能使用 BEFORE 类型的触发器，不能使用 AFTER 类型的触发器。

3. DELETE 触发器

DELETE 触发器是在 DELETE 语句执行之前或之后响应的触发器。使用 DELETE 触发器时，需要注意以下几点：

(1)在 DELETE 触发器代码内，可以引用一个名为“OLD”(不区分大小写)的虚拟表来访问被删除的行；

(2)OLD 中的值全部是只读的，不能被更新。

在触发器使用过程中，MySQL 会按照以下方式来处理错误：

(1)对于事务性表，如果触发程序失败，以及由此导致整个语句失败，那么该语句所执行的所有更改将回滚；

(2)对于非事务性表，不能执行此类回滚，即使语句失败，失败之前所作的任何更改依然有效；

(3)若 BEFORE 触发程序失败，则 MySQL 将不执行相应行上的操作；

(4)若在 BEFORE 或 AFTER 触发程序的执行过程中出现错误，调用触发程序的整个语句将失败；

(5)仅当 BEFORE 触发程序和行操作均已被成功执行时，MySQL 才会执行 AFTER 触发程序。

【实例 14】 创建一个触发器，触发的条件是在向学生表中插入数据之前，对新插入的 score 字段值进行求和计算。

```
CREATE TRIGGER SumOfScore
BEFORE INSERT ON tb_stu
FOR EACH ROW
SET @totalscore = @totalscore + NEW. score;
SET @totalscore = 0;
INSERT INTO tb_stu VALUES(1,'赵 1',5,60,'2019-8-2'),(2,'赵 2',5,70,'2019-3-12');
SELECT @totalscore;
```

带触发条件的触发器的创建结果如图 8-21 所示。

@totalscore
130

图 8-21 带触发条件的触发器的创建结果

【实例 15】 创建一个触发器，当向 tb_stu1 表中插入数据时，将相同数据也插入 tb_stu2 表中，且将成绩加 10 分。tb_stu1 表和 tb_stu2 表的结构相同。

```
-- 查看表结构
DESC tb_stu1;
DESC tb_stu2;
-- 查看表数据
SELECT * FROM tb_stu1;
SELECT * FROM tb_stu2;
-- 创建触发器
CREATE TABLE tri_insert_stuinfo
AFTER INSERT ON tb_stu1
FOR EACH ROW
INSERT INTO tb_stu2 VALUES(NEW.sid,NEW.sname,NEW.classId,NEW.score+10);
-- tb_stu1 表插入数据
INSERT INTO tb_stu1 VALUES(1,'赵 1',3,66),(2,'张 2',5,82);
-- 再次查看表数据
SELECT * FROM tb_stu1;
SELECT * FROM tb_stu2;
```

两个表的结构如图 8-22 所示。

SQL Editor Message Result

Field	Type	Null	Key	Default	Extra
sid	int(11)	NO	PRI	(NULL)	
sname	varchar(25)	YES		(NULL)	
classId	int(11)	YES		(NULL)	
score	float	YES		(NULL)	

图 8-22　两个表的结构

表的查看结果如图 8-23 所示。插入数据前，两个表数据都为空。

SQL Editor Message Result

sid	sname	classId	score

图 8-23　表的查看结果

创建触发器且插入数据后，两个表的数据情况如下：

创建触发器并插入数据表 1 的结果如图 8-24 所示，创建触发器并插入数据表 2 的结果如图 8-25 所示。

sid	sname	classId	score
1	赵1	3	66
2	张2	5	82

图 8-24　创建触发器并插入数据表 1 的结果

sid	sname	classId	score
1	赵1	3	76
2	张2	5	92

图 8-25　创建触发器并插入数据表 2 的结果

【实例 16】创建两个表，当在 users 中插入一条数据时，就在 Logs 中生成一条日志信息。创建 users 表的语句如下：

```
CREATE TABLE users (
  id INT(11) PRIMARY KEY AUTO_INCREMENT,
  name VARCHAR(255) DEFAULT NULL,
  add_time INT(11) DEFAULT NULL,
  KEY name_key(name(250)) USING BTREE
);
```

创建 Logs 表的语句如下：

```
CREATE TABLE tlogs (
  id INT(11) PRIMARY KEY AUTO_INCREMENT,
  logmsg VARCHAR(255) DEFAULT NULL COMMENT '日志说明'
);
```

创建触发器的语句如下：

```
DELIMITER $
CREATE TRIGGER user_log AFTER INSERT ON users FOR EACH ROW
BEGIN
DECLARE s1 VARCHAR(40);
DECLARE s2 VARCHAR(20);
SET s2 = " is created";
SET s1 = CONCAT(NEW.name,s2);
INSERT INTO tlogs(logmsg) VALUES(s1);
END $
DELIMITER ;
```

执行插入语句并查看如下：

```
INSERT INTO users(name,add_time) VALUES('zz','20191019');
SELECT * FROM users;
SELECT * FROM tlogs;
```

表数据的查看结果如图 8-26 所示，日志记录的查看结果如图 8-27 所示。

id	name	add_time
1	zz	20191019

图 8-26　表数据的查看结果

id	logmsg
1	zz is created

图 8-27　日志记录的查看结果

四、查看触发器

在 MySQL 中，如果需要查看数据库中已创建的触发器，可以使用如下语句：

```
SHOW TRIGGERS;
```

所有触发器的查看结果如图 8-28 所示。

SQL Editor　Message　Result 1　Profile　Status

Trigger	Event	Table	Statement	Timing	Created	sql_mode
SumOfScore	INSERT	tb_stu	set @totalscore=@totalscore+NEW.score	BEFORE	2019-10-23 12:49:48.97	ONLY_FULL_GROUP_BY,STRICT_TRANS_TABLES,NO_ZERO_IN_DAT
tri_insert_stuinfo	INSERT	tb_stu1	insert into tb_stu2 values(NEW.sid,NEW.sname,NEW.classId,NEW.score+10)	AFTER	2019-10-23 13:08:38.05	ONLY_FULL_GROUP_BY,STRICT_TRANS_TABLES,NO_ZERO_IN_DAT

图 8-28　所有触发器的查看结果

如果要查看已创建的指定的触发器，可以使用如下语句：

```
SHOW CREATE TRIGGER <触发器名>;
```

【实例 17】 查看触发器 tri_insert_stuinfo。

```
SHOW CREATE TRIGGER tri_insert_stuinfo;
```

指定触发器的查看结果如图 8-29 所示。

Trigger	sql_mode	SQL Original Statement	character
tri_insert_stuinfo	ONLY_FULL_GROUP_BY,STRICT_TRANS_TABLES,NO_ZERO_IN_DATE,NO_ZERO_DATE,ERROR_FOR_DIVISION_BY_ZEI	CREATE DEFINER=`root`@`localhost` trigger tri_insert_stuinfo	utf8mb4

图 8-29　指定触发器的查看结果

五、删除触发器

与其他 MySQL 数据库对象一样，可以使用 DROP 语句将触发器从数据库中删除，语法格式如下：

```
DROP TRIGGER [ IF EXISTS ] [数据库名] <触发器名>;
```

语法说明如下：

(1)<触发器名>：要删除的触发器的名称。

(2)[数据库名]：可选项，指定触发器所在数据库的名称。若没有指定，则为当前默认的数据库。

(3)[IF EXISTS]：可选项，避免在没有触发器的情况下删除触发器而导致报错。

执行 DROP TRIGGER 语句需要 SUPER 权限。当删除一个表的同时，也会自动删除该表上的触发器。另外，触发器不能更新或覆盖，为了修改一个触发器，必须先删除它，再重新创建同名触发器。

本章小结

1. MySQL 中常用的索引在物理上分为 B-树索引和哈希索引。

2. 根据索引的具体用途，MySQL 中的索引在逻辑上可以分为单列索引(普通索引、唯一索引、主键索引)、组合索引、全文索引和空间索引。

3. 创建索引的语法为“CREATE ＜索引名＞ ON ＜表名＞ (＜列名＞ [＜长度＞] [ASC | DESC]);”。

4. 删除索引的语法为“DROP INDEX ＜索引名＞ ON ＜表名＞;”。

5. 视图是数据库系统中的一种数据库对象。它是一种虚拟表，是从一个、多个表或视图中导出的表，其内容由查询定义。

6. 创建视图的语法为“CREATE VIEW ＜视图名＞ AS ＜SELECT 语句＞;”。

7. 删除视图的语法为“DROP VIEW ＜视图名 1＞ [,＜视图名 2＞ …];”。

8. 触发器创建语法有 4 个要素：监视地点(TABLE)、监视事件(INSERT/UPDATE/DELETE)、触发时间(AFTER/BEFORE)、触发事件(INSERT/UPDATE/DELETE)。

9. 创建触发器的语法为“CREATE ＜触发器名＞ ＜BEFORE | AFTER＞ ＜INSERT | UPDATE | DELETE ＞ ON ＜表名＞ FOR EACH ROW＜触发器主体＞;”。

10. 删除触发器的语法为“DROP TRIGGER [IF EXISTS] [数据库名] ＜触发器名＞;”。

练习巩固

1. 创建 3 个关系表：

①借书卡表(卡号、姓名、班级)；

②图书表(书号、书名、作者、单价、库存量)；

③借阅记录(借书卡号、图书号、借阅日期、归还日期、归还标记)。

创建图书表的合适索引，方便用户可以通过书名快速查找图书；创建视图，查询价格在 50～100 元的图书信息；创建视图，找出借书超过 5 本的读者，显示姓名、借书卡号、所有借阅的图书；创建视图，查询所有超过还书日期的记录，显示图书信息和借阅者信息；创建触发器，如果借阅的图书归还了，则更新图书的库存量。

2. 创建两个关系表：

①产品表(产品编号、产品名称、产品功能描述、生产厂家、生产地址)；

②操作记录表(记录编号、操作方式、操作时间)。

在产品表上分别创建 BEFORE INSERT、AFTER UPDATE、AFTER DELETE 3 个触发器。当操作产品表时，通过触发器将事件操作到记录表中。

第九章 数据库高级管理

扫码查看课件

第一节 数据备份

一、使用 mysqldump 命令进行备份

MySQL 数据库管理系统通常会采用有效的措施来维护数据库的可靠性和完整性。但是在数据库的实际使用过程中，仍然可能存在一些不可预估的因素，造成数据库运行事务的异常中断，从而影响数据的正确性，甚至会破坏数据库，导致数据库中的数据部分或全部丢失。数据库系统提供了备份和恢复策略来保证数据库中数据的可靠性和完整性。

数据库备份是指通过导出数据或复制表文件的方式来制作数据库的副本。当数据库出现故障或遭到破坏时，将备份的数据库加载到系统中，从而使数据库从错误状态恢复到备份时的正确状态。mysqldump 是 MySQL 数据库自带的备份命令。mysqldump 是逻辑备份，导出的是 SQL 语句，也就是把数据从 MySQL 数据库中以逻辑 SQL 语句的形式直接输出或生成备份文件。

1. 备份命令

备份的命令如下：

```
备份单个数据库
mysqldump -u 用户名 -p 数据库名 > 导出的文件名
备份单个数据表
mysqldump -u 用户名 -p 数据库名 表名称 > 导出的文件名
导出存储过程
mysqldump -R -ndt 数据库名 -u 用户名 -p > 导出的文件名
```

导出可包含数据，也可不包含数据，命令如下：

```
a. 导出整个数据库(包括数据)
mysqldump -u username -p dbname > dbname.sql
b. 导出数据库结构(不含数据)
mysqldump -u username -p -d dbname > dbname.sql
c. 导出数据库中的某张数据表(包含数据)
mysqldump -u username -p dbname tablename > tablename.sql
d. 导出数据库中某张数据表的表结构(不含数据)
mysqldump -u username -p -d dbname tablename > tablename.sql
```

2. 命令参数解析

-A,--all-databases：导出全部数据库。

-Y,--all-tablespaces：导出全部表空间。

-y,--no-tablespaces：不导出任何表空间。

--add-drop-database：在每个数据库创建之前添加 DROP 数据库语句。

--add-drop-table：在每个数据表创建之前添加 DROP 数据表语句。默认为打开状态，可以使用"--skip-add-drop-table"取消选项。

--add-locks：在每个表被导出之前增加"LOCK TABLES"，并且之后 UNLOCK TABLE。默认为打开状态，可以使用"--skip-add-locks"取消选项。

--comments：附加注释信息。默认为打开，可以使用"--skip-comments"取消。

--compact：导出更少的输出信息(用于调试)，去掉注释和头尾等结构。可以使用选项"--skip-add-drop-table --skip-add-locks --skip-comments --skip-disable-keys"。

-c,--complete-insert：使用完整的 INSERT 语句(包含列名称)，以提高插入效率，但是可能会受到 max_allowed_packet 参数的影响而导致插入失败。

-C,--compress：在客户端和服务器之间启用压缩来传递所有信息。

-B,--databases：导出几个数据库。参数后面所有参量的名称都被看作数据库名。

--debug：开启调试模式，输出调试信息。调试信息包含日期、时间和详细信息，默认输出目录为"/var/log/myapp/"。

--debug-info：输出调试信息并退出。

--default-character-set：设置默认字符集，默认值为 utf8。

--delayed-insert：采用延时插入方式(INSERT DELAYED)导出数据。

-E,--events：导出事件。

--master-data：在备份文件中写入备份时的 BINLOG 文件。在恢复时，增量数据从这个文件之后的日志开始恢复。当值为 1 时，BINLOG 文件名和位置没有注释；当值为 2 时，则在备份文件中将 BINLOG 的文件名和位置进行注释。

--flush-logs：开始导出之前的刷新日志。除使用"--lock-all-tables"或"--master-data"外，假如一次导出多个数据库(使用选项"--databases"或"--all-databases")，将会逐个数据库刷新日志。在这种情况下，日志将会被刷新一次，相应的表同时被锁定。因此，如果打算同时导出和刷新日志，应该使用"--lock-all-tables"或"--master-data"和"--flush-logs"。

--flush-privileges：在导出 MySQL 数据库之后，发出一条 FLUSH PRIVILEGES 语句。为了正确恢复，该选项应该用于在任何时候导出 MySQL 数据库和依赖 MySQL 数据库的数据。

--force：在导出过程中忽略出现的 SQL 错误。

-h，--host：需要导出的主机信息

--ignore-table：不导出指定表。指定忽略多个表时，需要重复多次，每次忽略一个表。每个表必须同时指定数据库和表名，如"--ignore-table = database. table1 --ignore-table = database. table2 …"。

-x，--lock-all-tables：提交请求来锁定所有数据库中的所有表，以保证数据的一致性。这是一个全局读锁，并且自动关闭"--single-transaction"和"--lock-tables"选项。

-l，--lock-tables：开始导出前，锁定所有表。用 READ LOCAL 锁定表，以允许 MyISAM 表并行插入。对于支持事务的表，如 InnoDB 和 BDB，可以选择"--single-transaction"，因为它根本不需要锁定表。请注意，当导出多个数据库时，"--lock-tables"为每个数据库的锁定表。因此，该选项不能保证导出文件中的表在数据库之间的逻辑一致性。不同数据库表的导出状态可以完全不同。

--single-transaction：适合 InnoDB 事务数据库的备份。保证备份一致性的原理是设定本次会话的隔离级别为"Repeatable Read"，来保证本次会话（也就是 DUMP）时不会看到其他会话已经提交的数据。

-F：刷新 BINLOG。如果 BINLOG 被打开了，-F 参数会在备份时自动刷新 BINLOG 来进行切换。

-n，--no-create-db：只导出数据，而不添加 CREATE DATABASE 语句。

-t，--no-create-info：只导出数据，而不添加 CREATE TABLE 语句。

-d，--no-data：不导出任何数据，只导出数据库的表结构。

-p，--password：连接数据库密码。

-P，--port：连接数据库的端口号。

-u，--user：指定连接的用户名。

3. 使用实例

【实例 1】 备份 mytest 库中的 student 表。

```
mysqldump -uroot -p'123456' mytest student > /mnt/table_bak/student_bak.sql
```

【实例 2】 备份 mytest 库中的所有表。

```
mysqldump -uroot -p'123456' mytest > /mnt/table_bak/all_bak.sql
```

【实例 3】 备份 mytest 库中的 student 表和 test 表。

```
mysqldump -uroot -p'123456' mytest student test > /mnt/table_bak/two_bak.sql
```

【实例 4】使用-d 参数,实现只备份表结构。

```
mysqldump -uroot -p'123456' -d mytest stusent > /mnt/studentDesc_bak.sql
```

【实例 5】使用-t 参数,实现只备份数据。

```
mysqldump -uroot -p'123456' --compact -t mytest student > /mnt/studentData
_bak.sql
```

二、直接复制整个数据库目录

在数据迁移备份过程中,如果数据文件过大,使用命令行导入的效果不是很好,可能会在执行过程中出现报错、卡死的现象。可以采用复制源数据库 data 目录下的文件来完成数据迁移操作,操作步骤如下:

(1)确定要拷贝的 MySQL 数据的存放路径,可以使用“SHOW GLOBAL VARIABLES LIKE "%datadir%"”命令来查找 data 目录。data 目录的查找结果如图 9-1 所示。

Variable_name	Value
datadir	/usr/local/mysql/data/

图 9-1　data 目录的查找结果

(2)需要拷贝的文件包括数据库文件和 ibdata1 文件(必须拷贝),ibdata1 文件的存放位置如图 9-2 所示。

图 9-2　ibdata1 文件的存放位置

(3)停止 MySQL 服务,将拷贝的文件复制到目标数据库的 data 目录下,路径和上面一样。

(4)复制好文件后,启动 MySQL 服务,用数据库连接工具连接数据库,即可看到被导入的数据库。

需要注意,InnoDB 表直接复制的文件是无法使用的,会提示"table doesn't exists"。在复制的时候,一定要将 data 目录下的 ibdata1 文件一并复制过去,并且删除 ib_logfile0、ib_logfile1 文件。

拷贝方式的优缺点如下:

(1)优点:时间占用短,绝大部分时间都用在文件的网络传输上;文件可断点传输;操作步骤较少。

(2)缺点:可能引起未知问题。

三、使用 mysqlhotcopy 工具进行快速备份

1. mysqlhotcopy 的定义及备份原理

mysqlhotcopy 可被理解为"热备份",即 mysqlhotcopy 支持不停止 MySQL 服务器来实现备份。它是一个 Perl 脚本,主要在 Linux 系统下使用,最初由 Tim Bunce 编写并提供。

mysqlhotcopy 使用 LOCK TABLES、FLUSH TABLES 和 cp 或 scp 来快速备份数据库,其实现原理是先将需要备份的数据库加上一个读锁,然后用 FLUSH TABLES 将内存中的数据写回到硬盘上的数据库中,最后把需要备份的数据库文件复制到目标目录下。

2. mysqlhotcopy 的安装

mysqlhotcopy 是备份数据库或单个表的最快途径,完全属于物理备份,只能用于备份 MyISAM 存储引擎和运行在数据库目录所在的机器上。使用 mysqlhotcopy 命令前,需要安装相应的软件依赖包。它运行在 Unix 和 NetWare 中。

mysqlhotcopy 并非 MySQL 自带的,需要安装 Perl 数据库接口包(Perl-DBI 和 DBD-MySQL)。

MySQL Perl 的数据库接口包如图 9-3 所示。

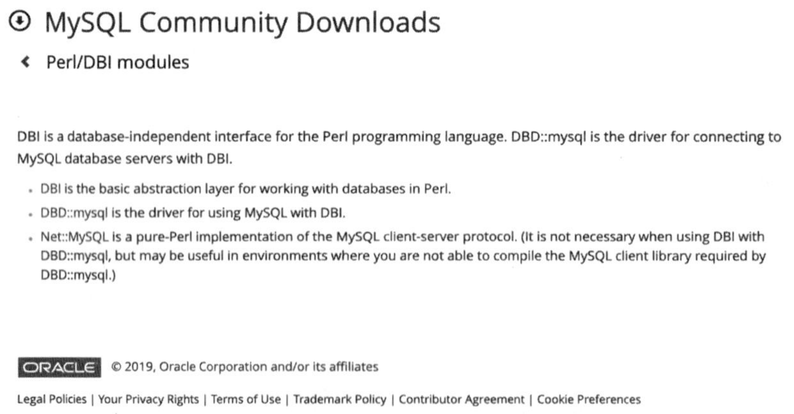

图 9-3 MySQL Perl 的数据库接口包

也可以直接使用命令来安装 mysqlhotcopy,操作步骤如下:

(1)执行"yum install Perl-DBI"安装 Perl-DBI;

(2)安装 DBD-MySQL。

使用 mysqlhotcopy 命令的语法格式如下：

```
mysqlhotcopy [option] dbname1 dbname2 backupDir/
```

语法说明如下：

(1)dbname:数据库名称。

(2)backupDir:备份到哪个文件夹下。

3. mysqlhotcopy 常用选项介绍

(1)--help:查看 mysqlhotcopy 帮助。

(2)--allowold:如果备份目录下存在相同的备份文件,将旧的备份文件名加上"_old"。

(3)--keepold:如果备份目录下存在相同的备份文件,不删除旧的备份文件,而是将旧的文件更名。

(4)--addtodest:如果备份目录下存在相同的备份文件,不中断备份,只添加新的文件。

(5)--flushlog:本次备份之后,将对数据库的更新记录到日志中。

(6)--noindices:只备份数据文件,不备份索引文件。

(7)--user=用户名:用于指定用户名,可以用-u 代替。

(8)--password=密码:用于指定密码,可以用-p 代替。请注意,密码与-p 之间没有空格。

(9)--port=端口号:用于指定访问端口,可以用-P 代替。

(10)--socket=socket 文件:用于指定 socket 文件,可以用-S 代替。

4. mysqlhotcopy 与 mysqldump 的区别

(1)mysqlhotcopy 属于物理备份,是一个快速文件意义上的拷贝;mysqldump 属于逻辑备份,是一个数据库端的 SQL 语句集合。

(2)mysqlhotcopy 只能运行在数据库目录所在的机器上;mysqldump 可以运行在远程客户端上,不过备份的文件还是保存在服务器上。

(3)mysqlhotcopy 备份的数据在恢复时只需复制备份文件到源目录下进行覆盖即可;mysqldump 方式则需要导入 SQL 文件到原库中。

(4)mysqlhotcopy 只适用于 MyISAM 存储引擎,而 mysqldump 则可同时适用于 MyISAM 存储引擎和 InnoDB 存储引擎。

(5)mysqlhotcopy 方式在使用前必须安装 Perl-DBD-MySQL 包,而 mysqldump 则不需要。

第二节 数据还原

一、使用 mysql 命令进行还原

当数据库中的数据遭到破坏时,可以通过备份的数据文件进行还原。还原是指还原数据库中的数据。

备份使用的命令是 mysqldump，还原使用的命令是 mysql，语法格式如下：

```
mysql -u 数据库登录名 -p 数据库登录密码 [要还原的数据库名] < 已备份的文件 .sql
```

语法说明如下：

(1)还原单个数据库、单个数据库的多表时需要指定数据库，而还原多个数据库时不用指定数据库；

(2)如果使用 mysqldump 命令备份的文件中包含创建数据库的语句，则不需要指定数据库名；

(3)由于数据库中的库是不能被还原的，还原数据库数据之前，必须先创建数据库。

还可以在 MySQL 客户端登录 MySQL 数据库，并使用 SOURCE 命令来还原数据库。SOURCE 命令比较简单，只需要指定导入文件的名称及路径即可，语法格式如下：

```
SOURCE filename. sql
```

二、直接复制到数据库目录下

如果数据库通过复制数据库文件进行备份，可以直接复制备份的文件到 MySQL 数据库目录下实现还原。通过这种方式进行还原时，必须保证备份数据的数据库和待还原的数据库的服务器主版本号相同。

三、使用 mysqlhotcopy 工具进行快速恢复

mysqlhotcopy 备份后的文件也可以用于恢复数据库。在 MySQL 服务器停止运行时，可以将备份的数据库文件拷贝到 MySQL 存放数据的位置(MySQL 的 data 文件夹中)上，然后重新启动 MySQL 服务器即可。如果由 root 用户执行该操作，必须指定数据库文件的所有者。语法格式如下：

```
chown -R mysql:mysql /var/lib/mysql/dbname
cp -R /usr/backup/test /usr/local/mysql/data
```

第三节　数据库迁移

一、相同版本的 MySQL 数据库之间的迁移

相同版本的 MySQL 数据库之间的迁移就是在主版本号相同的 MySQL 数据库之间进行的数据库的移动。迁移过程其实就是源数据库备份过程和目标数据库还原过程的组合。

【实例 6】将 A 主机上的 MySQL 数据迁移到 B 主机上。

```
mysqldump -h A -uroot -ppassword dbname | mysql -h B -uroot -ppassword
```

使用 mysqldump 命令从主机 A 上导出数据库(若迁移全部数据库,可使用“--all-databases”参数),并通过管道符“|”直接将数据传递给 mysql 命令,以导入到主机 B 的数据库中。需要注意的是,导入和导出数据的操作可能会受到执行机器内存和硬盘大小的限制。

二、不同版本的 MySQL 数据库之间的迁移

由于数据库升级等原因,可能需要将较旧版本 MySQL 数据库中的数据迁移到较新版本的 MySQL 数据库中。

在从新版本的 MySQL 向旧版本的 MySQL 中迁移数据时要特别注意,最好使用 mysqldump 命令导出数据,然后将数据导入目标数据库中。

三、不同数据库之间的迁移

不同类型数据库之间的迁移即 MySQL 数据库与其他类型数据库中的数据之间进行的迁移,例如从 MySQL 迁移到 ORACLE、从 ORACLE 迁移到 MySQL 和从 MySQL 迁移到 SQL Server 等。

迁移之前,需要了解不同数据库的架构,比较它们之间的差异。不同数据库中定义的相同类型数据的关键字可能不同。

数据库迁移可以使用一些工具,如在 Windows 系统下,可以使用 MyODBC 实现 MySQL 和 SQL Server 之间的迁移。MySQL 官方提供的工具 MySQL Migration Toolkit 也可以在不同的数据库之间进行数据迁移。

第四节　表的导出和导入

一、使用 SELECT 语句

从 MySQL 数据库中导出数据时,允许使用包含导出定义的 SELECT 语句进行数据的导出操作。导出的文件在服务器主机上创建,因此必须拥有文件写入权限(FILE 权限)。SELECT... INTO OUTFILE 的语法格式如下:

```
SELECT columnlist FROM table WHERE condition INTO OUTFILE 'filename'
[OPTIONS];
```

语法说明如下:

(1)SELECT columnlist FROM table WHERE condition:查询语句,查询结果返回满足指定条件的一条或多条记录。

(2)INTO OUTFLE:作用是把 SELECT 语句查询出来的结果导出到名称为“filename”

的外部文件中。filename 不能是一个已经存在的文件。

(3)[OPTIONS]：可选参数项，语法包括 FIELDS 子句和 LINES 子句。FIELDS 子句和 LINES 子句都是自选的，但如果两个子句都被指定了，则 FIELDS 子句必须位于 LINES 子句的前面。MySQL 数据导出和导入格式设置参数说明见表 9-1。

表 9-1 MySQL 数据导出和导入格式设置参数说明

选项	说明
FIELDS TERMINATED BY 'value'	设置字段之间的分隔符，可以为单个或多个字符，默认情况下为制表符“\t”
FIELDS [OPTIONALLY] ENCLOSED BY 'value'	设置字段的包围字符，只能为单个字符。如果使用了 OPTIONALLY，则只包括 CHAR 和 VARCHAR 等字符数据字段
FIELDS ESCAPED BY 'value'	设置如何写入或读取特殊字符，只能为单个字符，即设置转义字符，默认值为“\”
LINES STARTING BY 'value'	设置每行数据开头的字符，可以为单个或多个字符，默认情况下不使用任何字符
LINES TERMINATED BY 'value'	设置每行数据结尾的字符，可以为单个或多个字符，默认值为“\n”

SELECT...INTO OUTFILE 语句可以非常高效地把一个表转储到服务器上。但是如果想在服务器主机之外的部分客户主机上创建结果文件，则不能使用该语句。在这种情况下，可以在客户主机上使用 mysql -e “SELECT...”? >? file_name 命令来生成文件。

【实例 7】 使用 SELECT...INTO OUTFILE 语句将 mydb 数据库 tb_stu 表中的记录导出到文本文件中。

```
SELECT * FROM mydb.tb_stu INTO OUTFILE "/Users/yakov/bak/stuinfo.txt";
```

mydb 数据库 tb_stu 表中记录的导出结果如图 9-4 所示。

sql	message
SELECT * FROM mydb.tb_stu INTO OUTFILE "/User...	1290 - The MySQL server is running with the --secure-file-priv option so it cannot execute this statement, Time

图 9-4 mydb 数据库 tb_stu 表中记录的导出结果

如果默认直接执行，则提示命令不能被正常执行。这是因为 MySQL 的默认设置限制了文件的导出权限。可以通过配置文件或命令查看默认设置。

```
SHOW VARIABLES LIKE "secure_file_priv";
```

Variable_name	Value
secure_file_priv	NULL

图 9-5 MySQL 默认设置的查看结果

MySQL 默认设置的查看结果如图 9-5 所示。

说明如下：

(1) secure_file_prive=null：限制 mysqld，不允许导入和导出。

(2) secure_file_priv=/allowdir/：限制 mysqld 的导入和导出，只能发生在/allowdir/目录下。

(3)secure_file_priv='':不对 mysqld 的导入和导出进行限制。

可以修改 secure_file_prive 的配置,直接在配置文件中添加 secure_file_priv="语句来设置变量值,以允许数据的导出。修改 secure_file_prive 后的配置如图 9-6 所示。

```
my
init_connect='SET NAMES utf8mb4'
port        = 3306
socket      = /tmp/mysql.sock
skip-external-locking
key_buffer_size = 16M
max_allowed_packet = 1M
table_open_cache = 64
sort_buffer_size = 512K
net_buffer_length = 8K
read_buffer_size = 256K
read_rnd_buffer_size = 512K
myisam_sort_buffer_size = 8M
character-set-server=utf8mb4
init_connect='SET NAMES utf8mb4'
# Don't listen on a TCP/IP port at all. This can be a security enhancement,
# if all processes that need to connect to mysqld run on the same host.
# All interaction with mysqld must be made via Unix sockets or named pipes.
# Note that using this option without enabling named pipes on Windows
# (via the "enable-named-pipe" option) will render mysqld useless!
#
secure_file_priv=''
#skip-networking
# Replication Master Server (default)
# binary logging is required for replication
log-bin=mysql-bin
# binary logging format - mixed recommended
binlog_format=mixed
# required unique id between 1 and 2^32 - 1
# defaults to 1 if master-host is not set
# but will not function as a master if omitted
```

图 9-6　修改 secure_file_prive 后的配置

修改完配置后,再查看变量值,变量值的查看结果如图 9-7 所示。

再次执行导出的 SQL 语句,其结果如图 9-8 所示。

Variable_name	Value
secure_file_priv	

图 9-7　变量值的查看结果

sql	message
SELECT * FROM mydb.tb_stu INTO OUTFILE "/User...	OK, Time: 0.001000s

图 9-8　再次执行导出 SQL 语句的结果

特别要注意,导出文件目录时一定要有文件的写入权限,否则还是会报错。正确导出 mydb 数据库 tb_stu 表中记录的结果如图 9-9 所示。

```
stuinfo.txt
1	赵1	5	60	2019-08-02
2	赵2	5	70	2019-03-12
```

图 9-9　正确导出 mydb 数据库 tb_stu 表中记录的结果

通过执行结果可以看到,在默认情况下,MySQL 使用制表符"\t"分隔不同的字段,字段没有用其他字符括起来。Windows 系统下的回车换行符为"\r\n",默认换行符为"\n"。

在默认情况下,如果遇到空值,将会返回"\N"代表空值,"\"表示转义字符。如果使用 ESCAPED BY 选项,则 N 前面为指定的转义字符。

【实例 8】 在实例 7 的导出语句中,使用 FIELDS 和 LINES 选项,要求字段之间使用逗号隔开,将所有字段值用双引号括起来,定义转义字符为单引号"\'"。

```
SELECT * FROM mydb.tb_stu INTO OUTFILE "/Users/yakov/bak/stuinfo2.txt"
```

```
FIELDS TERMINATED BY ','
        ENCLOSED BY '\"'
        ESCAPED BY '\"
LINES TERMINATED BY '\r\n';
```

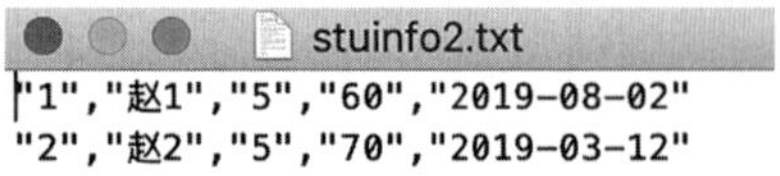
stuinfo2.txt
"1","赵1","5","60","2019-08-02"
"2","赵2","5","70","2019-03-12"

图 9-10　字符的定义结果

导出 mydb 数据库的记录时，字符的定义结果如图 9-10 所示。

二、用 mysqldump 命令导出文本文件

使用 mysqldump 命令不仅可以将数据导出为包含 CREATE、INSERT 的 SQL 文件，也可以导出为纯文本文件。mysqldump 将创建一个包含 CREATE TABLE 语句的 tablename. sql 文件和一个包含其数据的 tablename. txt 文件，语法格式如下：

```
mysqldump -T path -u root -p dbname [tables] [OPTIONS]
```

语法说明如下：

(1)只有指定了-T 参数才可以导出纯文本文件。

(2)path：导出数据的目录。

(3)[tables]：要导出的表名。如果不指定，将导出数据库 dbname 中所有的表。

(4)[OPTIONS]：可选参数项，这些选项需要结合-T 参数一起使用。OPTIONS 的常见取值及其说明见表 9-2。

表 9-2　OPTIONS 的常见取值及其说明

选项	说明
--fields-terminated-by=value	设置字段之间的分隔符，可以为单个或多个字符，在默认情况下为制表符“\t”
--fields-enclosed-by=value	设置字段的包围字符
--fields-optionally-enclosed-by=value	设置字段的包围字符，只能为单个字符，包括 CHAR 和 VARCHAR 等字符数据字段
--fields-escaped-by=value	控制如何写入或读取特殊字符，只能为单个字符，即设置转义字符，默认值为“\”
--lines-terminated-by=value	设置每行数据结尾的字符，可以为单个或多个字符，默认值为“\n”

【实例 9】使用 mysqldump 命令将 mydb 数据库 tb_stu 表中的记录导出到文本文件中。使用 FIELDS 选项，要求字段之间使用逗号间隔，将所有的字符类型字段值用双引号括起来，定义转义字符为问号，每行记录以回车换行符“\r\n”结尾。

```
mysqldump -T "/Users/yakov/bak/" -uroot -p mydb tb_stu
  --fields-terminated-by=','
```

```
--fields-optionally-enclosed-by = '\"'
--fields-escaped-by = '? '
--lines-terminated-by = '\r\n'
```

导出数据库表中记录为文本文件的结果如图 9-11 所示。生成的 tb_stu. txt 文件为表数据,文本文件的内容如图 9-12 所示。

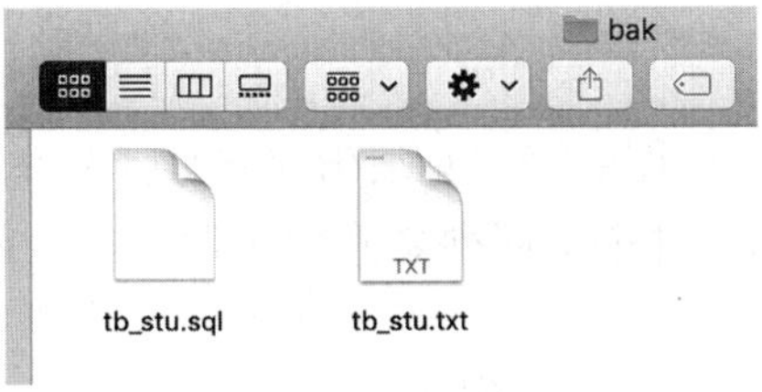

图 9-11 导出数据库表中记录为文本文件的结果

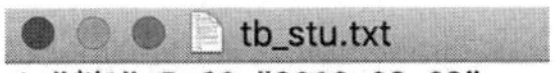


```
1,"赵1",5,60,"2019-08-02"
2,"赵2",5,70,"2019-03-12"
```

图 9-12 文本文件的内容

生成的 tb_stu. sql 文件为表结构,tb_stu. sql 文件的内容如图 9-13 所示。

```
-- MySQL dump 10.13  Distrib 5.7.26, for macos10.14 (x86_64)
--
-- Host: localhost    Database: mydb
-- ------------------------------------------------------
-- Server version 5.7.26-log

/*!40101 SET @OLD_CHARACTER_SET_CLIENT=@@CHARACTER_SET_CLIENT */;
/*!40101 SET @OLD_CHARACTER_SET_RESULTS=@@CHARACTER_SET_RESULTS */;
/*!40101 SET @OLD_COLLATION_CONNECTION=@@COLLATION_CONNECTION */;
/*!40101 SET NAMES utf8mb4 */;
/*!40103 SET @OLD_TIME_ZONE=@@TIME_ZONE */;
/*!40103 SET TIME_ZONE='+00:00' */;
/*!40101 SET @OLD_SQL_MODE=@@SQL_MODE, SQL_MODE='' */;
/*!40111 SET @OLD_SQL_NOTES=@@SQL_NOTES, SQL_NOTES=0 */;

--
-- Table structure for table `tb_stu`
--

DROP TABLE IF EXISTS `tb_stu`;
/*!40101 SET @saved_cs_client     = @@character_set_client */;
/*!40101 SET character_set_client = utf8 */;
CREATE TABLE `tb_stu` (
  `sid` int(11) DEFAULT NULL,
  `sname` varchar(25) DEFAULT NULL,
  `classId` int(11) DEFAULT NULL,
  `score` float DEFAULT NULL,
  `regDate` date DEFAULT NULL
) ENGINE=InnoDB DEFAULT CHARSET=utf8mb4;
/*!40101 SET character_set_client = @saved_cs_client */;

/*!40103 SET TIME_ZONE=@OLD_TIME_ZONE */;

/*!40101 SET SQL_MODE=@OLD_SQL_MODE */;
/*!40101 SET CHARACTER_SET_CLIENT=@OLD_CHARACTER_SET_CLIENT */;
/*!40101 SET CHARACTER_SET_RESULTS=@OLD_CHARACTER_SET_RESULTS */;
/*!40101 SET COLLATION_CONNECTION=@OLD_COLLATION_CONNECTION */;
/*!40111 SET SQL_NOTES=@OLD_SQL_NOTES */;
```

图 9-13 tb_stu. sql 文件的内容

三、用 mysql 命令导出文本文件

相比于 mysqldump 命令，mysql 命令导出数据的结果的可读性更强。使用 mysql 命令导出数据文本文件时的语法格式如下：

```
mysql -u root -p --execute = "SELECT 语句" dbname >filename.txt
```

语法说明如下：

(1)execute：执行该选项后面的语句并退出，后面的语句必须用双引号括起来。

(2)dbname：要导出的数据库名称。导出的文件中不同列之间使用制表符分隔，第 1 行包含各字段的名称。

【实例 10】 使用 mysql 命令将 mydb 数据库 tb_stu 表中的记录导出到文本文件中。

```
mysql -uroot -p --execute = "SELECT * FROM tb_stu;" mydb > "/Users/yakov/bak/
stuinfo3.txt"
或
mysql -uroot -p --execute = "SELECT * FROM mydb.tb_stu;" > "/Users/yakov/bak/
stuinfo3.txt"
```

将 mydb 数据库 tb_stu 表中的记录导出到文本文件中的结果如图 9-14 所示。

stuinfo3.txt

sid	sname	classId	score	regDate
1	赵1	5	60	2019-08-02
2	赵2	5	70	2019-03-12

图 9-14　将 mydb 数据库 tb_stu 表中的记录导出到文本文件中的结果

导出数据库中表记录未命名数据库时的结果如图 9-15 所示。如果执行时没有设置数据库名称，则会报错。

```
ERROR 1046 (3D000) at line 1: No database selected
```

图 9-15　导出数据库中表记录未命名数据库时的结果

【实例 11】 使用 mysql 命令将 mydb 数据库 tb_stu 表中的记录导出到文本文件中，使用--vertical 参数显示结果。

```
mysql -uroot -p --vertical --execute = "SELECT * FROM tb_stu;" mydb > "/Users/
yakov/bak/stuinfo4.txt"
或
mysql -uroot -p --vertical --execute = "SELECT * FROM mydb.tb_stu;" > "/Users/
yakov/bak/stuinfo4.txt"
```

使用--vertical 参数显示导出数据库中表记录的结果如图 9-16 所示。

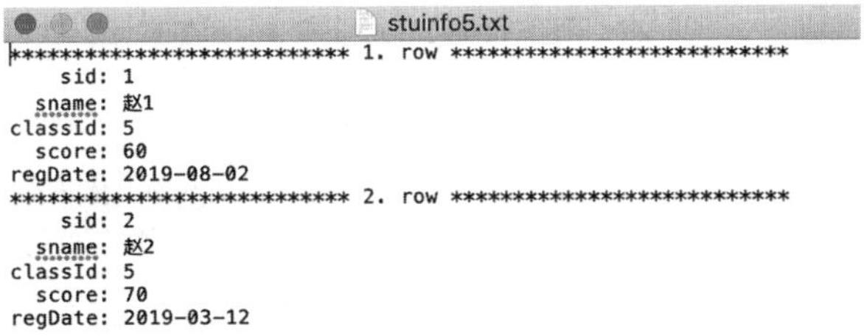

图 9-16 使用--vertical 参数显示导出数据库中表记录的结果

【实例 12】 使用 mysql 命令将 mydb 数据库 tb_stu 表中的记录导出到 xml 文件中。

```
mysql -uroot -p --xml --execute = "SELECT * FROM tb_stu;" mydb > "/Users/yakov/
bak/stuinfo5. xml"
或
mysql -uroot -p --xml --execute = "SELECT * FROM mydb. tb_stu;" > "/Users/
yakov/bak/stuinfo5. xml"
```

将 mydb 数据库 tb_stu 表中的记录导出到 xml 文件中的结果如图 9-17 所示。

图 9-17 将 mydb 数据库 tb_stu 表中的记录导出到 xml 文件中的结果

【实例 13】 使用 mysql 命令将 mydb 数据库 tb_stu 表中的记录导出到 html 文件中。

```
mysql -uroot -p --html --execute = "SELECT * FROM tb_stu;" mydb > "/Users/
yakov/bak/stuinfo6. html"
或
mysql -uroot -p --html --execute = "SELECT * FROM mydb. tb_stu;" > "/Users/
yakov/bak/stuinfo6. html"
```

sid	sname	classId	score	regDate
1	赵1	5	60	2019-08-02
2	赵2	5	70	2019-03-12

图 9-18 执行生成的文件数据

执行生成的文件数据如图 9-18 所示。

四、用 LOAD DATA INFILE 命令导入文本文件

导出文本文件后，可以再将文本文件导入数据库中。用 LOAD DATA INFILE 命令导入文本文件的语法格式如下：

```
LOAD DATA INFILE 'filename.txt' INTO TABLE tablename [OPTIONS] [IGNORE number
LINES];
```

其中，OPTIONS 选项的可选值及其说明见表 9-3。

表 9-3 OPTIONS 选项的可选值及其说明

选项	说明
FIELDS TERMINATED BY 'value'	设置字段之间的分隔符，可以为单个或多个字符，默认为'\t'
FIELDS [OPTIONALLY] ENCLOSED BY 'value'	设置字段包围的分隔符，只能为单个字符
FIELDS ESCAPED BY 'value'	控制如何写入或读取特殊字符，只能为单个字符
LINES STARTING BY 'value'	设置每行数据开头的字符，可以为单个或多个字符
LINES TERMINATED BY 'value'	设置每行数据结尾的字符，可以为单个或多个字符

【实例 14】 使用 LOAD DATA 语句将已导出文件中的数据导入到 mydb 数据库的 tb_stu 表中。使用 FIELDS 和 LINES 选项，要求字段之间使用逗号隔开，将所有字段值用双引号括起来，定义转义字符为单引号“\'”。

```
LOAD DATA INFILE '/Users/yakov/bak/stuinfo.txt' INTO TABLE mydb.tb_stu
  FIELDS
  TERMINATED BY ','
  ENCLOSED BY '\"'
  ESCAPED BY '\''
  LINES
  ERMINATED BY '\r\n';
```

五、用 mysqlimport 命令导入文本文件

使用 mysqlimport 可以导入文本文件，并且不需要登录 MySQL 客户端。mysqlimport 命令提供了许多与 LOAD DATA INFILE 语句相同的功能。使用 mysqlimport 语句时需要指定所需的选项、导入的数据库名称以及导入数据文件的路径和名称，语法格式如下：

```
mysqlimport -uroot -p dbname filename.txt [OPTIONS]
```

语法说明如下：

(1)dbname：导入的表所在的数据库名称。

(2)mysqlimport：不指定导入数据库的表名称，数据表的名称由导入文件的名称确定，即文件名作为表名。导入数据之前，该表必须存在。

(3)[OPTIONS]：可选参数项。OPTIONS 可选参数项说明见表 9-4。

表 9-4 OPTIONS 可选参数项说明

选项	说明
--fields-terminated-by=value	设置字段之间的分隔符，可以为单个或多个字符，默认情况下为制表符"\t"
--fields-enclosed-by=value	设置字段的包围字符
--fields-optionally-enclosed-by=value	设置字段的包围字符，只能为单个字符，只包括 CHAR 和 VARCHAR 等字符数据字段
--fields-escaped-by=value	控制如何写入或读取特殊字符，只能为单个字符，即设置转义字符，默认值为"\"
--lines-terminated-by=value	设置每行数据结尾的字符，可以为单个或多个字符，默认值为"\n"
--ignore-lines=n	忽视数据文件的前 n 行

【实例 15】 使用 mysqlimport 命令将已导出文件中的数据导入到 mydb 数据库的 tb_stu 表中。要求字段之间使用逗号隔开，将所有字段值用双引号括起来，定义转义字符为问号，每行记录以回车换行符"\r\n"结尾。

```
mysqlimport -u root -p mydb '/Users/yakov/bak/tb_stu.txt'
```

系统变量说明如下：

(1)-u 选项：用于指定数据库名，这里是 root。

(2)-p 选项：提示输入密码。

(3)mydb：目标数据库名称。

(4)'/Users/yakov/bar/tb_stu.txt'：需要导入的语法路径。

MySQL 的转义字符说明见表 9-5。

表 9-5 MySQL 的转义字符说明

符号	说明
\0	一个 ASCII 0 (NULL)字符
\n	一个新行符
\t	一个制表符
\r	一个回车符
\b	一个退格符
\'	一个单引号("'")符
\"	一个双引号(""")符
\\	一个反斜线("\")符
\%	一个"%"符，用于在正文中搜索"%"的文字实例，否则这里将"%"解释为一个通配符
_	一个"_"符，用于在正文中搜索"_"的文字实例，否则这里将"_"解释为一个通配符

第五节　MySQL 查询缓存

一、认识查询缓存

查询缓存可以被看作 SQL 文本和查询结果的映射，即存储 SELECT 查询的文本以及发送给客户端相应结果的映射。如果第 2 次查询的 SQL 和第 1 次查询的 SQL 完全相同，且开启了查询缓存，那么服务器第 2 次查询时就直接从查询缓存中获取结果，而不需要再解析和执行查询。需要注意以下几点：

（1）查询缓存不返回旧数据。当表被更改后，查询缓存值的相关条目被清空。

（2）如果有许多 mysqld 服务器更新相同的 MyISAM 表，查询缓存就不起作用。

（3）查询缓存不适用于服务器方编写的语句。

（4）两次查询的 SQL 语句必须完全相同，如果多一个空格或大小写不同，都认为 SQL 语句不同，即查询缓存必须是逐字节完全相同的，才被认为是相同的。

（5）即使完全相同的 SQL 语句，如果使用不同的字符集、协议等，也会被认为是不同的查询而分别进行缓存。

（6）当表的结构或数据发生改变时，查询缓存中的数据不再有效，如 INSERT、UPDATE、DELETE、TRUNCATE、ALTER TABLE、DROP TABLE 或 DROP DATABASE 语句会导致缓存数据失效。因此，查询缓存适用于有大量相同查询的应用，不适用于有大量数据更新的应用。

二、监控和维护查询缓存

可以通过下面的 SQL 语句查询当前相关参数的缓存状态：

```
SHOW VARIABLES LIKE '% query_cache %';
```

Variable_name	Value
have_query_cache	YES
query_cache_limit	1048576
query_cache_min_res_unit	4096
query_cache_size	1048576
query_cache_type	OFF
query_cache_wlock_invalidate	OFF

图 9-19　相关参数缓存状态的查询结果

相关参数缓存状态的查询结果如图 9-19 所示。

部分系统变量说明如下：

（1）have_query_cache：查询缓存是否可用。默认为“YES”，表示可用。

（2）query_cache_type：使用查询缓存的方式。查询缓存类型有 0、1、2 这 3 个取值，0 代表关闭查询缓存（OFF），即不使用查询缓存；1 表示开启（ON）查询缓存，即始终使用查询缓存；2 表示 DEMAND，即按需使用查询缓存，当 SQL 语句中有 SQL_CACHE 关键词时才使用查询缓存。

如果 query_cache_type 值为 1 而又不想利用查询缓存中的数据，可以用下面的 SQL 语句：

```
SELECT SQL_NO_CACHE * FROM my_table WHERE condition;
```

如果值为 2，又要使用查询缓存，则需要使用 SQL_CACHE 开关参数：

```
SELECT SQL_CACHE * FROM my_table WHERE condition;
```

(3) query_cache_size：在 MySQL6.0 之前的版本中，query_cache_size 在默认情况下设置为 0，表示为查询缓存预留的内存为 0，无法使用查询缓存，即前述两个参数也不起作用。所以需要设置 query_cache_size 的值：

```
SET GLOBAL query_cache_size = 134217728;
```

(4) query_cache_limit：控制缓存查询结果的最大值，即可以设置一个最大的缓存值。当查询缓存结果数据超过这个值时，就不会进行缓存。默认值为 1 MB，也就是超过了 1 MB，查询结果就不会被缓存。如果需要修改，可以像设置缓存大小一样进行设置，使用 SET 重新指定缓存大小。

MySQL 提供了一系列的 Global Status 来记录 Query Cache 的当前状态，可以使用如下语句来查看：

```
SHOW STATUS LIKE '%Qcache%';
```

使用 SHOW STATUS 查看缓存状态的结果如图 9-20 所示。

Variable_name	Value
Qcache_free_blocks	1
Qcache_free_memory	1031832
Qcache_hits	0
Qcache_inserts	0
Qcache_lowmem_prunes	0
Qcache_not_cached	80
Qcache_queries_in_cache	0
Qcache_total_blocks	1

图 9-20 使用 SHOW STATUS 查看缓存状态的结果

Query Cache 的性能指标说明见表 9-6。

表 9-6 Query Cache 的性能指标说明

变量	说明
Qcache_free_blocks	目前还处于空闲状态的 Query Cache 中内存 Block 的数量
Qcache_free_memory	目前还处于空闲状态的 Query Cache 内存的总量
Qcache_hits	Query Cache 命中的次数
Qcache_inserts	向 Query Cache 中插入新 Query Cache 的次数，即没有命中的次数
Qcache_lowmem_prunes	当 Query Cache 内存容量不够时，需要从中删除旧的 Query Cache，以给新的 Cache 对象使用的次数
Qcache_not_cached	没有被 Cache 的 SQL 数，包括无法被 Cache 的 SQL 以及由于 query_cache_type 设置的不会被 Cache 的 SQL
Qcache_queries_in_cache	目前在 Query Cache 中的 SQL 数量
Qcache_total_blocks	Query Cache 中总的 Block 数量

可以使用 3 种 SQL 语句来清理查询缓存，SQL 语句清理查询缓存说明见表 9-7。

表 9-7 SQL 语句清理查询缓存说明

语句	说明
FLUSH QUERY CACHE	清理查询缓存的内存碎片
RESET QUERY CACHE	从查询缓存中移出所有查询
FLUSH TABLES	关闭所有打开的表，同时该操作将会清空查询缓存中的内容

三、检查缓存命中率

检查是否从查询缓存中受益的最简单的办法就是检查缓存命中率。当服务器收到 SELECT 语句的时候，Qcache_hits 和 Com_select 这两个变量会根据查询缓存的情况进行递增。查询缓存的命中率 = Qcache_hits / Com_select×100%。其中，Com_select 为当前 MySQL 实例执行 SELECT 语句的个数。一般情况下 Com_select = Qcache_insert + Qcache_not_cached，而 Qcache_not_cached 中包含因数据频繁变化而导致查询缓存失效的 SELECT 语句，因此命中率一般来说较低。可以通过如下语句查看具体值：

```
SHOW STATUS LIKE '%Com_select%';
```

Com_select 具体值的查看结果如图 9-21 所示。

Variable_name	Value
Com_select	54

图 9-21 Com_select 具体值的查看结果

query_cache_min_res_unit 的配置是一柄”双刃剑”，默认是 4 KB。设置值大对于大数据查询有好处，但如果都是小数据查询，就容易造成内存碎片和浪费。

查询缓存碎片率＝Qcache_free_blocks / Qcache_total_blocks× 100%。如果查询缓存碎片率超过 20%，可以用 FLUSH QUERY CACHE 整理缓存碎片；如果查询都是小数据量的话，可以通过减小 query_cache_min_res_unit 来完成整理。

查询缓存利用率＝(query_cache_size－Qcache_free_memory) / query_cache_size×100%。查询缓存利用率在 25%以下，说明 query_cache_size 设置得过大，可适当减小；查询缓存利用率在 80%以上且 Qcache_lowmem_prunes > 50，则说明 query_cache_size 可能有点小或者碎片太多。

抛开失效的因素，查询缓存的命中率 = Qcache_hits / (Qcache_hits + Qcache_inserts)。如果使用这种公式计算出的查询缓存的命中率比较高，就意味着大部分 SELECT 语句都命中了查询缓存。如果查询缓存的命中率很差，则可能是写操作比较频繁，而且可能有些碎片。

四、优化查询缓存

根据以往的开发经验，列举相关参数的建议值如下：

(1)query_cache_type：如果全部使用 InnoDB 存储引擎，建议值为 0；如果使用 MyISAM 存储引擎，则建议值为 2，同时注意在 SQL 语句中显式控制是否是“GQuery Cache”。

(2)query_cache_size：根据查询缓存命中率进行调整，通常不建议太大(256 MB 较为合适)。大型的配置型静态数据可适当调大。

(3)binlog_cache_size:在一般环境下,2～4 MB 是一个合适的选择;在事务较大且写入频繁的数据库环境下,可以适当调大参数值,但不建议超过 32 MB。

(4)key_buffer_size:如果不使用 MyISAM 存储引擎,16 MB 足够用于缓存一些系统表信息;如果使用 MyISAM 存储引擎,在内存允许的情况下,尽可能将所有索引都放入内存中。

(5)bulk_insert_buffer_size:如果需要经常性地使用批量插入的特殊语句来插入数据,可以适当调大该参数至 16～32 MB,且不建议继续增大。

(6)innodb_buffer_pool_size: 如果不使用 InnoDB 存储引擎,可以不用调整这个参数;如果需要使用,在内存允许的情况下,尽可能将所有的 InnoDB 数据文件存放至内存中。

(7)innodb_additional_mem_pool_size:一般的数据库建议调整到 8～16 MB;如果表特别多,可以调整到 32 MB。可以根据 Error Log 中的信息来判断是否需要增大。

(8)innodb_log_buffer_size:默认是 1 MB,频繁的系统可适当增大至 4～8 MB。这个参数实际上还与其他的 flush 参数相关,一般来说建议不超过 32 MB。

(9)innodb_max_dirty_pages_pct:根据以往的经验,重启恢复的数据如果要超过 1 GB,启动速度会比较慢,几乎难以接受,所以建议不大于 1 GB/innodb_buffer_pool_size(GB)×100。当然,如果能够忍受启动时间比较长,而且希望尽量减少内存至磁盘的 flush,可以将这个值调整到 90,但不建议超过 90。

以上取值范围只是根据以往遇到的数据库场景所得到的一些优化经验值,并不一定适用于所有场景,在实际优化过程中还需要根据应用需求进行调整分析。

第六节 SQL 性能优化

一、优化概述

在进行性能测试时,可能会遇到一些 SQL 上的问题,或在提供服务时,遇到 SQL 返回较慢的问题,例如 CPU 饱和或磁盘 I/O 瓶颈。CPU 饱和的情况一般发生在数据装入内存或从磁盘上读取数据的时候;磁盘 I/O 瓶颈发生在装入数据远大于内存容量的时候。如果应用分布在网络上,当查询量相当大时,瓶颈就会出现在网络上。因此,SQL 优化是非常有必要的。

通常可以从以下几个方面来考虑 SQL 优化的问题:

(1)设计角度:存储引擎选择、字段类型选择、范式原则。

(2)功能:利用 MySQL 自身的特性创建索引,开启查询缓存,创建分区、分表、存储过程等。

(3)优化 SQL 语句。

(4)部署大负载 MySQL 架构体系:主从复制、读写分离、主主复制、集群等。

(5)升级硬件设备。

二、查询优化器概述

查询优化器(MySQL Query Optimizer)是 MySQL 中专门负责优化 SELECT 语句的优化器模块,主要功能是通过计算分析系统中收集到的统计信息,为客户端请求的 Query 提供它认为最有效的执行计划,即最优的数据检索方式。

在分析 MySQL Query Optimizer 的工作原理之前,先了解一下 MySQL 的 Query Tree。

MySQL 的 Query Tree 是通过优化实现 DBXP 的经典数据结构和 Tree 构造器而生成的，是指导完成一个 Query 语句的请求需要处理的工作步骤，可以简单地认为它就是一个数据处理流程，只是以 Tree 的数据结构存放而已。通过 Query Tree 可以很清楚地知道一个 Query 的完成必须经过哪些步骤，每一步的数据来源在哪里，处理方式又是怎样的。在整个 DBXP 的 Query Tree 生成过程中，MySQL 使用了 LEX 和 YACC 这两个功能非常强大的语法（词法）分析工具。MySQL Query Optimizer 的所有工作都是基于 Query Tree 进行的。

MySQL Query Optimizer 并不是一个纯粹的基于成本的优化器（Cost Based Optimizer，CBO），而是在 CBO 的基础上增加了一个被称为“启发式优化”（Heuristic Optimize）的功能。也就是说，MySQL Query Optimizer 在优化一个 Query 认为的最优执行计划时，并不一定完全按照数据库的元信息和系统来统计信息，而是在此基础上增加了某些特定的规则。其实就是在 CBO 的实现中增加了部分基于规则的优化器（Rule Based Optimizer，RBO）的功能，以确保在某些特殊场景下控制 Query 按照预定的方式生成执行计划。

当客户端向 MySQL 请求一条 SQL，命令解释器模块完成请求分类，区别出是 SELECT 并转发到 MySQL Query Optimizer 时，MySQL Query Optimizer 会先对整条 SQL 进行优化，处理掉一些常量表达式的预算，直接换算成常量值，并对 SQL 中的查询条件进行简化和转换，如去掉一些无用或显而易见的条件、结构调整等，然后分析 SQL 中的 Hint 信息（如果有），看显示 Hint 信息是否可以完全确定该 SQL 的执行计划。如果没有 Hint 或 Hint 信息还不足以完全确定执行计划，则会读取所涉及对象的统计信息，根据 SQL 进行写相应的计算分析，然后再得出最后的执行计划。MySQL Query Optimizer 是一个数据库软件中非常核心的功能。在 MySQL 内部，MySQL Query Optimizer 实际上经过了很多复杂的运算分析，才得出最后的执行计划。

SQL 语句优化的基本思路和原则如下：

（1）优化更需要优化的 Query；

（2）定位优化对象的性能瓶颈；

（3）明确优化目标；

（4）从 EXPLAIN 入手；

（5）多使用 profile；

（6）由小结果集驱动大结果集；

（7）尽可能在索引中完成排序；

（8）只取出自己需要的列；

（9）使用有效的过滤条件；

（10）尽可能避免复杂的连表查询和子查询语句。

三、不同类型 SQL 语句的优化方法

1. 性能瓶颈定位

在优化 MySQL 时，通常需要对数据库进行分析，常见的分析方式有 SHOW 命令查询系统状态及系统变量、慢日志查询、EXPLAIN 分析查询、PROFILING 分析。通过慢日志查询可以知道哪些 SQL 语句执行效率低；通过 EXPLAIN 分析查询可以知道 SQL 语句的具体执行情况、索引使用情况等，还可以结合 SHOW 命令查看执行状态。如果觉得 EXPLAIN 分析查询的信息不够详细，还可以通过 profiling 工具得到更准确的 SQL 执行消耗系统资源的信

息。通过定位分析性能的瓶颈,才能更好地优化数据库系统的性能。

(1)SHOW 命令可以查看 MySQL 的状态及系统变量。查看 MySQL 状态及系统变量的常用语句见表 9-8。

表 9-8 查看 MySQL 状态及系统变量的常用语句

语句	说明
SHOW STATUS	常用项,显示状态信息(SHOW STATUS LIKE ‘XXX’)
SHOW VARIABLES	常用项,显示系统变量(SHOW VARIABLES LIKE ‘XXX’)
SHOW INNODB STATUS	显示 InnoDB 存储引擎的状态
SHOW PROCESSLIST	查看当前 SQL 执行,包括执行状态、是否锁表等
MYSQLADMIN VARIABLES	显示系统变量
MYSQLADMIN EXTENDED-STATUS	显示状态信息

(2)通过慢日志查询获取存在性能问题的 SQL。

①在 MySQL 配置参数中指定 slow_query_log,启动停止记录慢日志查询。

②在 MySQL 配置参数中指定 slow_query_log_file,指定慢日志查询记录的存储路径及文件。

③在 MySQL 配置参数中指定 long_query_time,指定记录慢日志查询 SQL 执行时间的阈值。阈值默认值为 10 秒,通常改为 0.0001 秒比较合适。

④在 MySQL 配置参数中指定 log_queries_not_using_indexs,以记录未使用索引的 SQL。

⑤使用慢日志查询分析工具 mysqldumpslow。

⑥使用慢日志查询分析工具 pt-query-digest。

(3)EXPLAIN 分析查询:使用 EXPLAIN 关键字可以模拟优化器执行 SQL 查询语句,从而知道 MySQL 是如何处理 SQL 语句的,进而可以分析性能瓶颈。大部分的性能问题可以通过此命令来简单地解决。通过 EXPLAIN 命令可以得到:

①表的读取顺序;

②数据读取操作的操作类型;

③哪些索引可以被使用;

④哪些索引被实际使用;

⑤表之间的引用;

⑥每张表有多少行被优化器查询。

EXPLAIN 的语法格式如下:

```
EXPLAIN SELECT ... FROM ... [WHERE ...];
```

【实例 16】执行 EXPLAIN 分析查询语句。

```
EXPLAIN SELECT * FROM tb_stu;
```

EXPLAIN 分析查询语句的执行结果如图 9-22 所示。

SQL Editor　Message　Result 1　Profile　Status

id	select_type	table	partitions	type	possible_keys	key	key_len	ref	rows	filtered	Extra
1	SIMPLE	tb_stu	(NULL)	ALL	(NULL)	(NULL)	(NULL)	(NULL)	1	100	(NULL)

图 9-22　EXPLAIN 分析查询语句的执行结果

执行完的 profile 信息如图 9-23 所示。

Status	Duration	Percentage
starting	0.000053	9.029
checking permissions	0.000004	0.681
Opening tables	0.000021	3.578
init	0.000011	1.874
System lock	0.000003	0.511
optimizing	0.000002	0.341
statistics	0.000006	1.022
preparing	0.000006	1.022
Creating tmp table	0.000008	1.363
Sorting result	0.000003	0.511
executing	0.000321	54.685
Sending data	0.000096	16.354
Creating sort index	0.000017	2.896
end	0.000002	0.341
query end	0.000003	0.511
removing tmp table	0.000004	0.681
query end	0.000002	0.341
closing tables	0.000001	0.170
removing tmp table	0.000004	0.681
closing tables	0.000001	0.170
freeing items	0.000013	2.215
cleaning up	0.000006	1.022

图 9-23　执行完的 profile 信息

EXPLAIN 分析查询语句执行结果的部分属性说明如下：

①id：SELECT 的查询序列号。

②select_type：SELECT 的类型。select_type 说明见表 9-9。

表 9-9　select_type 说明

选项	说明
SIMPLE	简单 SELECT(不使用 UNION 或子查询等)
PRIMARY	最外面的 SELECT
UNION	UNION 中的第 2 个或后面的 SELECT 语句
DEPENDENT UNION	UNION 中的第 2 个或后面的 SELECT 语句，取决于外面的查询
UNION RESULT	UNION 的结果
SUBQUERY	子查询中的第 1 个 SELECT
DEPENDENT SUBQUERY	子查询中的第 1 个 SELECT，取决于外面的查询
DERIVED	导出表的 SELECT(FROM 子句的子查询)

③table：显示这一行的数据查询语句所用到的表名。

④type：最重要的列，显示了连接的使用类别、有无使用索引，是使用 EXPLAIN 命令分析性能瓶颈的关键项之一。结果从好到坏依次如下：system＞const＞eq_ref＞ref＞fulltext＞ref_or_null＞index_merge＞unique_subquery＞index_subquery＞range＞index＞ALL。

一般来说，应保证查询至少达到 range 级别，最好能达到 ref 级别，否则就可能出现性能问题。

⑤possible_keys：指出 MySQL 使用哪个索引能在该表中找到行。

⑥key：显示 MySQL 实际决定使用的键(索引)。如果没有选择索引，键是空值。

⑦key_len：显示 MySQL 决定使用的键长度。如果键是空值，则长度为空值。使用的索引长度在不损失精确性的情况下，越短越好。

⑧ref：显示使用哪个列或常数与 key 一起从表中选择行。

⑨rows：显示 MySQL 执行查询时必须检查的行数。

⑩Extra：包含 MySQL 解决查询的详细信息。当 type 显示为“Index”且 Extra 显示为“Using Index”时，表示使用了覆盖索引(Covering Index)。Extra 选项也是关键参考项之一，Extra 选项值说明见表 9-10。

表 9-10 Extra 选项值说明

选项	说明
Distinct	一旦 MySQL 找到了与行相联合匹配的行，就不再进行搜索
Not Exists	MySQL 优化了 LEFT JOIN，一旦它找到了匹配 LEFT JOIN 标准的行，就不再进行搜索
Range Checked for Each Record(Index Map：#)	没有找到理想的索引，因此对于从前面表中来的每一个行组合，MySQL 检查使用哪个索引，并用它来从表中返回行。这是使用索引的最慢的连接之一
Using Filesort	说明 MySQL 会对数据使用一个外部的索引进行排序，而不是按照表内的索引顺序进行读取。将 MySQL 无法使用索引完成的排序称为“文件排序”
Using Index	使用了覆盖索引，避免访问表的数据行，效率较高。如果同时出现 Using Where，表明索引被用于执行索引键值的查找；如果没有同时出现 Using Where，表明索引用于读取数据而非执行查找工作
Using Temporary	使用了临时表来保存中间结果。MySQL 在对查询结果进行排序的时候使用了临时表，常见于排序 ORDER BY、分组查询 GROUP BY 和多表联合查询
Using Where	使用了 WHERE 从句来限制哪些行将与下一张表匹配或是返回给用户。如果不想返回表中的全部行，并且连接类型为 ALL 或 Index，限制就会发生或是查询有问题
Using Join Buffer	使用了连接缓存，因为 JOIN 了太多个表
Deleting All Rows	对于 DELETE，一些存储引擎(如 MyISAM)支持一种处理方法，可以简单而快速地删除所有的表行。如果引擎使用此优化，则会显示额外值

(4)如果觉得 EXPLAIN 分析查询的信息不够详细，可以通过 profiling 工具得到更准确的 SQL 执行消耗系统资源的信息。可以结合 SHOW 命令查看执行状态，SHOW PROFILE 以及 SHOW PROFILES 语句可以显示当前会话过程中执行 SQL 语句的性能信息。

```
SHOW VARIABLES LIKE '% profil %';
```

SHOW PROFILE 语句的执行结果如图 9-24 所示。如果 profiling 是关闭的，则需要使用 set profiling = 1。profiling 开启才能使用 SHOW PROFILE 功能。

Variable_name	Value
have_profiling	YES
profiling	ON
profiling_history_size	15

图 9-24 SHOW PROFILE 语句的执行结果

2. **查询优化方法**

(1)基于索引的优化：

①主键和外键列；

②需要在指定范围内快速或频繁查询的列；

③需要按顺序快速或频繁查询的列；

④在集合过程中需要快速或频繁组合在一起的列。

(2)以下场合不考虑创建索引：

①在查询中几乎不涉及的列；

②很少有唯一的值，如记录性别的列；

③有 TEXT、IMAGE 数据类型定义的列；

④只有较少行数的表。

(3)WHERE 子句优化：

①避免在 WHERE 子句中对字段进行空值判断；

②避免在 WHERE 子句中使用"！＝"或"<>"操作符；

③慎用 IN 和 NOT IN；

④避免在 WHERE 子句中对字段进行表达式操作；

⑤避免在 WHERE 子句的"＝"左边进行函数、算术运算或其他表达式运算；

⑥尽量使用 EXISTS。

(4)子查询性能优化：

①尽量使用连接查询代替子查询；

②NOT IN、NOT EXISTS 子查询可以用 LEFT JOIN 代替；

③如果子查询结果集中没有重复记录，IN、EXISTS 子查询可以用 INNER JOIN 代替；

④IN 子查询用 EXISTS 代替；

⑤不要使用含有 COUNT(*)的子查询来判断是否存在记录，最好使用 LEFT JOIN 和 EXISTS；

⑥尽量避免嵌套子查询；

⑦子查询中尽量过滤可能多的行。

(5)其他 SQL 语句优化：

①查询时按需取材，不要返回不需要的行、列。谨慎使用"SELECT * FROM 表"，绝大多数情况下，是不需要"SELECT *"的。一旦使用了此类语句，优化器便无法完成索引覆盖，而且还会增加额外的 I/O、内存和 CPU 的消耗。当然，使用"SELECT *"也并不全是坏处，合理地使用"SELECT *"可以简化开发，提高相同代码的复用性。

②避免或简化排序。

A. 索引中不包括一个或几个待排序的列；

B. GROUP BY 子句或 ORDER BY 子句中列的次序与索引的次序不一致；

C. 排序的列来自不同的表。

③尽量在 GROUP BY 子句、HAVING 子句之前剔除多余的行。

A. SELECT 中的 WHERE 子句选择所有合适的行；

B. GROUP BY 子句用于分组统计；

C. HAVING 子句用于剔除多余的分组。

④消除对大型表数据的顺序存取。

A. 对连接的列创建索引；

B. 使用并集。

⑤尽量用 DISTINCT(唯一)，不要使用 GROUP BY。

⑥避免使用困难的正规表达式。

⑦尽量使用存储过程。

⑧尽量少使用视图，特别是嵌套视图。

⑨SQL 语句中的字段值要与数据类型精确匹配。

四、优化数据库结构

1. 优化数据库结构的目的

对数据库性能影响最大的实际上是数据库结构。优化数据库结构的目的如下：

(1)尽量减少数据冗余。数据冗余即相同的数据在多个地方存在。尽量减少数据冗余，不是要完全没有冗余的数据，因为在一些情况下数据冗余也是必要的。

(2)尽量避免在数据维护中出现的插入、更新和删除异常。

①插入异常：如果表中的某个实体随着另一个实体而存在，就会产生插入异常。

②更新异常：如果更新某个表中某个实体的单独属性时，需要对多行进行更新。

③删除异常：如果删除某个表中的实体，其他实体也会被删除。

(3)节约数据存储空间。

(4)提高查询的效率。

2. 数据库设计范式

(1)第 1 范式：数据库表中的所有字段都只具有单一属性。单一属性的列是由基本数据类型构成的，设计出来的表都是简单的二维表。

(2)第 2 范式：要求一个表中只具有一个业务主键。也就是说，符合第 2 范式的表不能存在非主键列只对部分主键的依赖关系。

(3)第 3 范式：每一个非主属性既不部分依赖也不传递依赖于业务主键，也就是在第 2 范式的基础上消除了非主属性对主键的传递依赖。

范式化的优点：尽量地减少数据冗余；范式化操作比反范式化操作更快；范式化的表通常比反范式化的表更小。范式化的缺点：查询需要关联多个表；更难进行索引优化。

3. 定义表的命名原则

(1)可读性原则；

(2)表意性原则；

(3)长名原则(尽量避免过多使用缩写)。

4. 选择合适的字段数据类型

优化数据库结构应选择合适的存储引擎。除此之外，还应选择合适的字段数据类型。

(1)当一个列可以选择多种数据类型时，应该优先考虑数字类型，其次是日期或二进制类型，最后是字符类型；

(2)对于相同级别的数据类型，应该优先选择占用空间小的数据类型。

5. 表的垂直拆分

垂直分表在日常开发和设计中比较常见，也叫“大表拆小表”。垂直拆分就是把原来很多列的表拆分成多个表，这样可以解决表的宽度问题。拆分是基于关系数据库中的列(字段)进行的。通常情况下，某个表中的字段比较多，可以新建立一张“扩展表”，将不经常使用或者长度较大的字段拆分出去，放到“扩展表”中。通常垂直拆分可以按以下原则进行：

(1)把不常用的字段单独存放到一个表中；

(2)把大字段独立存放到一个表中；

(3)把经常一起使用的字段放到一起。

表垂直拆分的示意图如图 9-25 所示。

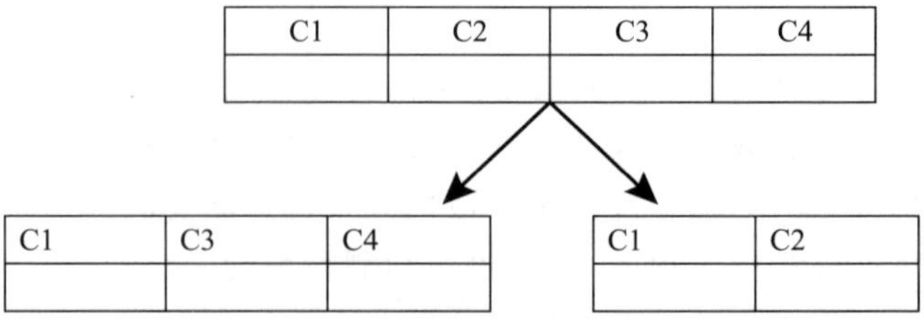

图 9-25　表垂直拆分的示意图

6. 表的水平拆分

水平分表也称为横向分表，比较容易理解。表的水平拆分是为了解决单表数据量过大的问题。水平分表就是将表中不同的数据行按照一定规律分布到不同的数据库表中，被水平拆分的每个表的结构都是完全一致的（这些表保存在同一个数据库中），以降低单表数据量，优化查询性能。最常见的方式就是通过主键或者时间等字段进行 HASH 和取模后拆分。常用的水平拆分方法的步骤如下：

(1)对主键进行 HASH 运算；

(2)针对不同的 HASH 值，把数据存到不同的表中。

表水平拆分的示意图如图 9-26 所示。

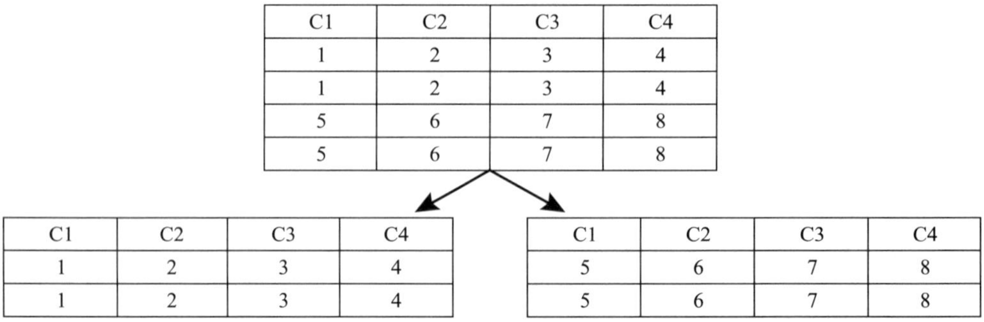

图 9-26　表水平拆分的示意图

如果单表的 I/O 压力大，可以考虑用水平分割，其原理就是通过 HASH 算法，将一张表分为 N 页，并通过一个新的表（总表）记录每页的位置。假如一个门户网站的数据库表已经达到 5 000 万条记录，此时如果通过 SELECT 去查询，效率必定会低下（不进行索引的前提下）。为了降低单表的 I/O 压力，通过水平分割，将这个表分成 50 页，同时生成一个总表记录各页的信息，那么假如查询一条 id＝500 的记录，就不再需要进行全表扫描，而是通过总表找到该记录对应的页，然后再去相应的页作检索，这样就降低了 I/O 压力。

目前分表有静态分表和动态分表两种。

(1)静态分表：事先估算出表能达到的量，然后根据每一个表需要存多少数据，直接算出需要创建表的数量。例如，1 亿条数据，如果每一个表存 100 万条数据，那么就要建 100 张表，然后通过一定的 HASH 算法，计算将每一条数据存放在哪张表中，有点类似于使用 partition table

(表分区)。静态分表的弊端就是当分的表还不满足需求时,需要再进行扩展的难度和成本就会很高。

(2)动态分表:同样也是对大数据量的表进行拆分。它可以避免静态分表带来的后遗症,当然也需要在设计上多做一些东西。

从某种意义上来讲,有些系统中使用的"冷热数据分离"(将一些使用较少的历史数据迁移到其他的数据库中,而在业务功能上,通常默认只提供热点数据的查询)也是类似的实践。在高并发和海量数据场景下,分库分表能够有效缓解单机和单库的性能瓶颈和压力,突破 I/O、连接数、硬件资源的瓶颈。当然,投入的硬件成本也会更高。同时,也会带来一些复杂技术问题和挑战,如跨分片复杂查询、跨分片事务处理等。

第七节 MySQL 服务器性能优化

一、源代码安装的性能优化

MySQL 源代码安装:

(1)下载 mysql-5.5.24.tar.gz 和 cmake-2.8.4.tar.gz 两个源文件。

(2)MySQL 源文件包是采用 cmake 安装的,需要先安装 cmake。

①在 cmake 的安装目录下解压 cmake:

```
tar -zxv -f cmake-2.8.4.tar.gz
```

②进入 cmake 的加压目录中:

```
cd cmak-2.8.4
```

③运行./configure:

```
./configure
```

④执行 cmake 的安装步骤:

```
make
make install
```

(3)创建 MySQL 安装程序的目录和数据文件的目录。

```
mkdir -p /usr/local/mysql
mkdir -p /usr/local/mysql/data
```

(4)创建 MySQL 用户和 MySQL 用户组。

```
groupadd mysql
useradd -r -g mysql mysql
```

(5)进入 MySQL 压缩包所在的目录中,解压 MySQL 源代码,并使用 cmake 安装 MySQL 源代码。

```
tar -zxv -f mysql-5.5.24.tar.gz
cd mysql-5.5.24/
```

```
cmake -DCMAKE_INSTALL_PREFIX = /user/local/mysql
-DMYSQL_DATADIR = /user/local/mysql/data
-DDEFAULT_CHARSET = utf8
-DDEFAULT_COLLATION = utf8_general_ci
-DEXTRA_CHARSETS = all
-DENABLED_LOCAL_INFILE = 1
-DWITH_INNOBASE_STORAGE_ENGINE = 1
-DWITH_ARCHIVE_STORAGE_ENGINE = 1
-DWITH_BLACKHOLE_STORAGE_ENGINE = 1
-DWITH_EXAMPLE_STORAGE_ENGINE = 1
-DWITH_FEDERATED_STORAGE_ENGINE = 1
-DWITH_PRATITION_STORAGE_ENGINE = 1
```

```
make
make install
```

(6)设置目录权限。

```
cd /usr/local/mysql/
chown -R root:mysql
chown -R mysql:mysql data
```

(7)创建 my.cnf 文件,并且初始化数据库。

```
cp ./support-files/my-medium.cnf /etc/my.cnf
./scripts/mysql_install_db --user = mysql
```

(8)设置环境变量。

```
cd ~
export PATH=$PATH:$HOME/bin:/usr/local/mysql/bin:/usr/local/mysql/lib
# 添加个人 bin 目录和 MySQL 目录到 PATH
```

(9)启动 MySQL。

```
cd /usr/local/mysql/
./bin/mysqld_safe --user=mysql &
```

可以通过改变编译选项,提高数据库的性能。查看所有编译选项的命令如下:

```
./configure --help
```

可以使用以下的命令来指定 MySQL 数据的源文件和数据文件存放的位置,改变安装前缀,将所有的安装内容安装到/usr/local/mysql5.5。

```
./configure --prefix=/usr/local/mysql5.5
```

修改 with-unix-socket-path 选项来改变数据库 sock 文件的位置。

```
./configure --unix-socket-path=/usr/local/mysql/tmp/mysql.sock
```

改变 MySQL 默认的字符集和排序规则。

```
./configure --with-charset=CHARSET
./configure --with-collation=COLLATION
```

MySQL 数据库源代码的安装可以采用静态编译,以提高性能。

```
./configure --with-client-ldflags=-all-static --with-mysqld-ldflags=-all-static
```

二、服务器配置优化

在 MySQL 数据库系统中,有些参数会直接影响系统的整体性能。MySQL 默认的参数设置往往无法满足实际应用的需求,因此需要通过其他方法进行配置。

1. 查看性能参数的方法

(1)查询服务器的静态参数,如缓存区的大小、字符集、数据文件名称等。

```
SHOW VARIABLES;
```

(2)查询服务器运行中的状态信息,如当前连接数、锁等。

```
SHOW STATUS;
```

(3)在操作系统下直接查询数据库的状态。

```
mysqladmin -uroot -p variables
```

(4)查看 MySQL 服务器某个参数的含义。

```
mysqld -verbose -help|more
```

(5)如果需要查询某些参数的含义,可以进行过滤查询。执行如下命令会把包含“thread”的命令信息查询出来:

```
mysqld -verbose -help|grep thread
```

2. key_buffer_size 的设置(针对 MyISAM 存储引擎)

在 MySQL 数据库中,key_buffer_size 是对 MyISAM 表性能影响最大的一个参数。该参数用于设置索引块缓存的大小,只适用于 MyISAM 存储引擎。MySQL5.1 之后的版本提供了多个 key_buffer,可以将制订的表索引缓存到指定的 key_buffer 中,这样可以更好地降低线程之间的竞争。

(1)要查看 key_buffer_size 的大小,可以用如下语句:

```
SHOW VARIABLES LIKE "key_buffer_size";
```

(2)要修改 key_buffer_size 的大小,可以用如下语句:

```
SET GLOBAL key_buffer_size = 204800;
```

(3)设置多个 key_buffer 的步骤如下:

①建立一个索引缓存。

```
SET GLOBAL hot_cache2.key_buffer_size = 128 * 1024;
```

②将相关表的索引放到指定的索引缓存中。

```
CACHE INDEX t,t2 IN hot_cache2;
```

CACHE INDEX 命令可以将多个表的索引加载到指定的索引缓存区中，但是每次数据库重启之后，索引缓存区中的数据会被清空。此时可以考虑在配置文件“/etc/my.cnf”中添加执行“init-file”选项，每次服务器启动的时候自动地将指定表的索引加载到缓存区中。

```
init_file = /root/initSQL/mysqld_init.sql
```

数据库每次启动的时候执行“/root/initSQL/mysqld_init.sql”脚本文件，该文件可以将多个表索引加载到缓存区中，如将表 t1 和表 t2 的索引加载到 hot_cache 缓存区中。

```
CACHE INDEX t1,t2 IN hot_cache;
```

③将表的索引加载到默认的缓存区(key_buffer)中。

```
LOAD INDEX INTO cache t;
```

④要删除索引缓存区，只需设置该缓存区的大小为 0 即可。注意：不能删除默认的索引缓存区，否则删除是无效的。

```
SET GLOBAL hot_cache2.key_buffer_size = 0;
```

3. table_cache 的设置(针对 MyISAM 存储引擎)

table_cache 参数和 key_buffer_size 参数一样，都只适用于 MyISAM 存储引擎。在 mysqld 中，对 table_cache 参数的定义如下：

(1)table_cache 参数表示数据库用户打开表的缓存数量，每个连接进来都至少打开一个表缓存，所以该参数的值与 max_connections 有关。

(2)当一个连接访问一个表的时候，如果该表已经在缓存中被打开，则会直接访问缓存中的表信息；如果该表没有被缓存，则会将当前的表添加到缓存中并进行查询。table_cache 用于限制缓存表的最大数量，如果当前缓存没有达到缓存表数量的上限，则会将表缓存起来；如果达到了缓存表数量的上限，MySQL 将按照缓存表的最后查询时间、查询率等规则释放之前的缓存。

(3)在设置该参数的时候，可以通过检查 open_tables 和 opened_tables 来确定该参数的值。open_tables 参数表示当前打开表的缓存数，opened_tables 参数表示曾经打开表的缓存数。如果执行 FLUSH TABLE 操作，则系统会关闭一些当前没有使用的表的缓存，即 FLUSH TABLE 操作之后，open_tables 参数的值会变小，opened_tables 参数的值不会变。在设置 table_cache 的时候，可以参考 open_tables 的值。

```
SHOW GLOBAL STATUS LIKE 'open_tables';
```

当前打开表的缓存数如图 9-27 所示。

```
SHOW GLOBAL STATUS LIKE 'opened_tables';
```

执行 FLUSH TABLE 操作后被打开过的表的缓存数如图 9-28 所示。

Variable_name	Value
Open_tables	15

图 9-27　当前打开表的缓存数

Variable_name	Value
Opened_tables	233

图 9-28　执行 FLUSH TABLE 操作后被打开过的表的缓存数

4. 内存参数的设置(针对 InnoDB 存储引擎)

(1)innodb_buffer_pool_size 参数:用于设置缓存 InnoDB 表和索引数据。参数值越高,访问表中数据所需磁盘的 I/O 就越小。

(2)innodb_additional_mem_pool 参数:用于设置 InnoDB 存储的数据目录信息和其他内部数据结构的内存池大小。应用程序里的表越多,需要在这里分配的内存就越多。对于一个相对稳定的应用,这个参数的大小也是相对稳定的。

5. 日志和事务参数的设置

(1)innodb_log_file_size 参数:用于设置日志组中每个日志文件的大小。该参数在高强度写入负载,尤其是大数据集的情况下很重要,值越大,则性能相对越高。

(2)innodb_log_files_in_group 参数:用于指定数据库中有几个日志组。默认为 2 个,因为有可能出现跨日志的大事务。通常建议使用 3～4 个日志组。

(3)innodb_log_buffer_size 参数:用于设置日志缓存的大小。一旦提交事务,则将该缓存池中的内容写到磁盘的日志文件上。该参数在中等强度写入负载以及较短事务情况下,一般都可以满足服务器的性能要求。如果服务器负载较大,可以考虑增加该参数的值。一般缓存池中的内存每秒钟写到磁盘一次,所以该参数值设置得较大会浪费内存空间,通常设置为 8～16 MB。该值的设置可以参考 innodb_os_log_written 的值,如果该值增加过快,可以进行适当的增加。

(4)innodb_flush_log_at_trx_commit 参数:用于控制缓存区的数据写入日志文件和将日志文件数据刷新到新磁盘的操作时间。对该参数的设置可以在数据库性能与数据库安全之间进行折中。参数只有 3 个值,默认为 1,也是最安全的设置;出于性能的考虑,可以设置为 0 或 2,但会在数据库崩溃前丢失 1 秒的事务。为了保证事务的持久性和复制设置的一致性,建议将参数值设置为 1。

6. 存储和 I/O 相关参数的设置

数据库数据存储和 I/O 的性能会直接影响数据库数据文件读写执行的效率。合理地分配存储和 I/O 方面的参数，将会提升数据库整体的性能。相关参数的设置如下。

(1)innodb_open_files 参数：用于限制 InnoDB 存储引擎在同一时间能打开表的数量，默认值为 300。如果数据库里的表特别多，可考虑增加该参数的值。

(2)innodb_flush_method 参数：用于设置 InnoDB 存储引擎与操作系统进行 I/O 的交互模式，即刷新数据和日志的方法。innodb_flush_method 参数的选项说明见表 9-11。

表 9-11 innodb_flush_method 参数的选项说明

选项	说明
Fdatasync	InnoDB 使用 fsync()函数更新日志和数据文件
O_DSYNC	InnoDB 使用 O_DSYNC 模式打开并更新日志文件，使用 fsync()函数更新数据文件
O_DIRECT	InnoDB 使用 O_DIRECT 模式打开数据文件，使用 fsync()函数更新日志和数据文件

(3)innodb_max_dirty_pages_pct 参数：用于控制 InnoDB 的脏页在缓存中的百分比，将脏页的比例控制在所设定的百分比值之下。如果该参数的值为 50，则脏页在缓存中最多只占 50%。建议将该参数值设置为 15～90，如果设置得过大，缓存中每次更新需要置换的数据太多；如果设置得过小，可以存放脏页的缓存区的内存空间会很小，性能会受到一定的影响。

7. 其他重要参数的设置

(1)max_connect_errors 参数：默认值为 10，表示 mysqld 线程没有重新启动过。一台物理服务器只要异常中断累计超过 10 次，就再也无法连接上 mysqld 服务。若异常中断累计次数超过该参数设置的值，有两种解决方式：重启 mysqld 服务和执行 FLUSH HOSTS 命令。

(2)interactive_timeout 参数：用于设置处于交互状态连接的活动被服务器端强制关闭后的等待时间。

(3)wait_timeout 参数：用于设置客户端与服务器在无交互状态连接到被服务器强制关闭而等待的时间。此参数只有针对基于 TCP/IP 或 Socket 通信协议建立的连接才有效。

(4)query_cache_type 参数：用于控制查询结果是否放置在查询缓存中。查询缓存类型的可选值只能是 0、1、2。设置为 0，表示禁止查询缓存的功能；设置为 1，表示启用查询缓存的功能，缓存所有符合要求的查询结果集(除了 SELECT SQL_NO_CACHE 以及不符合查询缓存设置的结果集之外)；设置为 2，表示仅缓存 SELECT SQL_CACHE…子句的查询结果集(除了不符合查询缓存设置的结果集之外)。

(5)query_cache_size 参数：用于设置查询缓存的大小。设置参数时，需要考虑查询缓存对 DDL 和 DML 语句性能的影响、查询缓存的内部维护成本、查询缓存的命中率以及内存使用率等因素。

三、MySQL 日志设置优化

MySQL 的复制过程实际上就是将客户端的日志通过 I/O 复制到服务器端，然后服务器端将日志中的数据解析出来并应用到数据库中。因此，数据库日志对 MySQL 的 I/O 性能有很大的影响。可通过如下语句查看与二进制日志文件相关的参数：

```
SHOW VARABLES LIKE 'binlog%';
```

影响 binlog_cache_size 性能的参数如下：

(1)binlog_cache_use：使用二进制日志缓存事务的数量。

(2)binlog_cache_disk_use：使用二进制日志缓存且值达到 binlog_cache_size 设置的值、用临时文件存储事务的数量。

(3)max_binlog_cache_size：二进制日志所使用缓存的最大值。该参数的默认值足够大。

(4)max_binlog_size：二进制日志使用的最大值。如果系统中事务过多，而此参数的值设置得过小，则会报错。默认值为 1 GB。

(5)sync_binlog：该参数比较重要，不仅对数据完整性有影响，而且还对数据库的性能也有影响。"sync_binlog＝0"是默认设置，表示当事务提交之后，不进行文件系统的同步指令刷新 binlog_cache 中的信息到磁盘，而是让文件系统自行决定是否同步，或者 Cache 满了之后才同步到磁盘。"sync_binlog＝n"表示当事务提交 *n* 次之后，将进行一次同步，将 binlog_cache 中的数据写入磁盘中。"sync_binlog＝0"的性能是最好的，不过也是最危险的，一旦系统崩溃，binlog_cache 中的数据就会丢失。"sync_binlog＝1"是数据库消耗最大的，不过安全性比较高，当事务提交之后，数据库会将缓存中的数据同步到磁盘中。

四、MySQL I/O 设置优化

目前大多数应用都是以 I/O 密集型为主，存储技术远没有计算机中其他系统发展得迅速。尽管也有不少高端的存储设备，不过考虑到成本因素，一般用户承受不起。

SQL 优化、数据库对象优化、数据库参数优化以及应用程序优化等，都是想通过减少或者延缓磁盘的读写来减轻磁盘 I/O 的压力。另外，管理员可以通过增强磁盘 I/O 的吞吐量以及磁盘 I/O 本身的性能来提高数据库的整体性能，具体处理方式如下：

(1)选择合适的磁盘阵列(RAID)级别：RAID 就是将 *N* 台硬盘通过 RAID Controller 结合成虚拟单台大容量硬盘。根据数据冗余和分布方式，RAID 分为不同的级别。

(2)使用符号链接(Symbolic Links)分布 I/O：在不使用 RAID 或者逻辑卷的情况下，可以使用操作系统的符号链接将不同的数据库、表、索引执行在不同的物理磁盘上，从而达到分布磁盘 I/O 的目的。可用如下语句查看系统是否支持符号链接：

```
SHOW VARIABLES LIKE 'have_symlink';
```

Variable_name	Value
have_symlink	YES

图 9-29　系统是否支持符号链接的查看结果

系统是否支持符号链接的查看结果如图 9-29 所示。

使用软链的操作过程如下：

①将一个数据库指向其他物理磁盘，先在目标磁盘上创建目录，然后创建从 MySQL 数据目录到目标目录的符号链接。命令如下：

```
mkdir /otherdisk/databases/test
ln -s /otherdisk/databases/test /path/to/datadir
```

②对于已经存在的 MyISAM 表，可以先将 .MYD 或 .MYI 文件移动到目标磁盘中，然后

建立符号链接即可。对于新建的 MyISAM 表，可以使用 DATA DIRECTORY 和 INDEX DIRECORY 将表数据文件或索引文件指向其他物理磁盘，命令如下：

```
CREATE TABLE test(id INT PRIMARY KEY,name VARCHAR(20))
Type = myisam
DATA DIRCOTORY = '/disk2/data'
INDEX DIRECTORY = '/disk3/index'
```

五、MySQL 并发设置优化

MySQL 数据库并发性能是影响数据整体性能的一个重要参数，通过提高并发连接数量，可以提升并发效率。相关参数值查看及设置方式如下：

（1）查看允许同时连接的最大数量，可以将其尽量设置得大一些。

```
SHOW VARIABLES LIKE 'max_connections';
```

允许同时连接的最大数量如图 9-30 所示。

（2）查看允许同时使用的最大连接数。在 MySQL 主机性能允许的范围内，可以考虑将允许同时使用的最大连接数设置为 500～800。

```
SHOW GLOBAL STATUS LIKE 'max_used_connections';
```

允许同时使用的最大连接数如图 9-31 所示。

Variable_name	Value
max_connections	151

图 9-30 允许同时连接的最大数量

Variable_name	Value
Max_used_connections	4

图 9-31 允许同时使用的最大连接数

（3）参数 net_buffer_length：设置消息缓存区的大小。

```
SHOW GLOBAL STATUS LIKE 'net%';
```

（4）参数 max_allowed_packet：在网络传输中，一次传递数据量的最大值。

```
SHOW GLOBAL STATUS LIKE 'max_allowed_packet%';
```

（5）参数 back_log：在 MySQL 的连接请求等待队列中允许存放的最大连接请求数。系统的默认值为 50，最大可以设置为 65 535。

```
SHOW GLOBAL STATUS LIKE 'back_log%';
```

六、线程、table_cache 和临时表优化

线程优化主要是优化 MySQL 中与连接线程相关的系统参数以及状态变量。MySQL 实现了一个线程池，将空闲的连接线程存放在线程池中。当有新的请求时，MySQL 会检查线程池中是否有空闲的连接线程。如果没有，MySQL 会创建新的线程；如果线程池中有空闲的线程，MySQL 会直接从线程池中取出空闲的线程。

1. 线程的优化

可以通过如下语句查看与连接线程相关的系统参数：

```
SHOW VARIABLES LIKE 'thread%';
```

Variable_name	Value
thread_cache_size	9
thread_handling	one-thread-per-connectior
thread_stack	262144

图 9-32　与连接线程相关的系统参数

与连接线程相关的系统参数如图 9-32 所示。

2. table_cache 的优化

table_cache 是非常重要的 MySQL 性能参数，主要用于设置 table 高速缓存的数量。由于每个客户端连接都至少访问一个表，此参数的值与 max_connections 有关。

内存越大，table_cache 的默认值就越大。加大 table_cache 的值之后，MySQL 执行的效率也会提高，同时产生死锁的记录也会增多。因此，在平时维护的过程中，应该找到合适的 table_cache 值，从而在 MySQL 的性能和产生死锁的概率中找到平衡。

table_cache 的值增加之后，可能会出现文件描述符不够用的情况。为了限制系统打开文件的最大值，可以设置参数“open-files-limit”。但是这种方式的调整只是临时性的，如果中断连接，该值又会变成原始值。这时，可以通过 vi 命令将 ulimit -n -5000 写入/etc/profile 中，等服务器重启之后就可以生效，同时建议将/etc/security/limits. conf 也进行修改，还要将配置文件中的 open_files_limit 参数值增大。对于 4 GB 内存的数据库服务器，可以把 open_files_limit 的参数值至少增大到 4 096；如果没有什么特殊情况，设置为 8 192 也可以。

3. 临时表的优化

临时文件就是为了达到各种不同的目的而产生的中间文件，使用完毕之后会被及时回收和清理。临时表则是 MySQL 在进行一些内部操作(GROUP BY、DISTINCT、ORDER BY 查询语句，UNION 和一些 FROM 语句中的子查询等)的时候临时生成的数据库表。可以用 EXPLAIN 来分析查询语句，判断是否会用到临时表。

查看临时文件、临时表和磁盘临时表的语法如下：

```
SHOW GLOBAL STATUS LIKE 'create_tmp%';
```

MySQL 对临时表进行配置的语法如下：

```
SHOW VARIABLES
WHERE variable_name IN('max_heap_table_size','tmp_table_size');
```

临时表的配置结果如图 9-33 所示。

如果有 text 或 blog 字段，就不能使用内存临时表而能使用磁盘临时表。

tmp_table_size 参数规定了内存临时表的最大值。如果内存临时表超过了限制，数据库会将数据存储在磁盘临时表中，存储的目录默认为“/tmp/”。查看临时目录的语法如下：

```
SHOW VARIABLES LIKE 'tmpdir';
```

临时目录的查看结果如图 9-34 所示。

Variable_name	Value
max_heap_table_size	16 777 216
tmp_table_size	16 777 216

图 9-33 临时表的配置结果

Variable_name	Value
tmpdir	/var/tmp/

图 9-34 临时目录的查看结果

本章小结

1. 数据库备份是指通过导出数据或复制表文件的方式来制作数据库的副本。当数据库出现故障或遭到破坏时，将备份的数据库加载到系统中，从而使数据库从错误状态恢复到备份时的正确状态。

2. 使用 mysqldump 命令进行数据备份，使用 mysql 命令进行数据还原。

3. 直接复制整个数据库目录来实现数据备份和还原。

4. 使用 mysqlhotcopy 工具来快速备份和还原数据。

5. 相同版本的 MySQL 数据库之间的迁移就是在主版本号相同的 MySQL 数据库之间进行的数据库的移动。迁移过程其实就是源数据库备份过程和目标数据库还原过程的组合。

6. 在从新版本的 MySQL 向旧版本的 MySQL 中迁移数据时要特别注意，最好使用 mysqldump 命令导出数据，然后将数据导入目标数据库中。

7. 在进行不同类型数据库之间的迁移之前，需要了解不同数据库的架构，比较它们之间的差异，同时可以借助一些工具完成迁移。

8. 表的导出和导入可以使用 SELECT... INTO OUTFILE 语句，语法格式为“SELECT columnlist FROM table WHERE condition INTO OUTFILE 'filename' [OPTIONS];”。

9. 使用 mysqldump 命令不仅可以将数据导出为包含 CREATE、INSERT 的 SQL 文件，也可以导出为纯文本文件。

10. 相比于 mysqldump 命令，mysql 命令导出数据的结果的可读性更强。

11. 使用 mysqlimport 可以导入文本文件，并且不需要登录 MySQL 客户端。

12. 查询缓存可以被看作 SQL 文本和查询结果的映射,即存储 SELECT 查询的文本以及发送给客户端的相应结果的映射。如果第 2 次查询的 SQL 和第 1 次查询的 SQL 完全相同,且开启了查询缓存,那么服务器就可以直接从查询缓存中读取结果,而不需要再解析和执行查询。

13. 检查是否从查询缓存中受益的最简单的办法就是检查缓存命中率。

14. MySQL Query Optimizer 是 MySQL 中专门负责优化 SELECT 语句的优化器模块,主要功能是通过计算分析系统中收集到的统计信息,为客户端请求的 Query 提供它认为最有效的执行计划,即最优的数据检索方式。

15. 在 MySQL 数据库系统中,有些参数会直接影响系统的整体性能。MySQL 默认的参数设置往往无法满足实际应用的需求,因此需要通过其他方法进行配置。

16. 和大多数数据库一样,MySQL 提供了很多参数来进行服务器的优化设置。在数据库服务器第 1 次启动的时候,很多参数都是默认设置的,这在实际生产环境中并不能完全满足需求,因此数据库管理员要进行必要的设置。

17. MySQL 的复制过程实际上就是将客户端的日志通过 I/O 复制到服务器端,然后服务器端将日志中的数据解析出来并应用到数据库中。因此,数据库日志对 MySQL 的 I/O 性能有很大的影响。

18. MySQL 数据库并发性能是影响数据整体性能的一个重要参数,通过提高并发连接数量可以提高并发效率。

练习巩固

创建电商系统的数据库表。假设经过一段时间的运营后需要备份数据库表的数据,请使用不同技术完成数据库中会员表、商品表、商品类型表、订单表的数据备份。假设公司服务器突然崩溃,现在需要将备份的数据进行还原,请实现该需求。

第十章 项目案例

扫码查看课件

第十章教学视频

第一节 案例分析

一、理解项目需求

基于 MySQL 数据库设计进销存系统的业务流程，主要实现如下功能；

(1)分析并创建数据库表，主要包含供应商信息表、进货记录表、库存信息表、销售记录表、药品信息表、客户信息表、员工信息表和总销售数据表；

(2)定义触发器，实现药品信息的管理，进货或销售时必须能自动修改库存；

(3)定义视图，查询各仓库中存放的药品信息和数量；

(4)定义触发器，实现在销售收款后自动修改销售单上的结账标记(Y——结清；N——未结清)；

(5)定义存储过程，查询日销售明细(包括销售的药品、数量、金额)；

(6)定义存储过程，生成收款员的收款日报(收款员、金额)；

(7)约束药品的计量单位只能是“瓶”“袋”“支”；

(8)销售时，每一个销售单可以销售多种药品，并能根据销售的各种药品的数量和单价计算销售小计和总计金额；

(9)普通客户累计消费金额达到 10 000 元，自动升级该客户为 VIP，本次及以后的消费自动打折。

进销存系统业务处理流程如图 10-1 所示。

二、建立项目数据模型

进销存系统 E-R 模型图如图 10-2 所示。

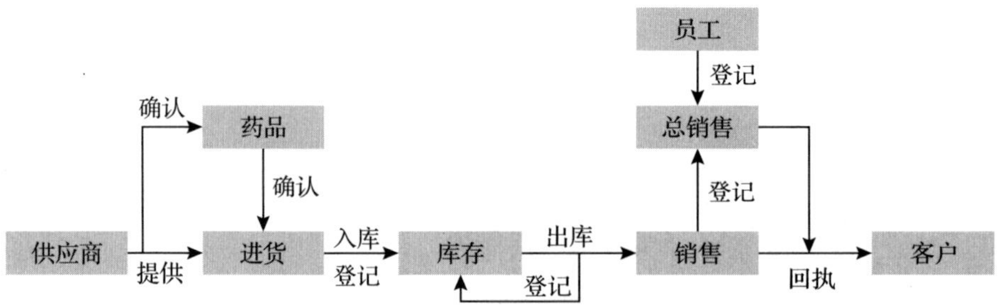

图 10-1 进销存系统业务处理流程

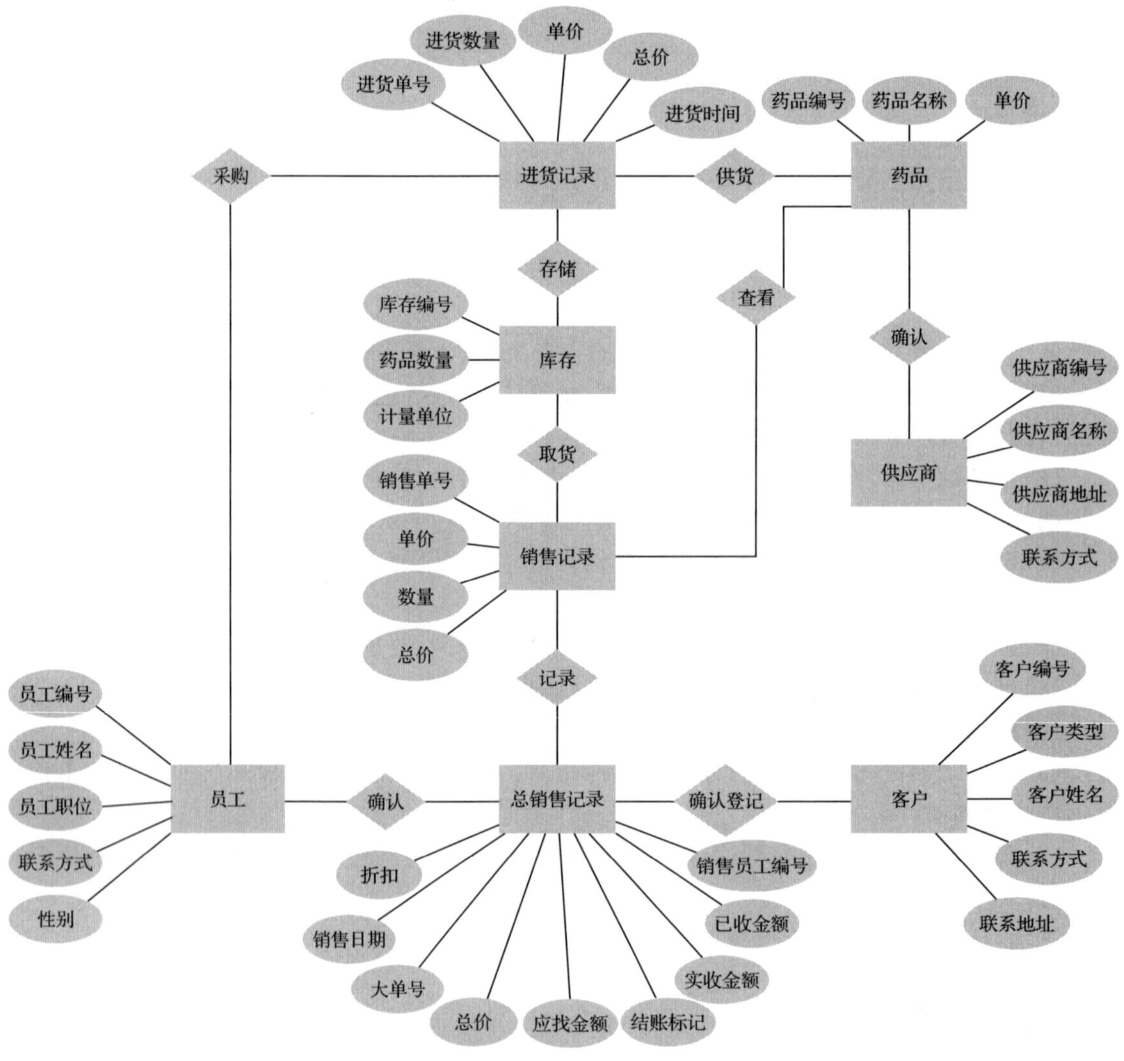

图 10-2 进销存系统 E-R 模型图

第二节 案例设计与开发

一、数据库相关设计

数字字典如下：

(1)供应商信息表:进销存系统供应商信息表见表10-1。

表10-1 进销存系统供应商信息表

属性	类型	备注
供应商编号	INT(20)	主键
供应商名称	VARCHAR(50)	NOT NULL
供应商地址	VARCHAR(100)	NOT NULL
联系方式	VARCHAR(20)	NOT NULL
备注	VARCHAR(200)	NULL

(2)进货记录表:进销存系统进货记录表见表10-2。

表10-2 进销存系统进货记录表

属性	类型	备注
进货单号	INT(20)	主键
药品编号	INT(20)	NOT NULL
进货数量	DECIMAL(10,1)	NOT NULL
单价	DECIMAL(10,2)	NOT NULL
总价	DECIMAL(10,2)	NOT NULL
进货时间	DATE	NOT NULL
供应商编号	INT(20)	NOT NULL
采购员工编号	INT(20)	NOT NULL
备注	VARCHAR(200)	NULL

(3)库存信息表:进销存系统库存信息表见表10-3。

表10-3 进销存系统库存信息表

属性	类型	备注
库存编号	INT(20)	主键
药品编号	INT(20)	NOT NULL
药品数量	DECIMAL(10,1)	NOT NULL
计量单位	VARCHAR(10)	NOT NULL
备注	VARCHAR(200)	NULL

(4)销售记录表:进销存系统销售记录表见表 10-4。

表 10-4 进销存系统销售记录表

属性	类型	备注
销售单号	INT(20)	主键
药品编号	INT(20)	NOT NULL
单价	DECIMAL(10,2)	NOT NULL
数量	DECIMAL(10,1)	NOT NULL
总价	DECIMAL(10,2)	NOT NULL
大单号	INT(20)	NOT NULL
销售时间	DATE	NOT NULL
备注	VARCHAR(200)	NULL

(5)药品信息表:进销存系统药品信息表见表 10-5。

表 10-5 进销存系统药品信息表

属性	类型	备注
药品编号	INT(20)	主键
药品名称	VARCHAR(50)	NOT NULL
单价	DECIMAL(10,2)	NOT NULL
备注	VARCHAR(200)	NULL

(6)客户信息表:进销存系统客户信息表见表 10-6。

表 10-6 进销存系统客户信息表

属性	类型	备注
客户编号	INT(20)	主键
客户类型	VARCHAR(10)	NOT NULL
客户姓名	VARCHAR(20)	NULL
联系方式	VARCHAR(20)	NULL
联系地址	VARCHAR(50)	NULL
备注	VARCHAR(200)	NULL

(7)员工信息表:进销存系统员工信息表见表 10-7。

表 10-7 进销存系统员工信息表

属性	类型	备注
员工编号	INT(20)	主键
员工姓名	VARCHAR(20)	NOT NULL

续表10-7

属性	类型	备注
员工职位	VARCHAR(20)	NULL
联系方式	VARCHAR(20)	NOT NULL
性别	VARCHAR(2)	NULL
备注	VARCHAR(200)	NULL

(8)总销售数据表:进销存系统总销售数据表见表10-8。

表10-8 进销存系统总销售数据表

属性	类型	备注
大单号	INT(20)	主键
客户编号	INT(20)	NOT NULL
总价	DECIMAL(10,2)	NOT NULL
折扣	DECIMAL(10,1)	NOT NULL
实收金额	DECIMAL(10,2)	NOT NULL
已收金额	DECIMAL(10,2)	NOT NULL
应找金额	DECIMAL(10,2)	NOT NULL
结账标记	VARCHAR(2)	NOT NULL
销售员工编号	INT(20)	NOT NULL
销售日期	DATE	NOT NULL
备注	VARCHAR(200)	NULL

二、创建数据库、创建表和约束

(1)创建数据库,语句如下:

```
CREATE DATABASE PurchaseAndSaleSystem;
```

创建销售系统数据库的界面如图10-3所示。

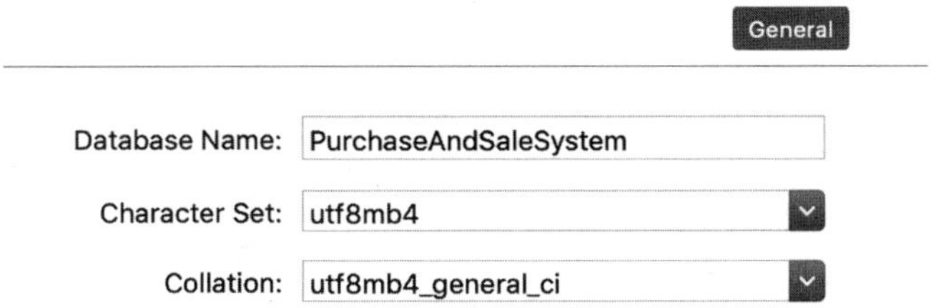

图10-3 创建销售系统数据库的界面

(2)创建供应商信息表,语句如下:

```
CREATE TABLE supplier (
 spid INT(20) PRIMARY KEY,-- 供应商编号
 spname VARCHAR(50) NOT NULL,-- 供应商名称
 spaddr VARCHAR(100) NOT NULL,-- 供应商地址
 spphone VARCHAR(20) NOT NULL,-- 联系方式
 remark VARCHAR(200) -- 备注
);
```

(3)创建进货记录表,语句如下:

```
CREATE TABLE purchaseRecords (
 prid INT(20) PRIMARY KEY AUTO_INCREMENT,-- 进货单号
 drugid INT(20) NOT NULL,-- 药品编号
 prnum DECIMAL(10,1) NOT NULL,-- 进货数量
 prprice DECIMAL(10,2) NOT NULL,-- 单价
 prtotalprice DECIMAL(10,2) NOT NULL,-- 总价
 prdate DATE NOT NULL,-- 进货时间
 spid INT(20) NOT NULL,-- 供应商编号
 purchaserno INT(20) NOT NULL,-- 采购员工编号
 remark VARCHAR(200) -- 备注
);
```

(4)创建库存信息表,语句如下:

```
CREATE TABLE stock (
 sid INT(20) PRIMARY KEY AUTO_INCREMENT,-- 库存编号
 drugid INT(20) NOT NULL,-- 药品编号
 drugnum DECIMAL(10,1) NOT NULL,-- 药品数量
 unit VARCHAR(10) NOT NULL,-- 计量单位
 remark VARCHAR(200) -- 备注
);
```

(5)创建销售记录表,语句如下:

```
CREATE TABLE salesRecords (
srid INT(20) PRIMARY KEY AUTO_INCREMENT,-- 销售单号
drugid INT(20) NOT NULL,-- 药品编号
```

```
price DECIMAL(10,2) NOT NULL,-- 单价
num DECIMAL(10,1) NOT NULL,-- 数量
totalprice DECIMAL(10,2) NOT NULL,-- 总价
brdid INT(20) NOT NULL,-- 大单号
sdate DATE NOT NULL,-- 销售时间
remark VARCHAR(200) -- 备注
);
```

(6)创建药品信息表,语句如下:

```
CREATE TABLE drugs (
 drugid INT(20) PRIMARY KEY AUTO_INCREMENT,-- 药品编号
 drugname VARCHAR(50) NOT NULL,-- 药品名称
 price DECIMAL(10,2) NOT NULL,-- 单价
 remark VARCHAR(200) -- 备注
);
```

(7)创建客户信息表,语句如下:

```
CREATE TABLE customer (
 cid INT(20) PRIMARY KEY AUTO_INCREMENT,-- 客户编号
 ctype VARCHAR(10) NOT NULL,-- 客户类型
 cname VARCHAR(20) NULL,-- 客户姓名
 phone VARCHAR(20) NULL,-- 联系方式
 addr VARCHAR(50) NULL,-- 联系地址
 remark VARCHAR(200) -- 备注
);
```

(8)创建员工信息表,语句如下:

```
CREATE TABLE staff (
 sid INT(20) PRIMARY KEY AUTO_INCREMENT,-- 员工编号
 sname VARCHAR(20) NOT NULL,-- 员工姓名
 sposition VARCHAR(20) NOT NULL,-- 员工职位
 sphone VARCHAR(20) NOT NULL,-- 联系方式
 sex VARCHAR(2) NULL,-- 性别
 remark VARCHAR(200) -- 备注
);
```

(9)创建总销售数据表,语句如下:

```
CREATE TABLE totalSalesRecord (
 bsid INT(20) PRIMARY KEY AUTO_INCREMENT,-- 大单号
 cid INT(20) NOT NULL,-- 客户编号
 totalprice DECIMAL(10,2) NOT NULL,-- 总价
 discount DECIMAL(10,1) NOT NULL,-- 折扣
 actualmoney DECIMAL(10,2) NOT NULL,-- 实收金额
 receivedmoney DECIMAL(10,2) NOT NULL,-- 已收金额
 duemoney DECIMAL(10,2) NOT NULL,-- 应找金额
 checkout VARCHAR(2) DEFAULT 'N',-- 结账标记
 salerid INT(20) NOT NULL,-- 销售员工编号
 saledate DATE NOT NULL,-- 销售日期
 remark VARCHAR(200) -- 备注
);
```

(10)修改表,添加检查约束,语句如下:

```
ALTER TABLE stock ADD CONSTRAINT chk_unit CHECK(unit IN ('瓶','袋','支'));
ALTER TABLE staff ADD CONSTRAINT chk_sex CHECK(sex IN ('男','女'));
```

(11)修改表,添加外键约束,语句如下:

```
ALTER TABLE purchaseRecords ADD CONSTRAINT  fk_pcr_drugid FOREIGN KEY
(drugid) REFERENCES drugs(drugid);
ALTER TABLEe purchaseRecords ADD CONSTRAINT fk_pcr_spid FOREIGN KEY (spid)
REFERENCES supplier(spid);
ALTER TABLE purchaseRecords ADD CONSTRAINT fk_pcr_purchaserno FOREIGN KEY
(purchaserno) REFERENCES staff(sid);
ALTER TABLE stock ADD CONSTRAINT fk_stock_drugid FOREIGN KEY (drugid)
REFERENCES drugs(drugid);
ALTER TABLE salesRecords ADD CONSTRAINT fk_sr_drugid FOREIGN KEY (drugid)
REFERENCES drugs(drugid);
ALTER TABLE salesRecords ADD CONSTRAINT fk_sr_bsid FOREIGN KEY (brdid)
REFERENCES totalSalesRecord(bsid);
ALTER TABLE totalSalesRecord ADD CONSTRAINT fk_tsr_cid FOREIGN KEY (cid)
REFERENCES customer(cid);
ALTER TABLE totalSalesRecord ADD CONSTRAINT fk_tsr_bsid FOREIGN KEY
(salerid) REFERENCES staff(sid);
```

三、编写 SQL 语句实现基础业务

(1)添加供应商基础数据,语句如下:

```
INSERT INTO supplier VALUES(100000001,'哈尔滨制药厂','哈尔滨 111 号','121212',");
INSERT INTO supplier VALUES(100000002,'长春制药厂','长春 222 号','122222',");
INSERT INTO supplier VALUES(100000003,'沈阳制药厂','沈阳 333 号','123333',");
INSERT INTO supplier VALUES(100000004,'北京制药厂','北京 444 号','124444',");
```

添加供应商基础数据的界面如图 10-4 所示。

(2)添加药品基础数据,语句如下:

```
INSERT INTO drugs VALUES(111,'感冒灵',10,");
INSERT INTO drugs VALUES(222,'泰诺',20,");
INSERT INTO drugs VALUES(333,'维生素片',20,");
INSERT INTO drugs VALUES(444,'急支糖浆',30,");
```

添加药品基础数据的界面如图 10-5 所示。

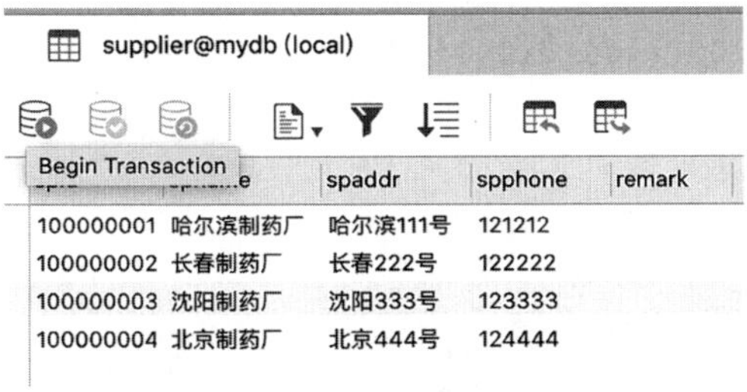

图 10-4 添加供应商基础数据的界面

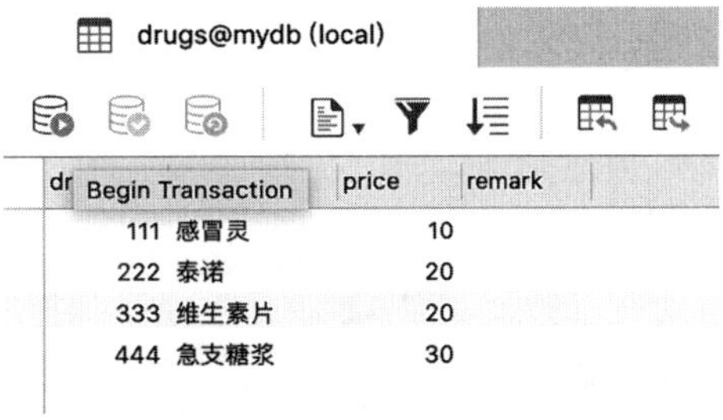

图 10-5 添加药品基础数据的界面

(3)添加客户基础数据,语句如下:

```
INSERT INTO customer VALUES(101,'1','张 11','111','厦门',");
INSERT INTO customer VALUES(102,'2','张 22','111','北京',");
INSERT INTO customer VALUES(103,'1','张 33','111','上海',");
```

添加客户基础数据的界面如图 10-6 所示。

(4)添加员工基础数据,语句如下:

```
INSERT INTO staff VALUES(201,'李 11','经理','111','男',");
INSERT INTO staff VALUES(202,'李 22','职员','222','女',");
INSERT INTO staff VALUES(203,'李 33','职员','333','男',");
```

添加员工基础数据的界面如图 10-7 所示。

customer@mydb (local)

cid	ctype	cname	phone	addr	remark
101	1	张11	111	厦门	
102	2	张22	111	北京	
103	1	张33	111	上海	

图 10-6　添加客户基础数据的界面

staff@mydb (local)

sid	sname	sposition	sphone	sex	remark
201	李11	经理	111	男	
202	李22	职员	222	女	
203	李33	职员	333	男	

图 10-7　添加员工基础数据的界面

(5)添加进货记录数据,语句如下:

```
INSERT INTO purchaseRecords VALUES(1100001,111,500,8,4000,'2019-10-11',
100000001,201,");
INSERT INTO purchaseRecords VALUES(1100002,333,40,18,4000,'2019-8-11',
100000002,203,");
INSERT INTO purchaseRecords VALUES(1100003,222,250,12,4000,'2019-10-15',
100000002,203,");
INSERT INTO purchaseRecords VALUES(1100004,222,120,12,4000,'2019-11-1',
100000003,202,");
INSERT INTO purchaseRecords VALUES(1100005,444,610,15,4000,'2019-6-21',
100000004,201,");
```

添加进货记录数据的界面如图 10-8 所示。

purchaseRecords@mydb (local)

prid	drugid	prnum	prprice	prtotalprice	prdate	spid	purchaserno	remark
1100001	111	500	8	4000	2019-10-11	100000001	201	
1100002	333	40	18	4000	2019-08-11	100000002	203	
1100003	222	250	12	4000	2019-10-15	100000002	203	
1100004	222	120	12	4000	2019-11-01	100000003	202	
1100005	444	610	15	4000	2019-06-21	100000004	201	

图 10-8　添加进货记录数据的界面

(6)添加库存数据,语句如下:

```
INSERT INTO stock VALUES(1200001,111,1110,'袋',");
INSERT INTO stock VALUES(1200002,222,1220,'瓶',");
INSERT INTO stock VALUES(1200003,333,1330,'支',");
```

添加库存数据的界面如图 10-9 所示。

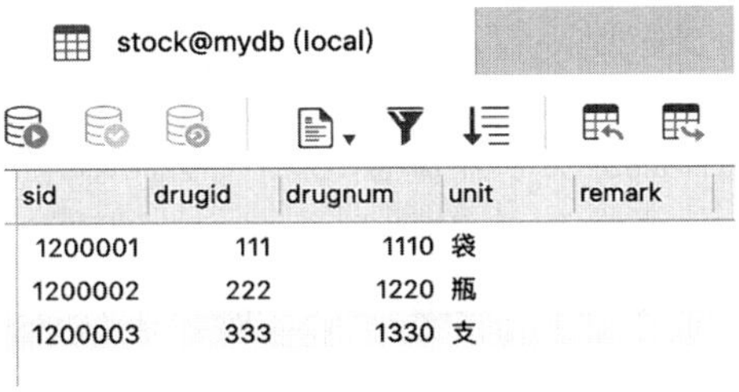

sid	drugid	drugnum	unit	remark
1200001	111	1110	袋	
1200002	222	1220	瓶	
1200003	333	1330	支	

图 10-9 添加库存数据的界面

(7)添加总销售数据，语句如下：

```
INSERT INTO totalSalesRecord VALUES(1400001,101,610,1,500,500,0,'Y',
201,'2019-11-1','');
INSERT INTO totalSalesRecord VALUES(1400002,102,510,1,500,500,0,'Y',
202,'2019-11-1','');
INSERT INTO totalSalesRecord VALUES(1400003,101,410,1,500,500,0,'Y',
201,'2019-11-1','');
INSERT INTO totalSalesRecord VALUES(1400004,102,310,1,500,500,0,'Y',
202,'2019-11-1','');
```

添加总销售数据的界面如图 10-10 所示。

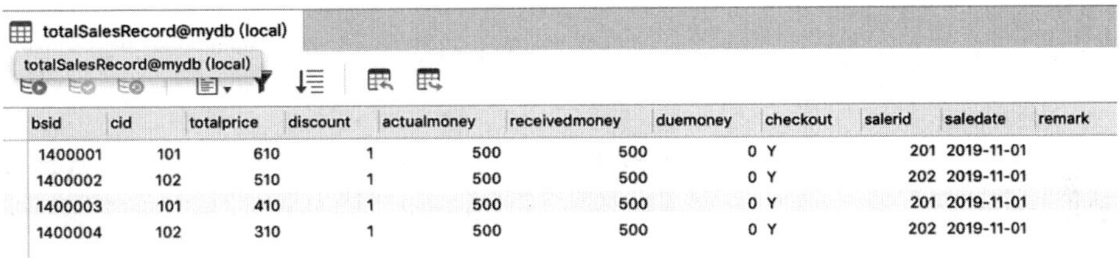

bsid	cid	totalprice	discount	actualmoney	receivedmoney	duemoney	checkout	salerid	saledate	remark
1400001	101	610	1	500	500	0	Y	201	2019-11-01	
1400002	102	510	1	500	500	0	Y	202	2019-11-01	
1400003	101	410	1	500	500	0	Y	201	2019-11-01	
1400004	102	310	1	500	500	0	Y	202	2019-11-01	

图 10-10 添加总销售数据的界面

(8)添加销售记录数据，语句如下：

```
INSERT INTO salesRecords VALUES(1300001,111,12,10,120,1400001,'2019-11-1','');
INSERT INTO salesRecords VALUES(1300002,222,23,11,253,1400002,'2019-10-12','');
INSERT INTO salesRecords VALUES(1300003,333,41,10,410,1400002,'2019-10-22','');
```

添加销售记录数据的界面如图 10-11 所示。

四、创建、使用视图

(1)创建视图，查询各仓库中存放药品的信息和数量，语句如下：

```
-- 创建视图
```

```
CREATE VIEW stock_drug_view
AS
SELECT s.sid 仓库编号,d.drugid 药品编号,d.drugname 药品名称,CONCAT(s.drugnum,
s.unit) 药品数量
FROM drugs d JOIN stock s ON d.drugid = s.drugid;
-- 使用视图
SELECT * FROM stock_drug_view;
```

各仓库中存放药品的信息和数量如图 10-12 所示。

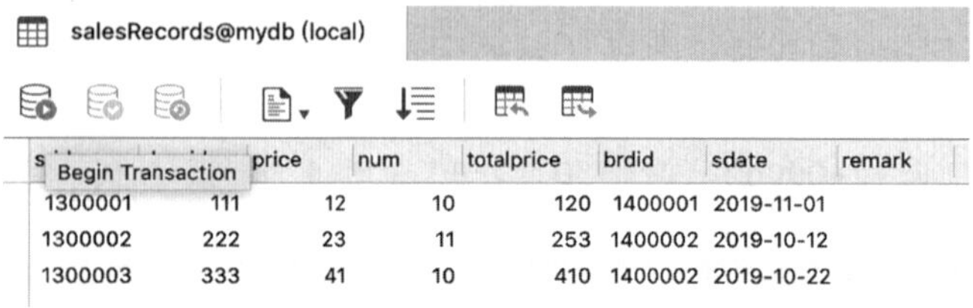

图 10-11 添加销售记录数据的界面

仓库编号	药品编号	药品名称	药品数量
1200001	111	感冒灵	1110袋
1200002	222	泰诺	1220瓶
1200003	333	维生素片	1330支

图 10-12 各仓库中存放药品的信息和数量

(2)创建视图,查询每日药品销售情况的语句如下:

```
-- 创建视图
CREATE VIEW stock_daily_sell
AS
SELECT sr.sdate 日期,d.drugname 药品名称,sr.num 药品数量,SUM(sr.totalprice) 总
销售额
  FROM salesrecords sr,drugs d
  WHERE sr.drugid = d.drugid GROUP BY sr.srid,sr.sdate
-- 使用视图
SELECT * FROM stock_daily_sell;
```

每日药品的销售情况如图 10-13 所示。

五、使用存储过程处理复杂业务

(1)查询日销售明细(包括销售药品的名称、数量、金额),语句如下:

```
-- 创建存储过程
CREATE PROCEDURE daily_sales_details(d DATE)
BEGIN
  SELECT d.drugname 药品名称,sr.num 药品数量,sr.totalprice 总销售额
```

```
  FROM salesrecords sr,drugs d
  WHERE sr.drugid = d.drugid AND sr.sdate = d GROUP BY sr.srid;
END;
-- 调用存储过程
CALL daily_sales_details('2019-10-12');
```

日销售明细如图 10-14 所示。

日期	药品名称	药品数量	总销售额
2019-11-01	感冒灵	10	120
2019-10-12	泰诺	11	253
2019-10-22	维生素片	10	410

图 10-13 每日药品的销售情况

药品名称	药品数量	总销售额
泰诺	11	253

图 10-14 日销售明细

(2)输入指定的员工编号,就可以查看每日该员工的收款情况,生成收款员的收款日报(收款员、金额)。语句如下:

```
-- 创建存储过程
CREATE PROCEDURE daily_receipts(_saler INT)
BEGIN
  SELECT s.sid 员工编号,s.sname 员工姓名,tsr.totalprice 总价,tsr.actualmoney 实
收金额,tsr.saledate 日期
  FROM totalSalesRecord tsr,staff s
  WHERE tsr.salerid = s.sid AND s.sid = _saler;
END;
-- 调用存储过程
CALL daily_receipts(201);
```

每日指定员工的收款情况如图 10-15 所示。

(3)销售时,每一个销售单可以销售多种药品,并能根据销售的各种药品的数量和单价计算销售小计和总计金额。创建存储过程,实现输入指定大单号就可以查看该单号每种药品的总价小计及总金额的目的。语句如下:

```
-- 创建存储过程
CREATE PROCEDURE ticket_subtotal(_sid INT)
BEGIN
  SELECT tsr.bsid 大单号,sr.drugid 药品编号,d.drugname 药品名称,sr.price 单价
  FROM totalSalesRecord tsr,salesrecords sr,drugs d
  WHERE tsr.bsid = sr.brdid AND d.drugid = sr.drugid and tsr.bsid = _sid;
END;
-- 调用存储过程
```

```
CALL ticket_subtotal(1400001);
```

指定大单号每种药品的总价小计如图 10-16 所示。

员工编号	员工姓名	总价	实收金额	日期
201	李11	610	500	2019-11-01
201	李11	410	500	2019-11-01

图 10-15 每日指定员工的收款情况

大单号	药品编号	药品名称	单价
1400001	111	感冒灵	12

图 10-16 指定大单号每种药品的总价小计

六、使用触发器处理复杂业务

(1)创建触发器实现 VIP 升级:在总销售表中插入新进货单,计算出该用户的累计消费金额。如果累计消费金额达到 10 000 元,自动升级该用户为 VIP;如果不到 10 000 元,则继续以普通用户身份进行登记。语句如下:

```
CREATE TRIGGERr auto_upgrade_member
BEFORE INSERT ON totalSalesRecord
FOR EACH ROW
BEGIN
  DECLARE a DECIMAL;
  DECLARE b DECIMAL;
  SET b = NEW.actualmoney;
  SELECT SUM(actualmoney) + b INTO a FROM totalSalesRecord WHERE cid = NEW.cid;
  IF (a> = 10000) THEN
    SET NEW.discount = '0.7';
  END IF;
END;
```

(2)创建触发器实现进货更新库存:当在进货表中插入新行时,库存表的药品数量=旧药品数量+新进货的药品数量。语句如下:

```
CREATE TRIGGER tri_stock_purchase
AFTER INSERT ON purchaseRecords
FOR EACH ROW
BEGIN
  UPDATE stock SET drugnum = drugnum + NEW.prnum WHERE drugid = NEW.drugid;
END;
```

(3)创建触发器实现进货计算总价:当在进货表中插入新行时,计算进货表总价=数量×单价。语句如下：

```
CREATE TRIGGER tri_count_total
BEFORE UPDATE ON purchaseRecords
FOR EACH ROW
BEGIN
  SET NEW.prtotalprice = NEW.prnum * NEW.prprice;
END;
```

(4)创建触发器实现新增实收计算：当在总销售表中插入新行时，总销售表的总价＝数量×单价×折扣。语句如下：

```
CREATE TRIGGER tri_actual_count
BEFORE INSERT ON totalSalesRecord
FOR EACH ROW
BEGIN
  SET NEW.actualmoney = NEW.totalprice * NEW.discount;
END;
```

(5)创建触发器实现更新实收金额计算：当总销售表更新数据时，总销售表的总价＝数量×单价×折扣。语句如下：

```
CREATE TRIGGER tri_actual_count
BEFORE UPDATE ON totalSalesRecord
FOR EACH ROW
BEGIN
  SET NEW.actualmoney = NEW.totalprice * NEW.discount;
END;
```

(6)创建触发器实现判断是否结账：当总销售表中插入新行的实收金额≥总价时，结账标记＝Y，否则结账标记＝N。语句如下：

```
CREATE TRIGGER tri_checkout
BEFORE INSERT ON totalSalesRecord
FOR EACH ROW
BEGIN
  IF (NEW.actualmoney>NEW.totalprice) THEN
    SET NEW.checkout = 'Y';
  ELSE
```

```
    SET NEW.checkout = 'N';
  END IF;
END;
```

(7)创建触发器实现判断是否结账：当总销售表更新新行的实收金额≥总价时，结账标记＝Y，否则结账标记＝N。语句如下：

```
CREATE TRIGGER tri_checkout
BEFORE INSERT ON totalSalesRecord
FOR EACH ROW
BEGIN
  IF (NEW.actualmoney>NEW.totalprice) then
    SET NEW.checkout = 'Y';
  ELSE
    SET NEW.checkout = 'N';
  END IF;
END;
```

(8)创建触发器实现销售处理：当在销售表中插入新行时，库存表的药品数量＝旧药品数量－销售的药品数量。语句如下：

```
CREATE TRIGGER tri_sell_drug
AFTER INSERT ON salesRecords
FOR EACH ROW
BEGIN
  UPDATE stock SET drugnum = drugnum-NEW.num;
END;
```

本章小结

1. 进销存系统是一个包含“进、销、存、财”四位一体的全功能管理软件，是为了对企业生产经营过程中的进货、出货、批发销售、付款等流程进行跟踪、管理而设计的整套方案。

2. 数据是系统的根本，进销存系统的每一步都提供详尽准确的数据，这可以有效地辅助企业解决业务管理、分销管理、存货管理、营销计划的执行和监控、统计信息的收集等方面的业务问题。

3. 库存管理是企业管理的重要组成部分。在企业生产经营活动中，库存管理既要保证生产期间对原材料、零部件的需求，又直接影响采购、营销活动。为盘活企业流动资金，加快资金周转，在保障供给的前提下，最大限度地降低压库资金，直接影响企业的经营效益。库存管理是指在物流过程中对商品数量的管理。过去的管理学认为仓库里的商品多，表明企业发达、兴隆，而现代管理学则认为零库存是最好的库存管理。库存多，占用的资金就多，利息负担就会加重。但是如果过分降低库存，则会出现商品断档。

4. 合理的表结构设计及表之间的关系，可以大大地提升系统数据的处理效率。

练习巩固

1. 分析表结构，添加更多有逻辑意义的数据。
2. 分析表，添加合适的索引。
3. 创建视图，查看每日药品的进货和销售情况。
4. 统计销售员的月销售额。
5. 统计并展示用户的消费报表。
6. 创建存储过程，提供查看某一月份进货、销售数据的报表。
7. 创建触发器，实现当总销售表新增或更新数据时，计算总销售的总价（销售表同一大单号的总价之和）。
8. 创建触发器，实现库存预警功能，即当库存不足时，提示需要再进货补充库存。

参考文献

[1] 李锡辉,王樱．MySQL 数据库技术与项目应用教程(微课版)[M]．2 版．北京:人民邮电出版社,2022.

[2] 李辉．数据库技术与应用(MySQL 版)[M]．2 版．北京:清华大学出版社,2022.

[3] 孟凡荣,闫秋艳．数据库原理与应用(MySQL 版)[M]．北京:清华大学出版社,2019.

[4] 张工厂．MySQL 技术精粹:架构、高级特性、性能优化与集群实战[M]．北京:清华大学出版社,2015.

[5] 陈志泊．数据库原理及应用教程(MySQL 版)(微课版)[M]．3 版．北京:人民邮电出版社,2022.